机电工程技术原理与实践

时磊 韩晓昆 陈晓敏 主编

天津出版传媒集团

天津科学技术出版社

图书在版编目（CIP）数据

机电工程技术原理与实践 / 时磊，韩晓昆，陈晓敏主编. -- 天津：天津科学技术出版社，2024.2
ISBN 978-7-5742-1802-4

Ⅰ．①机… Ⅱ．①时… ②韩… ③陈… Ⅲ．①机电工程—教材 Ⅳ．①TH

中国国家版本馆CIP数据核字（2024）第044686号

机电工程技术原理与实践
JIDIAN GONGCHENG JISHU YUANLI YU SHIJIAN

责任编辑：王　彤
责任印制：兰　毅

出　　版：	天津出版传媒集团
	天津科学技术出版社
地　　址：	天津市西康路35号
邮　　编：	300051
电　　话：	（022）23332377
网　　址：	www.tjkjcbs.com.cn
发　　行：	新华书店经销
印　　刷：	济南新广达图文快印有限公司

开本 787×1092 1/16　印张 19.5　字数 370 000
2025年3月第1版第1次印刷
定价：90.00元

机电工程技术原理与实践编委会

主　编　时磊　韩晓昆　陈晓敏
副主编　郑平　田伟鹏　王宁宁　刘广生　王伟军　郭坤

前 言

机电工程技术作为一门综合性的工程技术学科，涵盖了诸多领域，包括但不限于机械原理、电子技术、自动控制、传感器与检测技术、电机与驱动技术、液压与气动技术、一体化技术、智能控制技术、系统设计与优化、维修与故障排除技术、工业机器人技术、智能制造与工业互联网、安全与环保技术以及新能源技术等方面。这些广泛而深入的内容构成了机电工程技术的重要组成部分，展现了其在工程领域中的重要性和广泛应用。

首先，机械原理作为机电工程技术的基础，涉及刚体力学基础、运动学和动力学、机械传动原理以及机械设计基础等方面。在学习刚体力学基础时，人们可以深入了解物体的平衡条件和静力学特性，从而为机械结构的合理设计提供基础支持。运动学和动力学的研究，则有助于分析和预测机械设备在不同运动状态下的行为特性，为优化设计和性能改进提供依据。机械传动原理的学习使得人们能够理解各种传动装置的工作原理，从而在实际应用中进行合理选择和应用。同时，机械设计基础的知识则对于设计各种机械设备至关重要，它涉及材料力学、工程强度学、机械零部件的设计和选型等内容，通过对这些内容的学习，可以更好地保证机械设备的正常运转和高效工作。因此，机械原理的深入研究对于机电工程技术领域具有重要的意义，它为工程师们提供了设计和改进机械系统的理论基础，推动着机械工程技术的不断发展和进步。

其次，电子技术在现代机电工程中扮演着至关重要的角色。对于机电工程师来说，电路基础是必不可少的知识之一。了解电路的基本原理、分析方法和设计技巧，可以帮助工程师更好地理解和应用各种电气设备，并且为解决实际问题提供强有力的支持。电子元器件与电子器件的选择和应用也是电子技术的重要内容。掌握各种电子器件的特性、参数和适用范围，能够帮助工程师在设计和维护机电系统时做出正确的选择，从而确保系统的稳定性和可靠性。进一步说，电路分析与设计是电子技术领域中的核心内容之一。通过深入学习电路的分析和设计方法，工程师们可以更好地理解各种电子设备的工作原理，同时也可以根据具体需求进行电路的设计和优化，以满足不同应用场景的需求。最重要的是，电子技术在机电系统中的应用。随着科技的不断发展，电子技术已经广泛应用于机电系统的各个方面，如传感器技术、自动控制系统、电动机驱动技术等。这些应用使得机电系统更加智能化、高效化和灵活，为工业生产提供了强大的支持和推动力。

再次，自动控制技术也是机电工程技术中的重要内容之一。控制理论基础、PID 控制器及其调参方法、基于 PLC 的自动控制系统以及机电系统的自动化控制技术等方面的知识，使得机电设备能够实现更加精准的控制和高效的运行。

最后，传感器与检测技术、电机与驱动技术、液压与气动技术、一体化技术、智能控制技术、系统设计与优化、维修与故障排除技术、工业机器人技术、智能制造与工业互联网、安全与环保技术以及新能源技术等方面的内容，都为机电工程技术的健康发展和工业生产的智能化、高效化和可持续发展提供了不竭的动力和可能性。

总之，机电工程技术的广泛应用涵盖了许多重要领域，它不仅对工业生产具有重要意义，同时也为未来的科技发展和社会进步注入了强大的动力。因此，机电工程技术的研究和应用具有极其重要的现实意义和广阔的发展前景。相信随着科技的不断进步，机电工程技术必将迎来更加辉煌的发展前景。

目 录

第一章　机电工程技术基本概述 ·· 1
　　第一节　机电工程技术的内涵 ·· 1
　　第二节　机电工程技术的发展历程 ·· 1
　　第三节　机电工程技术的应用领域 ·· 3
　　第四节　机电工程技术的重要性和前景 ·· 8
第二章　机电工程机械原理 ·· 11
　　第一节　刚体力学基础 ··· 11
　　第二节　运动学和动力学 ·· 13
　　第三节　机械传动原理 ··· 16
　　第四节　机械设计基础 ··· 19
第三章　机电工程电子技术基础 ·· 22
　　第一节　电路基础 ··· 22
　　第二节　电子元器件与电子器件的选择和应用 ·· 26
　　第三节　电路分析与设计 ·· 35
　　第四节　电子技术在机电系统中的应用 ·· 38
第四章　机电工程自动控制技术 ·· 46
　　第一节　控制理论基础 ··· 46
　　第二节　PID 控制器及其调参方法 ·· 51
　　第三节　基于 PLC 的自动控制系统 ··· 53
　　第四节　机电系统的自动化控制技术 ··· 67
第五章　机电工程传感器与检测技术 ·· 73
　　第一节　机电工程传感器的工作原理和分类 ·· 73
　　第二节　机电工程检测技术 ··· 76
第六章　机电工程电机与驱动技术 ··· 83
　　第一节　机电工程电机的分类和特性 ··· 83
　　第二节　机电工程电机的工作原理和选型 ··· 86

第三节　机电工程电机驱动技术及其应用……………………89
　　第四节　变频调速技术在机电系统中的应用……………………93
第七章　机电工程液压与气动技术……………………………………99
　　第一节　机电工程液压传动技术基础……………………………99
　　第二节　机电工程液压控制技术原理与应用……………………103
　　第三节　机电工程气动传动技术基础……………………………107
　　第四节　机电工程气动控制技术原理与应用……………………114
第八章　机电工程一体化技术…………………………………………117
　　第一节　机电一体化技术的概念和特点…………………………117
　　第二节　机电一体化系统的设计…………………………………118
　　第三节　机电一体化技术在工业自动化中的应用案例…………141
第九章　机电工程智能控制技术………………………………………146
　　第一节　人工智能基础知识介绍…………………………………146
　　第二节　智能控制技术的发展与应用……………………………148
　　第三节　机器学习算法在机电系统中的应用……………………153
　　第四节　深度学习算法在机电系统中的应用……………………158
第十章　机电工程系统设计与优化……………………………………168
　　第一节　机电系统设计流程和方法………………………………168
　　第二节　面向性能优化的设计方法………………………………176
　　第三节　机电系统的可靠性设计与评估…………………………182
　　第四节　机电系统的节能优化设计………………………………193
第十一章　机电工程维修与故障排除技术……………………………203
　　第一节　机电设备的故障检测与诊断……………………………203
　　第二节　故障排除与维修技术……………………………………208
　　第三节　预防性维护与设备管理…………………………………212
第十二章　机电工程工业机器人技术…………………………………218
　　第一节　工业机器人的发展………………………………………218
　　第二节　机器人的结构和工作原理………………………………221
　　第三节　机器人编程与控制技术…………………………………225
　　第四节　机器人在机电系统中的应用案例………………………228

第十三章 机电工程智能制造与工业互联网··············234
第一节 智能制造的概念和特点··············234
第二节 工业互联网的基本架构和技术··············235
第三节 机电系统的智能制造应用··············237
第四节 工业互联网对机电工程技术的影响··············242

第十四章 机电工程安全与环保技术··············248
第一节 机电系统的安全性设计与评估··············248
第二节 环境保护要求对机电系统的影响··············255
第三节 机电系统的安全管理与环境保护技术··············261

第十五章 机电工程新能源技术与可持续发展··············268
第一节 新能源技术的发展和应用··············268
第二节 可持续发展对机电工程技术的影响··············270
第三节 新能源发电与供电系统的设计与优化··············282

参考文献··············297

第一章 机电工程技术基本概述

第一节 机电工程技术的内涵

机电工程技术是一门综合应用机械、电子、自动控制等学科理论和方法的学科,旨在设计、制造、运行和维护各种机电设备和系统,以满足社会和经济发展的需求。首先,机电工程技术研究和应用机械结构与原理。这包括对机械系统的设计和分析,通过运用力学、材料学、工程力学等学科知识,确保机械系统的结构强度、刚度和运动性能符合要求。同时,机电工程技术也涉及机械传动、机械加工、零件装配等技术,使机械系统能够高效地转换能量和运行。其次,机电工程技术关注电器与电子技术的应用。电器技术包括电路设计、电机控制、电气传动等方面,用于实现机电设备的电力供应和控制功能。而电子技术则涉及电子器件的选择和设计、数字信号处理、嵌入式系统等,为机电设备的智能化和自动化提供支持。此外,机电工程技术还侧重于自动控制技术的研究与应用。通过运用控制理论、传感器技术、执行器设计等手段,实现对机电系统的自动化控制和监测,提高系统的稳定性、精度和效率。自动控制技术对于工业生产和智能化设备的发展具有重要意义。

第二节 机电工程技术的发展历程

一、机电工程技术的起源

(一)工业革命引领机械驱动力时代

在工业革命之前,人们主要依靠手工操作进行生产,效率低下。工业革命中蒸汽机的发明和应用开创了机械驱动力的时代,从根本上改变了生产方式。

(二)蒸汽机的影响

蒸汽机的发明不仅推动了纺织、矿业、交通运输等行业的发展,也催生了大规模的机器制造业。这需要工程师掌握机械、电子和自动化等方面的知识,以设计、制造和维护各种机械设备。

（三）电气化和自动化技术的迅速发展

20世纪的电气化和自动化技术的迅速发展进一步推动了机电工程技术向前发展。电气设备的应用使得机电系统更加智能化和高效化，大大提高了生产效率。

（四）电子技术的注入

电子技术的快速发展为机电工程技术注入了新的活力。计算机控制和通信技术的应用使得机电设备可以实现远程监控和自动化控制，提高了系统的可靠性和稳定性。

（五）现代机电工程技术的重要性

现代机电工程技术已经成为推动各个行业发展的重要力量。它涉及机械设计与制造、电气与电子技术、自动化控制、能源与环境保护等多个领域，广泛应用于制造业、交通运输、能源、建筑等各个行业。

二、机电工程技术的初期发展

（一）机械工程技术研究与应用

在18世纪末至19世纪初，人们逐渐开始研究和应用机械工程技术。当时的机械工程主要针对纺织业、矿业和冶金等行业进行应用，例如纺织机械、矿山提升设备等。

（二）机械设备对生产效率的提高

这些机械设备的出现，不仅提高了生产效率，也为机械工程技术的进一步发展奠定了基础。纺织机械的应用使得纺织业实现了从手工生产到机器生产的转变，显著提高了生产效率。

（三）应用于矿业和冶金的机械工程技术

矿山提升设备的出现也极大地促进了矿业和冶金行业的发展。机械化的采矿和提炼过程取代了传统的手工作业，提高了生产率和安全性。

（四）基础奠定

这些早期的机械工程技术的研究和应用为后来机电工程技术的发展奠定了基础，同时也为各个行业带来了巨大的变革和进步。

（五）对工业革命的影响

这些初期的机械工程技术的发展为工业革命的到来奠定了基础，为之后蒸汽机等机械驱动力的兴起创造了条件。

三、机电工程技术的现代化发展

1.电气技术的应用

随着电力的发展和电气技术的进步，机电工程技术逐渐向电气领域拓展。电机、变压器、发电机等电气设备的应用，为机电工程技术注入了新的活力。20世纪初，航空航天、交通运输等领域开始出现机电一体化技术的应用，如飞机引擎、高速列车等。

2.自动化技术的兴起

20世纪中叶以后，自动化技术成为机电工程技术的重要组成部分。计算机的出现为自动化控制提供了强大的支持，自动化控制系统在工业生产中得到广泛应用。例如，现代工厂中的生产线自动化、机器人技术的发展等都是机电工程技术不断向自动化方向发展的表现。

3.智能化与信息化

近年来，机电工程技术正不断向智能化和信息化方向发展。传感器技术的进步、物联网技术的应用以及人工智能技术的发展，使机电设备具备了更高的智能化水平。同时，信息化技术的快速发展也为机电工程技术带来了更多的应用场景与挑战。

四、机电工程技术的前景展望

随着科技的进步和社会经济的发展，机电工程技术的前景非常广阔。未来，机电工程技术将继续朝着智能化、高效化、绿色环保的方向发展。例如，智能制造、新能源技术、环境保护等领域都将为机电工程技术提供更多的发展机遇。

同时，随着全球产业的升级和转型，机电工程技术也将面临一系列的挑战。例如，应对人工智能、大数据等新兴技术的应用，并推动机械制造业实现高质量发展，将是机电工程技术发展的重要课题。

第三节 机电工程技术的应用领域

一、制造业

（一）机械加工

机械加工是制造业中的重要环节，通过机电工程技术可以实现高精度、高效率的零件加工，从而提高生产效率和产品质量。机械加工过程中涉及各种机床设备，例如铣床、车床、钻床等，这些设备都依赖于机电技术的应用。

机电工程技术在机械加工中的应用主要体现在以下几个方面。

设备自动化：通过使用机械手、传感器、PLC 控制等设备，可以实现加工设备的自动化操作。自动化操作可以大大提高生产效率，减少人力成本，并且在加工过程中能够保证更高的加工质量和稳定性。

数控技术：数控技术是机械加工中的重要技术手段，它通过计算机控制加工设备的运动轨迹和速度，可以实现复杂零件的加工。数控技术可以提高加工精度和加工效率，同时也减少了人为因素对加工结果的影响。

激光加工：激光加工是一种非接触式的加工方式，通过使用激光束进行加工，可以实现高精度、高速度的切割、焊接和打孔等工艺。激光加工技术在机械加工中应用广泛，特别适用于对材料要求高、形状复杂的零件加工。

自动化检测：机电工程技术还可以应用于机械加工过程中的自动化检测。通过使用传感器和计算机视觉等设备，可以实时监测加工质量，对偏差进行及时纠正，从而提高产品质量和一致性。

（二）装配线自动化

装配线自动化是指利用机电工程技术对装配过程进行自动化处理，实现产品的自动组装和检测。装配线自动化可以大大提高生产效率和一致性，减少人力成本，并且可以适应多种产品的生产需求。

装配线自动化中机电工程技术的应用主要包括以下几个方面。

机器人应用：通过使用机器人进行产品的自动组装，可以提高生产效率和一致性。机器人具有灵活性和高精度的特点，可以适应各种产品的组装需求。

传感器应用：通过使用传感器监测装配过程中的关键参数，可以实时检测产品质量，及时纠正装配偏差。传感器可以监测产品的尺寸、位置、力度等参数，从而保证产品的质量和一致性。

控制系统应用：通过使用 PLC 控制系统等设备，可以对装配线进行统一控制和管理。控制系统可以实现对机器人和其他装配设备的协调运行，提高生产效率和装配准确度。

视觉检测：利用计算机视觉技术对装配过程进行实时检测，可以检测装配件的位置、角度、颜色等参数，从而实现自动化装配的准确性和稳定性。

（三）机器人应用

机器人技术是机电工程技术在制造业中的重要应用领域之一。机器人可以在危险环境下工作，提高工作安全性；同时还可以实现高速、高精度、连续的生产，提高生产效率和产品质量。

机器人应用于制造业中的主要领域包括以下几个方面。

生产线作业：机器人可以替代人工完成生产线上的作业，如搬运、装配、焊接、喷涂等。机器人的应用可以提高生产效率和质量，减少劳动力成本，并且可以适应不同产品的生产需求。

危险环境作业：机器人可以在危险环境下工作，如高温、有毒、辐射等环境。机器人可以代替人工完成这些危险作业，保障工人的安全。

精密加工：机器人具有高精度、高稳定性的特点，适用于对精密零件进行加工。机器人可以实现复杂零件的加工，提高加工精度和效率。

自动仓储：机器人可以应用于物流仓储领域，实现自动化的货物搬运、存储和分拣。机器人可以根据任务需求，自主完成货物的搬运和管理，提高仓储效率和准确度。

（四）数字化生产

数字化生产是指利用机电工程技术将产品设计、制造和管理数字化，从而提高生产效率和响应能力。数字化生产依赖于计算机辅助设计（CAD）、计算机辅助制造（CAM）和计算机集成制造（CIM）等技术。

数字化生产的主要特点包括以下几个方面。

产品设计：通过使用 CAD 软件，可以实现产品的三维建模和设计。CAD 软件具有强大的建模和仿真功能，可以加快产品设计速度，减少设计错误，并且提高产品的质量。

制造过程：通过使用 CAM 软件，可以将产品设计数据转换为切削路径，并生成数控程序。CAM 软件可以根据产品要求，自动生成加工路径和工艺参数，提高加工的准确性和效率。

制造管理：通过使用 CIM 系统，可以将产品设计、生产计划、物料管理等信息进行集成和管理。CIM 系统可以实现生产过程的数字化控制和监控，从而提高生产效率和响应能力。

数字化生产的优势主要包括以下几个方面。

提高生产效率：数字化生产可以实现生产过程的自动化和智能化，提高生产效率和质量，减少人为因素对生产过程的影响。

加快产品上市时间：数字化生产可以缩短产品设计和制造的周期，提高产品上市的速度和灵活性，适应市场需求的变化。

降低成本：数字化生产可以减少人力成本和物料浪费，提高资源利用率，并且可以通过优化生产过程，减少能耗和环境污染。

提高产品质量：数字化生产可以提高产品设计的准确性和一致性，并通过自动化检测和控制，保证产品质量的稳定性和可靠性。

二、航空航天

（一）飞行器设计与制造

飞行器的设计与制造是航空航天领域中至关重要的环节。机电工程技术在飞行器设计与制造领域中起到了关键的作用。首先，机电一体化技术可以实现飞行器系统的一体化设计和集成化制造。通过将机械、电子、自动控制等多个学科进行协同，可以实现机身结构、驱动系统以及仪表和控制系统的优化设计和统一整合，从而提高了飞行器的性能和可靠性。例如，机电一体化技术允许电子设备直接嵌入到飞机的机体结构中，减少了重量和尺寸，提高了空间利用率。

其次，机电工程技术还被广泛应用于飞行器的材料选择和加工工艺方面。通过研究新型材料的物理和力学特性，机电工程师可以为飞行器的结构设计提供更多的选择。此外，机电工程技术还可以优化材料的加工工艺，提高飞行器制造过程的效率和精度。

最后，机电工程技术也在飞行器的自动化生产线上发挥重要作用。通过采用机器人等自动化设备替代人工操作，可以提高生产效率和质量，并减少工人的劳动强度。

（二）导航控制

导航控制是飞行器飞行过程中不可或缺的一部分，机电工程技术在飞行器的导航和控制系统中应用广泛。首先，惯性导航系统是飞行器导航的重要组成部分之一。通过使用陀螺仪、加速度计等惯性传感器，可以测量飞行器的位置、速度和姿态信息，从而实现飞行器的精确导航。

其次，自动驾驶系统也是现代飞行器导航控制的重要技术。通过使用自动驾驶系统，飞行器可以实现自主飞行和导航，减轻飞行员的工作负担，并提高飞行安全性和稳定性。

最后，飞行控制系统也依赖于机电工程技术。飞行控制系统通过控制飞行器的推进力、舵面和襟翼等控制设备，实现飞行器的姿态控制和稳定性控制。机电工程师通过设计和优化飞行控制系统的传感器、执行器和控制算法等，保证飞行器在各种飞行条件下的安全和稳定。

（三）发动机技术

飞行器的发动机是其核心部件之一，机电工程技术在飞行器发动机领域也有重要的应用。首先，喷气式发动机的设计和制造离不开机电工程技术的支持。喷气式发动机通过将空气加热和加速，产生向后的推力，驱动飞行器前进。机电工程师需要对喷气式发动机的燃烧过程、空气动力学以及热力学等进行深入研究，以实现发动机的高效率和低排放。

其次，涡扇发动机在商用航空中得到了广泛应用，而其控制系统也需要机电工程技术的支持。涡扇发动机的控制系统包括燃油供给系统、空气流量控制系统和温度控制系统等，这些系统需要精确的传感器和执行器来实现对发动机的精细控制。机电工程师通过设计和优化这些控制系统的硬件和软件，可以提高发动机的性能和可靠性。

三、石油化工、能源和环境保护

（一）石油化工

机电工程技术在石油化工领域的应用非常广泛，涵盖了从石油提取到产品加工的整个过程。以下是机电工程技术在石油化工领域的几个重要应用方面。

炼油厂自动化生产：机电设备在炼油厂中的应用可以实现生产过程的自动化控制，提高生产效率并保证产品质量。例如，通过计算机控制系统对各个生产单元进行智能化调控，可以实时监测和调整温度、压力、流量等参数，确保炼油过程的稳定运行。

化工生产过程控制：机电工程技术可以应用于化工生产过程中的自动化控制系统。通过传感器、执行器和控制算法等装置，可以对化工过程中的各项参数进行监测和控制，确保产品的生产质量和安全性。

安全监测与预警系统：石油化工过程中存在着各种安全隐患，如火灾、爆炸、泄漏等。机电工程技术可以应用于安全监测与预警系统的设计和建设，实现对各种隐患进行实时监测和预警。例如，在储罐中安装传感器，通过监测液位、温度和压力等参数，及时发现异常情况并采取相应的措施，确保工厂的安全运行。

（二）能源

机电工程技术在能源领域的应用范围广泛，包括传统能源和可再生能源的开发、利用和管理等方面。以下是机电工程技术在能源领域的几个重要应用方面。

再生能源发电：风力发电和太阳能发电等可再生能源利用了机电设备进行发电。例如，风力发电通过风轮驱动发电机产生电能，太阳能发电通过光伏电池板将太阳能转化为电能。机电工程技术在这些设备的设计、制造和运行过程中起到至关重要的作用。

能源生产过程自动化：机电工程技术可以应用于能源生产过程中的自动化控制系统。例如，在煤矿生产中，通过自动化设备和控制系统，可以实现无人化采矿、输送和处理等过程，提高生产效率和安全性。

能源监测与管理：机电工程技术可以应用于能源消耗的监测和管理系统，帮助企业实现能源的高效利用和节能减排。通过对能源消耗进行实时监测和数据分析，优化能源使用策略，降低能源浪费，提高能源利用效率。

（三）环境保护

机电工程技术在环境保护领域的应用主要体现在污水处理、废气治理和垃圾处理等方面。以下是机电工程技术在环境保护领域的几个重要应用方面。

污水处理：机电工程技术可以应用于污水处理厂的设计、建设和运行维护。通过采用各种机械设备、生物处理装置和自动控制系统，可以将污水中的有害物质去除，使其符合排放标准，减少对水资源和环境的污染。

废气治理：机电工程技术可以应用于工业废气治理过程中的设备和系统设计。例如，在燃煤电厂中，可以利用机电设备实现烟气脱硫、脱硝和除尘等工艺，减少大气污染物的排放。

垃圾处理：机电工程技术可以应用于垃圾焚烧发电厂和垃圾填埋场的建设和运行。例如，在垃圾焚烧发电中，通过机电设备和控制系统，可以实现垃圾的自动喂料、燃烧和发电过程的控制，使垃圾得到有效利用，并减少对环境的污染。

第四节　机电工程技术的重要性和前景

一、机电工程技术在工业自动化中的重要性和前景

工业自动化是机电工程技术的一个重要领域，它通过应用自动控制技术，实现对生产过程中的机械设备和工艺流程的自动化管理和控制。机电工程技术在工业自动化中发挥着不可替代的作用。

首先，机电工程技术可以提高工业生产的效率和质量，减少人力资源的使用。通过引入自动化设备和系统，可以实现生产过程的高度智能化、高效化和精确化，从而大幅提高生产效率。机电工程技术还可以降低生产过程中的错误率和人为干预的可能性，改善产品的质量稳定性，实现工业生产的标准化和规模化。

其次，工业自动化可以降低生产成本。自动化设备可以持续稳定地工作，无须额外的休息和福利待遇，从而减少了人力资源的开支。此外，机电工程技术还可以通过数据分析和智能优化算法，实现生产过程的优化调整，减少废品和能源的浪费，降低生产成本。

最后,机电工程技术的发展还推动了工业生产方式的转型和升级。随着机电工程技术的不断发展和创新,如机器人技术、自动控制技术、传感器技术等的应用,生产过程变得更加智能化、柔性化和高度集成化。这将促进传统工业向智能制造、柔性制造和定制化制造的转移,实现工业生产方式的升级和产业结构的优化。

二、机电工程技术在新能源领域的重要性和前景

新能源是指以可再生能源为主,如太阳能、风能、水能等,通过机械设备和电气系统的配合利用,实现清洁能源的高效转换和利用。机电工程技术在新能源领域有着重要的地位和巨大的发展前景。

首先,机电工程技术可以提高新能源的利用效率。新能源的特点是分散分布、不稳定和间歇性,机电工程技术可以通过智能控制系统和能量存储技术,实现对新能源的高效利用,平衡能源供需,提高能源利用率。

其次,机电工程技术可以推动新能源的开发和利用。机电工程技术在新能源设备的设计、制造和安装调试等方面有着重要作用,它可以为新能源产业提供关键设备和技术支持,促进新能源领域的技术创新和产业发展。

最后,机电工程技术可以推动新能源与传统能源的融合和互补。在能源转型的过程中,新能源与传统能源需要相互支撑和衔接。机电工程技术可以通过综合能源系统的设计和优化,实现新能源与传统能源的有效衔接,提高整体能源系统的稳定性和安全性。

三、机电工程技术在节能环保领域的重要性和前景

节能环保是机电工程技术应用的另一个重要领域,它通过机械设备和电气系统的优化和改造,实现资源的高效利用和环境的可持续保护。机电工程技术在节能环保领域具有重要的地位和广阔的前景。

首先,机电工程技术可以减少能源的消耗。通过应用高效节能的机械设备和电气系统,如能源管理系统、变频调速技术、能量回收技术等,可以有效降低能源的消耗,减少能源资源的浪费。

其次,机电工程技术可以提高设备和系统的能效。在工业和建筑领域,机电设备和系统是能源消耗的重要来源。机电工程技术可以通过设备的优化设计、系统的智能控制和节能改造等手段,提高设备和系统的能效,并达到节能减排的目标。

最后,机电工程技术可以推动绿色制造和循环经济的发展。通过应用清洁生产技术

和废弃物资源化利用技术，机电工程技术可以实现生产过程的无排放和零废弃物，推动工业向绿色制造和循环经济的转型。

四、机电工程技术与人工智能、物联网的结合

随着人工智能和物联网等新技术的快速发展，机电工程技术与这些技术的结合将推动机电系统的智能化和高效化。

首先，在智能制造和工业自动化领域，机电工程技术可以与人工智能技术相结合，实现生产过程的智能化管理和控制。通过利用人工智能的算法和模型，机电系统可以自主学习、预测和优化生产过程，实现设备的自动调整和故障检测等功能。

其次，在物联网领域，机电工程技术可以实现设备和系统的互联互通，构建数字化的生产和管理系统。通过传感器、控制器和通信设备的联网，可以实现对机械设备和工艺流程的实时监测和控制，提高生产效率和质量稳定性。

最后，机电工程技术还可以与虚拟现实、增强现实技术结合，实现对机械设备和系统的远程维护和操作。通过利用虚拟现实和增强现实技术，可以在远程实现对设备的故障诊断和维修，减少人员的风险和工作的不便。

第二章　机电工程机械原理

第一节　刚体力学基础

一、刚体力学的概念和意义

刚体力学是机械设计中非常重要的一个基础学科，它研究的是刚体在外力作用下的平衡和运动规律。刚体是指具有固定形状和大小，不受变形的物体。刚体力学的研究对象主要是刚体的受力情况以及由此产生的平衡状态和运动规律。

在机械设计中，刚体力学的应用非常广泛。通过深入理解刚体受力平衡和运动规律，我们可以评估和预测机械结构的稳定性、安全性和可靠性。同时，刚体力学的理论也为机械结构的合理性分析和优化设计提供了依据和指导。

二、刚体的静力学特性

静力学研究的是物体在受力平衡状态下的力和力矩关系。在刚体力学中，力的平衡条件可以用力的合成原理和力矩的平衡条件来描述。

（一）力的合成原理

在静止的刚体中，所有作用在其上的力的合力为零是保持平衡状态的基本条件。这意味着所有外力的合力与刚体质心的运动无关，从而保证了刚体依然处于静止状态或匀速直线运动状态。

这个原理是静力学中的重要概念，涉及物体在受力平衡状态下的特性和条件。当一个刚体处于静止状态或匀速直线运动状态时，所有作用在其上的力的合力为零，即各个力之间必须达到平衡，不存在净外力的作用。因此，刚体内部的分子间力、支撑力等必须保持平衡，以使刚体保持相对静止或匀速直线运动状态。

这一原理也反映了牛顿第一定律的内容，即"物体如果处于静止状态，则会继续保持静止状态；物体如果以一定速度直线运动，则会继续以该速度直线运动，除非受到外力的作用"。因此，在静态情况下，所有作用在刚体上的力的合力为零，确保了刚体的平衡状态。

这样的平衡条件在工程和物理学中都有着广泛的应用。例如，在建筑设计和桥梁结构中，需要考虑各种力的平衡条件，以确保结构的稳定性和安全性。在机械设计中，对于零件的支撑和连接也需要满足力的平衡条件，以防止不必要的应力集中和失效。

（二）力矩的平衡条件

对于刚体在受力作用下，力矩的合力为零也是保持平衡状态的重要条件。此时，除了考虑作用在刚体上的合力外，还需考虑力矩的平衡情况。力矩的平衡条件能够反映出力对物体的转动效果，通过分析各个点的力矩和，确定刚体的平衡状态。

这些静力学特性不仅有助于解决刚体的支撑反力问题，还可应用于摩擦力、斜面上物体的平衡等常见问题的解决过程。因此，它们是静力学研究中不可或缺的重要内容。

三、刚体的动力学特性

动力学研究的是物体在运动状态下的加速度、速度和位移等参数。在刚体力学中，我们需要进一步了解刚体的质心运动、转动运动和运动学关系。

（一）质心运动

刚体的质心是其质量中心，整体运动可以视为质心的运动。质心运动的特性包括质心的位移、速度和加速度等。通过对刚体各个质点的位移进行合成，可以得到刚体质心的位移；对各个质点速度进行矢量相加，可以得到刚体质心的速度；对各个质点的加速度进行矢量相加，可以得到刚体质心的加速度。

在刚体的运动中，质心的位移可以通过各个质点的位移进行合成得到。如果我们将刚体看作由许多微小的质点组成，每个质点都有自己的位移矢量，则整个刚体的位移矢量可以看作是每个质点位移矢量的矢量和。

类似地，质心的速度可以通过各个质点的速度进行矢量相加得到。这意味着刚体的整体速度可以视为所有质点速度的矢量和。这种方法也适用于计算刚体的质心加速度，即对各个质点的加速度进行矢量相加。

质心运动的特性对于刚体运动的分析和描述具有重要意义。通过确定刚体质心的位移、速度和加速度，我们能够更好地理解刚体的整体运动特性，并且能够应用这些特性进行工程设计和实际问题求解。

（二）转动运动

刚体在固定轴周围发生的运动称为转动运动。转动运动的特性包括角位移、角速度和角加速度等。刚体的转动运动可以通过角度和弧度来描述，角速度是单位时间内角位移的大小，而角加速度则表示单位时间内角速度的变化率。

（三）运动学关系

刚体运动的描述涉及位置、速度和加速度之间的关系。通过建立运动学方程，可以描述刚体的运动状态。在解决刚体运动问题时，运动学关系是必不可少的工具，它帮助我们理解刚体的运动规律和特性，并能够预测未来的位置、速度和加速度信息。

四、刚体力学在机械设计中的应用

刚体力学的理论在机械设计中有广泛应用。

（一）结构强度分析

刚体力学的分析方法可以评估机械结构的强度和刚度，确定结构是否满足承载要求。通过静力学和动力学的分析，可以计算出结构在受力下的应力和变形情况，从而确保机械结构的安全性和可靠性。

（二）轴承和传动系统设计

刚体力学知识可用于轴承和传动系统的设计与分析。静力学和动力学分析有助于确定轴承和传动系统的尺寸、材料和配置，以实现稳定运行和高效传动。这种应用可以帮助设计师选择适当的轴承类型和传动方案，以满足机械系统的运行需求。

（三）运动机构设计

刚体力学对于运动机构设计非常重要。通过研究刚体的运动学和动力学特性，可以优化运动机构的结构和参数，提高其运动精度和效率。这些知识有助于设计高精度的运动机构，如机械手臂、机床等，以满足工业生产中对精密运动的需求。

（四）悬挂系统设计

在悬挂系统的设计与分析中，刚体力学发挥着重要作用。通过研究刚体的平衡状态和运动规律，可以确定悬挂系统的几何形状和支撑方式，以实现稳定的悬挂功能。这些知识对于车辆悬挂系统、吊车等的设计具有重要意义。

第二节　运动学和动力学

一、运动学的基本概念和原理

运动学是研究物体运动状态和其变化规律的学科，主要包括描述和计算物体的位置、速度和加速度等参数。

（一）运动的基本概念

在运动学中，物体被视为点或质点，不考虑其形状和内部结构，只关注其运动轨迹和运动参数。运动的基本概念包括位移、速度和加速度。

（二）位移

位移是物体从一个位置到另一个位置的变化量。无论是沿直线还是曲线，位移都是描述位置变化的重要参数。当物体沿直线运动时，位移可以用距离来表示；而当物体沿曲线运动时，位移则需要用矢量表示，以包含方向信息。

（三）速度

速度是指物体单位时间内位移的变化率。平均速度可以通过总位移除以总时间来计算，而瞬时速度则是在某一特定瞬间的速度。速度可以是直线的，也可以是曲线的，且包含着方向信息，因此可以用矢量表示。

（四）加速度

加速度是物体单位时间内速度的变化率。平均加速度可以通过总速度变化量除以总时间来计算，而瞬时加速度则是在某一特定瞬间的加速度。加速度的方向可以与速度的方向一致，也可以相反。

（五）运动学方程

运动学方程描述了物体在运动过程中位置、速度和加速度之间的关系。其中，位移、速度和加速度之间的关系可以通过微分方程进行描述。根据不同的运动情况，可以得到直线运动、曲线运动以及旋转运动的运动学方程。

在物理学和工程学等领域，对物体运动状态和其变化规律的研究和应用有着广泛的意义。通过对运动学的深入理解，我们能够更好地解释和预测物体在空间中的运动，为科学研究和工程设计提供重要的理论支持。

二、动力学的基本概念和原理

动力学是研究物体运动及其产生的力和力矩之间的关系的学科，可以用于预测物体在运动中所受到的力和力矩以及其产生的变形和破坏等情况。

（一）牛顿定律

牛顿定律是动力学的基础，包括第一定律、第二定律和第三定律。第一定律（惯性定律）表明，物体在没有外力作用时将保持静止或匀速直线运动；第二定律（动力学定律）规定了物体所受合外力与其产生的加速度之间的关系；第三定律（作用-反作用定律）说明了相互作用的两个物体之间所受的力大小相等、方向相反。

（二）动量和动量定理

动量是物体在运动中的特性，是质量和速度的乘积。动量定理指出，物体所受的合外力等于其动量变化率。这可以用来研究物体在受力作用下的加速度和速度变化。

（三）力矩和力矩定理

力矩是物体所受力对其产生的旋转效果的度量。力矩定理表明，物体所受合外力矩等于其角动量的变化率。利用力矩定理可以研究物体的转动运动以及转动惯量和角加速度的关系。

（四）能量与能量守恒

动力学也涉及能量的概念。机械能是物体的动能和势能之和。根据能量守恒定律，当物体仅受保守力作用时，机械能保持不变。利用能量守恒原理可以分析物体在受力作用下的速度和位置变化。

（五）动力学方程

动力学方程描述了物体在受力作用下的运动规律。根据不同的问题，可以建立平动和转动的动力学方程。通过求解动力学方程，可以得到物体在运动中的加速度、速度和位移等信息。

动力学是研究物体运动及其产生的力和力矩之间的关系的学科，在物理学、工程学和其他领域有着广泛的应用。通过对动力学原理的理解和运用，我们能够更好地解释和预测物体在受力和受力矩作用下的运动状态，为工程设计和科学研究提供重要的理论支持。

三、运动学和动力学的关系和应用

运动学和动力学是机械设计过程中密不可分的两个方面，它们相辅相成，共同应用于物体运动的研究与分析。

（一）运动学与动力学的关系

运动学研究物体的运动状态和其变化规律，为动力学提供了物体位置、速度和加速度等参数的描述和计算基础；而动力学则研究物体运动所受的力和力矩之间的关系，可以预测物体在运动过程中所受到的力和力矩以及其产生的变形和破坏等情况。

（二）应用领域

运动学和动力学在机械设计与分析中具有广泛的应用。在工程实践中，它们可用于分析和设计各种机械系统和装置，如机器人、汽车、飞机、船舶等。通过运动学分析，可以确定机构的轨迹和运动范围，优化机构设计；而动力学分析则可以预测系统的受力情况，评估系统的可靠性和稳定性。

（三）运动学和动力学的计算方法

运动学和动力学的计算方法包括解析方法和数值方法。解析方法基于物理方程和数学模型，通过数学推导和计算可以得到运动学和动力学参数的精确解；而数值方法则利用计算机模拟和数值计算的技术，通过离散化的数据和数值逼近方法来求解运动学和动力学问题。

运动学与动力学这两个学科相辅相成，共同为机械设计提供了重要的理论支持和分析工具，对于优化设计、预测系统性能和改进机械系统具有重要意义。

第三节 机械传动原理

一、机械传动的定义和意义

机械传动是指通过传递力和动力，使得机械元件或设备实现特定运动任务的一种方式。它是现代机械工程中的重要研究内容之一，扮演着关键的角色。机械传动的意义在于将动力源（如电动机、发动机等）产生的动力通过传动装置传递给被驱动装置，以满足特定的转速、扭矩和位置等参数要求，从而实现特定的工作任务。

机械传动可以广泛应用于各个领域，包括交通运输、制造业、农业、航空航天等。无论是汽车、飞机、机床还是家用电器，都依赖于合适的机械传动来实现其功能。因此，研究机械传动原理对于提升机械设备的性能、降低能量损耗、增强工作效率具有重要意义。

1.提升机械设备的性能

机械传动系统可以通过合理设计和选择合适的传动装置来实现优化机械设备的性能。例如，在自行车上，合理的齿轮传动设计可以提供不同的速度和力度选择，使骑行更加高效和舒适。

2.降低能量损耗

通过合适的传动装置，可以实现能量的有效传递，并最大限度地减少能量损耗。这在现代工程中至关重要，尤其是在追求能源高效利用和可持续发展的背景下。

3.增强工作效率

有效的机械传动系统可以提高机械设备的工作效率，使其更加稳定、可靠地完成工作任务。这对于生产效率的提升和生产成本的降低具有显著的意义。

二、齿轮传动原理

齿轮传动是机械传动领域中应用最为广泛的一种方式，通过齿轮的啮合来实现力和动力的传递。它具有传递效率高、承载能力大、传动比可调节等特点，因此被广泛应用于各类机械设备中。

（一）基本原理

齿轮传动的基本原理是利用两个或多个啮合的齿轮来实现动力的传递。其中一个齿轮为主动轮，通过电机或发动机提供动力，另一个齿轮为从动轮，通过与主动轮啮合来接收动力。当主动轮转动时，通过齿轮之间的啮合作用，从动轮也会产生相应的转动，从而实现动力的传递。

（二）主要考虑参数

在设计齿轮传动系统时，需要考虑以下主要参数。

齿轮的模数：描述了齿轮的尺寸大小，是齿轮设计的重要参数之一。

齿数：决定了齿轮的传动比，不同齿数的组合可以实现不同的传动比，影响着传动系统的性能表现。

齿形：齿轮的齿形对传动效率和噪音等性能有影响，常见的齿形包括圆弧齿、渐开线齿等。

齿合角：齿轮啮合时齿轮齿廓相对于接触线的夹角，影响着齿轮传动的平稳性和噪音水平。

（三）应用和优点

齿轮传动因其传递效率高、承载能力大、传动比可调节等优点，被广泛应用于各种机械设备中，如汽车变速箱、工业机械、风力发电设备等。通过合理设计和选择合适的齿轮传动方案，可以实现输出转速、扭矩等参数的精确控制，满足不同机械设备的需求。

三、带传动原理

带传动是一种通过带条将动力传递给被驱动装置的机械传动方式，主要由皮带和滚筒组成。它具有结构简单、制造成本低、减振效果好等优点，因此在一些低功率和高转速的应用场合中得到广泛应用。

（一）主要原理

带传动的主要原理是利用张紧轮的作用将动力从主动滚筒传递到被驱动滚筒上。当主动滚筒转动时，带条会紧贴在滚筒上，并受到张紧轮的压力，从而实现动力的传递。通过张紧轮的调节，可以控制带条的张紧程度，进而影响带传动系统的工作效果和性能表现。

（二）主要考虑参数

在设计带传动系统时，需要考虑以下主要参数。

带条的材料：选用不同材料的带条可以适应不同的工作环境和工作要求，如橡胶带、聚氯乙烯带等。

长度和宽度：根据传动系统的布局和需求，选择合适长度和宽度的带条。

张紧轮的设计：张紧轮的设计影响着带条的张紧程度和传动效果，需要根据具体情况进行合理设计和选择。

（三）应用和优点

带传动由于其结构简单、制造成本低、减振效果好等优点，在一些低功率和高转速的应用场合中得到广泛应用，如家用电器、汽车引擎等。它能够稳定传递动力，并且对传动装置减少了振动和冲击，有利于保护设备和提高工作效率。

四、链传动原理

链传动是一种通过链条将动力传递给被驱动装置的机械传动方式，具有传动效率高、承载能力大、传动精度高等特点，因此被广泛应用于各类机械设备中。

（一）基本原理

链传动的基本原理是利用链条的啮合来实现动力的传递。链条由一系列链接件组成，通过与链轮的啮合来实现动力的传递。当主动链轮转动时，链条会随之转动，并带动被驱动链轮实现动力传递。

（二）主要考虑参数

在设计链传动系统时，需要考虑以下主要参数。

链条的类型：根据不同的工作条件和要求，选择适合的链条类型，如滚子链、双排链等。

模数：链条的模数决定了链条齿轮的尺寸大小，是链传动设计中重要的参数之一。

链节数量：决定了链条的传动能力和稳定性，根据具体需求选择合适数量的链节。

链轮的齿数和啮合弧度：不同齿数的链轮组合可以实现不同的传动比，而啮合弧度影响链条的运动平稳性和传动效率。

（三）应用和优点

链传动由于其传动效率高、承载能力大、传动精度高等优点，在各类机械设备中得到广泛应用，如自行车、摩托车、工业生产线等。它能够稳定可靠地传递动力，并且对扭矩要求较高的场合具有良好的适应性。

第四节 机械设计基础

一、机械设计基础的重要性

机械设计基础是机械工程领域中最为核心的一部分,它对于设计出安全可靠、性能优越的机械设备和系统具有至关重要的作用。机械设计基础包括了机械设计的基本原理、设计流程和方法等方面的内容,是机械设计师必备的知识和技能。

首先,机械设计基础包含了机械构件的设计准则和设计规范。在进行机械设计时,需要遵循一系列准则和规范,以确保设计的可靠性和安全性。这些准则和规范涉及机械零部件的尺寸、形状、材料选择等方面,对于设计师来说是必须要掌握和遵循的基本要求。

其次,机械设计基础还涉及不同材料的性能和选择原则。在机械设计过程中,需要根据设计要求和应用环境选择合适的材料,以满足机械设备的强度、刚度、耐磨性、耐腐蚀性等性能要求。了解不同材料的性能特点和选择原则,能够帮助设计师做出更合理的材料选择,提高机械设备的整体性能。

最后,机械设计基础还包括机械制图和 CAD 软件的使用。机械制图是机械设计的重要工具,通过绘制设计图纸来明确机械构件的尺寸、形状和装配关系等信息。而 CAD 软件则为机械设计师提供了强大的绘图和模型设计功能,能够大大提高设计效率和准确性。熟练掌握机械制图和 CAD 软件的使用,对于进行机械设计和工程分析是必不可少的。

二、机械设计基础内容的详细介绍

(一)机械设计的基本原理

机械设计的基本原理包括静力学、动力学、材料力学、流体力学等基础理论。

静力学是研究物体在静止状态下的力学平衡条件的学科。它研究物体受力平衡时的力学特性,例如受力分析、力的合成与分解、平衡条件、摩擦力等。在机械设计中,静力学可以用于计算和分析零部件以及整体结构的力学特性,从而确保结构的稳定性和安全性。

动力学研究物体在运动状态下的运动规律。它包括速度、加速度、力和质量等因素对物体运动状态的影响,以及运动过程中的力学特性。在机械设计中,动力学可以用于分析和优化机械系统的运动性能,例如速度、加速度、位置误差等,从而提高机械设备的工作效率和精度。

材料力学是研究材料的力学性能和行为的学科。它包括材料的强度、刚度、韧性、疲劳寿命等力学性能的表征和分析。在机械设计中，材料力学的原理可以用于选取合适的材料，进行零部件的强度和刚度计算，以及预测材料在使用过程中的疲劳寿命，从而保证机械设备的可靠性和耐久性。

流体力学是研究流体的力学行为的学科。它包括流体的运动规律、压力、速度、流量等因素对流体行为的影响。在机械设计中，流体力学的原理可以用于设计和分析与流体相关的部件和系统，例如液压传动、风力发电、水泵等，从而提高机械设备的效率和性能。

（二）机械设计的设计流程

机械设计的设计流程一般包括需求分析、方案设计、详细设计、制造和测试等阶段。

需求分析阶段是机械设计的起点，通过与客户交流和了解使用环境，明确设计要求和约束条件，包括功能需求、性能要求、工作环境等，从而为后续设计提供准确的依据。

方案设计阶段是确定初步设计方案的阶段。根据需求分析阶段的结果，设计师会生成多个设计方案，并通过评审和修改选择最佳方案。在方案设计阶段，需要考虑诸如结构布局、功能实现、材料选择等因素。

详细设计阶段是进行具体零部件的设计与优化的阶段。在这一阶段，设计师会详细设计每个零部件的几何形状、参数以及工艺要求，并进行必要的优化。详细设计的结果通常为设计图纸和规范。

制造阶段是将设计图纸转化为实际产品的过程。设计师将完成的设计交给制造人员，制造人员根据设计图纸进行加工、装配和测试，最终生成实际的机械产品。

测试阶段是对产品进行验证和调整的阶段。通过测试，可以检查产品的性能是否符合需求，并进行必要的调整和改进。测试阶段通常包括功能测试、可靠性测试、环境适应性测试等。

（三）机械构件的设计准则和设计规范

机械构件的设计准则和设计规范涉及尺寸、形状、材料选择、装配间隙、表面质量、可维修性等方面的要求。

尺寸设计准则是指设计师在确定机械构件尺寸时遵循的规范和原则。尺寸设计准则旨在保证构件的功能要求，避免尺寸过大或不足以满足设计要求。

形状设计准则是指设计师在确定机械构件形状时应遵循的规范和原则。形状设计准则旨在确保构件具有良好的运动性能、装配性能和强度。

材料选择准则是指根据设计要求和使用环境选择合适的材料的规范和原则。材料选择准则旨在确保构件具有足够的强度、刚度和耐久性，以及其他特定的性能要求。

装配间隙准则是指确定机械构件之间的间隙尺寸的规范和原则。装配间隙准则旨在确保装配的顺利进行，并避免因间隙过大或过小而导致的问题。

表面质量准则是指确定机械构件表面质量要求的规范和原则。表面质量准则旨在确保构件表面的光洁度、平整度和粗糙度等符合设计要求。

可维修性准则是指设计师在机械构件设计中应考虑到方便维修和更换的规范和原则。可维修性准则旨在提高机械设备的可维修性，降低维护成本。

（四）不同材料的性能和选择原则

不同材料具有不同的力学性能和耐久性，因此在机械设计中需要根据应用环境和设计要求选择合适的材料。

常见的金属材料包括钢、铝、镍等。钢材具有高强度、较好的塑性和可焊性，适用于承受大的静态或动态负载的构件。铝材具有较低的密度、良好的导热性和可塑性，适用于重量要求较轻的构件。镍材具有耐腐蚀性能和高温强度，适用于要求耐腐蚀和高温的构件。

塑料材料具有较低的密度、良好的绝缘性和化学稳定性。常用的塑料材料有聚乙烯、聚丙烯、聚氯乙烯等。塑料材料适用于要求较低强度和较小尺寸的构件，例如塑料制品、密封件等。

复合材料是由两种或多种材料组成的材料，具有较高的强度和刚度，较低的密度。常见的复合材料有碳纤维复合材料、玻璃纤维复合材料等。复合材料适用于要求高强度、轻量化和耐腐蚀的构件。

在选择材料时，需要考虑到设计要求和应用环境。例如，对于要求高强度的构件，可以选择金属材料；对于要求轻量化的构件，可以选择塑料或复合材料。同时还需要考虑成本、可加工性、可靠性等因素。

（五）机械制图和CAD软件的使用

机械制图是机械设计中用于表达设计意图和传递信息的重要手段。机械设计师需要掌握绘制工程制图的基本规范和符号规定，了解不同视图的表示方法和标注要求。

机械制图通常包括主视图、剖视图、局部放大图、装配图等。通过制图，可以清晰地表示构件的几何形状、尺寸和装配关系，为制造和装配提供准确的依据。此外，还需要标注尺寸、加工表面、加工精度等重要信息。

CAD软件的使用能够大大提高设计效率和准确性。设计师需要掌握CAD软件的基本操作和常用功能，例如绘图、编辑、模型构建、装配、仿真等。CAD软件可以快速生成和修改制图，并进行虚拟装配和性能分析，从而提高设计效率、降低错误率、优化设计方案。

第三章　机电工程电子技术基础

第一节　电路基础

一、电路的基本概念

（一）电流

（1）电流是指单位时间内通过导线或电路的电荷数量。它的单位是安培（A），表示每秒通过导线或电路的电荷量。

（2）电流的方向由电荷的流动方向决定，通常以正电荷的流动方向为参考。当正电荷从正极流向负极时，电流的方向与正电荷的流动方向相同；而当负电荷从负极流向正极时，电流的方向与负电荷的流动方向相反。

（3）电流的大小与电压和电阻之间存在着关系，这是根据欧姆定律得出的。欧姆定律表明，电流等于电压与电阻的比值：$I=V/R$。其中，I 表示电流，V 表示电压，R 表示电阻。

（4）电流在电路中起到了传输能量和信号的作用。通过电流的流动，可以激活电路中的各种元件，实现信号的传输和能量的转化。例如，在电力系统中，电流可以将发电厂产生的电能输送到用户家庭，驱动电器设备的运行。

（二）电压

（1）电压是电场产生的电位差，是描述电荷在电路中能量状态的物理量。它的单位是伏特（V）。

（2）电压可以理解为电势差，即两点之间电势的差异。电压的存在使得电荷在电路中具有了能量，能够驱动电流的流动。

（3）在直流电路中，电压可以看作是电荷在电路中的推动力。正电荷由高电势区向低电势区移动，负电荷则相反，由低电势区向高电势区移动。这种移动过程中，电荷会释放或吸收能量，完成能量转换。

（4）电压也可以用于传输信号和供应能量。例如，在通信系统中，通过改变电压来编码信息，实现信号的传输。而在电源系统中，电压可以提供给电器设备，供其工作所需的能量。

（三）电阻

（1）电阻是指导体对电流流动的阻碍程度，是材料对电子流动的阻力。它的单位是欧姆（Ω）。

（2）导体的阻抗决定了电阻的大小。导体阻抗越小，则电阻越小，电流流动越顺畅；反之，则电阻越大，电流流动越困难。

（3）电阻的大小还与物质的导电性质和几何形状有关。物质的导电性质决定了电荷在材料内部的流动能力；而几何形状则影响了电荷经过导体的路径和流动速度。

（4）电阻的存在使得电路中的电流流动受到限制。通过调节电阻的大小，可以控制电流的强度和方向，实现对电路性能的调节和控制。

（四）电功率

（1）电功率是单位时间内消耗或提供的能量，是描述电路元件能量转换效率的物理量。它的单位是瓦特（W）。

（2）电功率的计算公式为 $P=IV$，其中 P 表示功率，I 表示电流，V 表示电压。根据这个公式，我们可以得出，功率等于电流与电压的乘积。

（3）电功率可以用来描述电路元件的能量转换效率。例如，在电器设备中，通过电流的流动，电能被转化为热能、机械能或光能等形式的能量。电功率可以衡量这种能量转换的效率和速率。

（4）在电力系统中，电功率也被用作供电能力的指标。发电厂的电力输出能力以及电网传输能力都可以通过电功率来衡量，以确保电力供应的稳定和可靠。

二、基本电路元件

（一）电阻

电阻是一种基本的电路元件，用于限制电流的流动。它由导体材料制成，通过阻碍电子流动来改变电路的电阻值。电阻的主要作用包括消耗电能、限制电流和调节电压。常见的电阻有固定电阻和可变电阻。固定电阻的电阻值是恒定不变的，而可变电阻可以通过外部手段调整其电阻值。

（二）电容

电容是一种用于储存电荷的元件。它由两个电极和电介质组成，通过充电过程可以储存电能，在放电过程中释放电能。电容的主要作用包括对电流进行滤波、隔离和储能。常见的电容有固定电容和可变电容。固定电容的电容值是恒定不变的，而可变电容可以通过外部手段调整其电容值。

（三）电感

电感是一种用于储存磁场能量的元件。它由线圈或绕组组成，当电流通过其时会产生磁场，电感储存了这部分磁场能量。电感的主要作用包括对电流进行滤波、隔离和储能。常见的电感有固定电感和可变电感。固定电感的电感值是恒定不变的，而可变电感可以通过外部手段调整其电感值。

（四）二极管

二极管是一种具有两个电极的电子器件。它具有只允许电流单向通过的特性，可以将交流电转化为直流电，常用于整流电路和信号调制等应用。二极管由半导体材料构成，其中一个电极为正极（阳极），另一个电极为负极（阴极）。

（五）三极管

三极管是一种具有三个电极（发射极、基极和集电极）的半导体器件。它具有放大电流、开关电路和稳压等特性，在现代电子电路中被广泛使用。三极管通过控制基极电流来控制集电极电流，实现信号放大或开关操作。

（六）集成电路

集成电路是将许多电子元件（如二极管、三极管、电阻、电容等）集成在一个芯片上的电子器件。它具有高度集成、体积小、功耗低等特点，并且能够实现复杂的功能。集成电路广泛应用于计算机、通信、消费电子等领域，推动了电子技术的快速发展。

三、电路分析与设计

（一）电路分析

电路分析是电子工程中必不可少的环节，它是为了理解和评估电路中的电流、电压、功率等参数而进行的计算和分析过程。通过电路分析，我们可以确定电路的工作状态、参数取值以及功耗等信息，为电路设计和故障排除提供依据。

在电路分析中，常用的方法包括基尔霍夫定律、欧姆定律、节点电压法和网孔电流法等。下面将介绍这些方法的基本原理和应用。

1.基尔霍夫定律

基尔霍夫定律是电路分析的基础，它由德国物理学家基尔霍夫于19世纪提出。基尔霍夫定律包括两个部分：基尔霍夫第一定律（KCL）和基尔霍夫第二定律（KVL）。

基尔霍夫第一定律指出，在电路中的任何一个节点处，流入该节点的电流等于流出该节点的电流之和。通过应用KCL，我们可以建立节点电流方程组，从而求解电路中各节点的电流。

基尔霍夫第二定律指出,在任何一个闭合回路中,电压源和电阻等元件的电压之和等于零。通过应用KVL,我们可以建立回路电压方程组,从而求解回路中各元件的电压。

2.欧姆定律

欧姆定律是电路分析的基本法则,它表明电流与电压之间成正比,电阻是电流和电压的比例系数。欧姆定律的数学表达式为$V=IR$,其中V表示电压,I表示电流,R表示电阻。

通过欧姆定律,我们可以计算电路中各元件的电流或电压,从而了解电路的工作状态和性能。

3.节点电压法

节点电压法是一种应用基尔霍夫定律进行电路分析的方法。该方法将电路中的每个节点选为参考点,计算其他节点相对于参考点的电压值。通过建立节点电压方程组,我们可以求解出各节点的电压。

节点电压法适用于分析复杂的电路,特别是具有多个分支或节点的电路。

4.网孔电流法

网孔电流法是一种应用基尔霍夫定律进行电路分析的方法。该方法将电路中的每个网孔(闭合回路)选为基准,计算各回路中的电流。通过建立网孔电流方程组,我们可以求解出各回路中的电流。

网孔电流法适用于分析具有多个回路或环路的电路,特别是包含多个电流源的电路。

(二)电路设计

电路设计是根据特定的功能和要求,选取合适的元器件和拓扑结构,设计出满足需求的电路。电路设计过程中需要综合考虑电路的性能指标、稳定性、可靠性、功耗、成本等因素。

在电路设计中,需要明确以下几个方面。

(1)功能需求:明确电路所需实现的功能,例如放大、滤波、数字信号处理等。

(2)性能指标:确定电路的性能指标,如增益、频率响应、失真、带宽等。

(3)元器件选型:根据功能需求和性能指标,选择合适的电子元器件,如电阻、电容、电感、放大器、运算放大器、开关等。

(4)拓扑结构设计:根据功能需求和元器件特性,设计合适的电路拓扑结构,如放大电路的共射、共集、共基结构,滤波电路的低通、高通、带通等。

(5)稳定性设计:考虑电路的稳定性,如通过负反馈设计提高稳定性,避免电路震荡和失真等问题。

（6）可靠性设计：考虑电路的可靠性，如选择稳定可靠的元器件、合理的散热设计，避免元件过热和损坏。

（7）功耗设计：优化电路功耗，如使用节能元器件、控制电路的工作状态和供电电压。

（8）成本考虑：综合考虑电路的成本，平衡性能和成本之间的关系，选取性价比较高的元器件和设计方案。

在电路设计中，通常需要借助 CAD 进行仿真和优化。通过仿真，可以验证电路设计的正确性和性能，并进行参数调整和优化。

第二节　电子元器件与电子器件的选择和应用

一、二极管

（一）二极管的基础知识

（1）二极管的定义和结构：二极管是一种半导体器件，由 P 型半导体和 N 型半导体组成。P 型半导体中掺杂了少量的三价杂质，使其形成多余的空穴，而 N 型半导体中掺杂了少量的五价杂质，使其形成多余的自由电子。这种结构形成了一个 PN 结，具有单向导电特性。

（2）PN 结的特性：PN 结中存在一个耗尽层，在平衡状态下，耗尽层中没有载流子。当外加电压使 P 区为正，N 区为负时，耗尽层会变薄，从而使载流子得以跨越耗尽层，形成导电通道；当外加电压使 N 区为正，P 区为负时，耗尽层会变宽，阻止载流子的流动，形成禁止通道。

（二）二极管的工作原理

当二极管的正极连接正电压，负极连接负电压时，二极管处于正向工作状态。此时，P 区的多余空穴会向 N 区扩散，N 区的多余自由电子会向 P 区扩散，形成电子与空穴的复合现象，导致电流通过。这种正向导电状态下的电压降非常小，约为 0.7V。

（三）二极管的应用场景

（1）整流应用：二极管能够将交流电转换为直流电，这是其最基本的应用之一。在整流电路中，通过将交流电源接入二极管，使得只有一个方向的电流通过，实现了电流的单向流动，从而将交流电转化为直流电。

（2）开关应用：二极管可以作为开关使用。当二极管处于正向偏置时，相当于开关闭合，电流可以通过；当二极管处于反向偏置时，相当于开关断开，电流不能通过。这种特性使得二极管在数字电子电路和逻辑电路中有广泛的应用，如与门、或门、非门等。

（3）保护应用：二极管在电路中常被用于保护其他元件。例如，在继电器电路中，二极管串联在线圈两端，当线圈开关切断时，二极管会产生反向电动势，从而保护开关管或其他器件避免反向电流冲击导致损坏。

（4）信号检测应用：二极管也可用于检测信号的存在与否。当有信号输入时，二极管处于正向偏置状态，导通电流；当没有信号输入时，二极管处于反向偏置状态，截断电流。通过检测二极管的导通与截断状态可以判断信号是否存在。

（四）二极管的特性参数

（1）最大正向电压（VF）：指在正向通态下，二极管可以承受的最大电压。

（2）最大反向电压（VR）：指在反向封锁状态下，二极管可以承受的最大电压。

（3）最大正向电流（IF）：指在正向通态下，二极管可以承受的最大电流。

（4）最大反向电流（IR）：指在反向封锁状态下，二极管可以承受的最大电流。

（5）正向压降（VF）：指在正向通态下，二极管两端产生的电压降，一般为 0.7V。

（五）常见的二极管类型

（1）硅二极管：硅二极管是最常见的二极管类型，具有较高的工作温度范围和较低的漏电流，广泛应用于各种电子设备。

（2）锗二极管：锗二极管的电压降为 0.3V 左右，适合低压应用。但由于其特性不如硅二极管稳定，使用较为少见。

（3）快恢复二极管：快恢复二极管在正向恢复时间上比普通二极管快，适用于高频开关电源等需要快速切换的场合。

（4）肖特基二极管：肖特基二极管具有低的正向电压降和非常快的开关速度，常用于高频电路和精确测量电路。

二、三极管

（一）三极管的基本结构和工作原理

三极管是由三个掺杂不同类型半导体材料构成的电子元器件。它的基本结构包括三个区域：发射极（Emitter）、基极（Base）和集电极（Collector）。发射极和集电极分别被 P 型半导体包围，而基极则是 N 型半导体。

三极管的工作原理基于 PN 结的特性以及控制层的作用。在静态情况下，发射极与基极之间存在正向偏置,而集电极与基极之间则存在反向偏置。当外加电压小于开启电压时,三极管处于截止状态,只有微小的漏电流通过。

当外加电压大于开启电压时,三极管进入饱和状态,此时发射极-基极结的正向电场愈来愈强,使得电子从发射极向基极注入。同时,由于基极-集电极结的反向偏置,集电极上的电子会被吸引,形成电流。这样,一个较小的输入信号可以通过控制发射极-基极电流的变化,从而使集电极-基极电流经过放大,从而实现信号的放大功能。

(二)三极管的分类和参数

根据结构和工作原理的不同,三极管可以分为 NPN 型和 PNP 型两种类型。其中,NPN 型三极管的发射极为 N 型半导体,基极为 P 型半导体,集电极为 N 型半导体;而 PNP 型三极管则正好相反。

三极管的性能参数包括最大集电极电流、最大集电极-基极电压、最大功耗、放大因子等。这些参数对于特定的应用场景来说非常重要,在选择和设计电路时需要综合考虑。

(三)三极管在功率放大电路中的应用

三极管在功率放大电路中起到了关键作用。在弱信号的放大过程中,一般会使用小功率的信号源,而三极管可以将这个小信号放大为现对电流的精确控制和调节。

三极管在振荡器中起到了放大和反馈的作用,通过适当的设计和调整参数,可以实现不同振荡信号输出。

三、集成电路

(一)集成电路的分类和构成

集成电路按照功能和技术特点可以分为多种类别。其中,按照功能可分为模拟集成电路和数字集成电路;按照技术特点可分为 SSI、MSI、LSI 和 VLSI 等。

(1)模拟集成电路:模拟集成电路是指用来处理连续信号的集成电路,它主要用于放大、滤波、调节和调制等模拟信号处理。模拟集成电路由各种模拟元器件组成,例如放大器、滤波器、振荡器等。

(2)数字集成电路:数字集成电路是指用来处理离散信号的集成电路,它主要用于逻辑运算、数据存储和数字信号处理等数字信号处理。数字集成电路由数字逻辑门、触发器、寄存器等数字元器件构成。

(3)SSI(Small Scale Integration):SSI 是指集成度比较低的集成电路,主要由几个逻辑门、触发器等少量元器件组成。其主要特点是规模小、集成度低、功能简单,适用于一些简单的数字逻辑电路。

（4）MSI（Medium Scale Integration）：MSI 是指集成度中等的集成电路，主要由几十到几百个逻辑门、触发器等元器件组成。其主要特点是规模适中、功能较为复杂，可实现一些中等规模的数字逻辑电路。

（5）LSI（Large Scale Integration）：LSI 是指集成度较高的集成电路，主要由数百到数千个逻辑门、触发器等元器件组成。其主要特点是规模大、集成度高、功能复杂，可实现一些较为复杂的数字逻辑电路。

（6）VLSI（Very Large Scale Integration）：VLSI 是指集成度非常高的集成电路，主要由数千到数十亿个逻辑门、触发器等元器件组成。其主要特点是规模巨大、集成度极高、功能非常复杂，可实现非常复杂的数字逻辑电路和微处理器等。

集成电路通常由晶体管、电容器、电阻器等离散元器件组成，并通过多层硅片上的金属导线连接起来。芯片上的不同元器件和电路功能被集成在一个小小的芯片上，从而实现了电子器件的迷你化和功能的高度集成化。

（二）集成电路的优势

集成电路相比于传统的离散元器件电路具有许多优势。

（1）体积小：集成电路中的各种元器件和电路功能被集成在一个芯片上，大大减小了电路的体积，提高了电子设备的整体体积小巧性。

（2）功耗低：由于集成电路采用集成的方式实现电子功能，相比于离散元器件，它的功耗更低。这不仅可以延长电池寿命，还可以降低系统的能耗。

（3）可靠性高：由于集成电路中的元器件和电路功能都在同一芯片上制造，避免了元器件之间的连接问题，减少了电路中的电线、插头等可能引发故障的元件。因此，集成电路更加可靠，故障率更低。

（4）性能优越：集成电路可以根据需要集成各种电子元器件和电路，可以实现复杂的数字逻辑和模拟信号处理功能，从而提升了系统的性能和功能。

（5）生产成本低：由于集成电路中的元器件和电路功能在同一芯片上制造，可以通过批量生产来降低成本。与离散元器件电路相比，集成电路的生产成本更低。

（三）集成电路的应用领域

集成电路广泛应用于计算机、通信、控制等领域，它在现代科技中扮演着重要角色。以下是一些常见的应用领域。

（1）计算机：集成电路在计算机系统中起到关键作用，包括中央处理器（CPU）、内存、图形处理器（GPU）、硬盘控制器、输入输出接口等都使用了大量的集成电路。

（2）通信：无线通信设备、移动通信设备、网络设备等都广泛使用集成电路，实现了高效的通信功能。

（3）控制：集成电路在工控系统、自动化设备、仪器仪表等控制领域中应用广泛，能够实现各种复杂的控制功能。

（4）汽车电子：集成电路在汽车电子系统中扮演重要角色，包括发动机控制单元（ECU）、车载娱乐系统、智能驾驶辅助系统等都使用了大量的集成电路。

（5）医疗设备：医疗仪器、医学影像设备、生命监护设备等都需要使用集成电路实现复杂的功能，提高医疗设备的精度和可靠性。

（四）集成电路的发展趋势

集成电路作为现代电子技术的核心，也在不断发展和演进。以下是集成电路发展的一些趋势。

（1）高集成度：随着技术的不断进步，集成电路的集成度越来越高，可以在更小的芯片上集成更多的元器件和电路功能，实现更复杂的功能。

（2）低功耗：随着移动设备和物联网的兴起，对电池续航能力的要求越来越高，集成电路将更加注重功耗的优化，提高能效。

（3）多功能：随着科技的不断进步，集成电路将更加注重实现多种功能的集成，例如集成模拟和数字电路、通信电路等，以满足多样化和个性化需求。

（4）高性能：随着计算机和通信等领域的不断发展，对集成电路的性能要求也越来越高，包括运算速度、存储容量、传输速率等方面会不断提升。

（5）先进制造工艺：随着技术的进步，集成电路的制造工艺也在不断发展，包括先进的制造设备、新材料、新工艺等，以提高集成电路的可靠性和生产效率。

（五）集成电路的发展与应用挑战

尽管集成电路在技术和应用上有许多优势，但也面临着一些挑战。

（1）热量问题：由于集成电路在小尺寸芯片上集成了大量的元器件和电路，导致集成电路的功耗和热量密度增加。有效解决集成电路的散热问题是一个挑战。

（2）可靠性要求：集成电路中的元器件和电路功能在微小的芯片上制造，容易受到环境因素的影响，例如温度、湿度、电磁干扰等，对电路的可靠性提出了更高的要求。

（3）芯片设计复杂性：随着集成电路的规模逐渐增大，芯片设计变得更加复杂。需要面对大规模设计、布局、布线、仿真和验证等技术上的挑战。

（4）制造成本压力：尽管集成电路的制造成本随着技术进步有所降低，但仍然是一个昂贵的过程。制造成本压力使得集成电路的研发和生产对企业来说是一个挑战。

四、传感器

（一）传感器的原理和作用

传感器是一种将机械、光学、电磁等物理量转换为电信号的装置，其原理基于物理效应的感应和测量。传感器在各个领域中起到了至关重要的作用，包括工业自动化、环境监测、医疗诊断、交通运输等。

传感器通过感知周围环境的变化并将其转换为电信号，可以提供给控制系统有关物理量的信息。例如，温度传感器可以测量环境温度的变化，压力传感器可以测量气体或液体压力的变化，位移传感器可以测量物体位置的变化。这些电信号可以被接收、处理和分析，从而实现对系统的控制和监测。

（二）传感器的分类

传感器根据其测量的物理量和工作原理不同，可以分为多种类型。以下是一些常见的传感器类型。

（1）温度传感器：用于测量环境或物体的温度变化，常见的有热敏电阻、热电偶、热电阻等。

（2）压力传感器：用于测量气体或液体的压力变化，常见的有压阻式传感器、电容式传感器、压电传感器等。

（3）位移传感器：用于测量物体位置的变化，常见的有电感式位移传感器、光电编码器、电容式位移传感器等。

（4）光学传感器：用于测量光的强度、颜色或其他光学特性的变化，常见的有光敏电阻、光电二极管、CCD 传感器等。

（5）加速度传感器：用于测量物体在空间中的加速度和震动，常见的有压电式加速度传感器、微机械加速度传感器等。

（6）气体传感器：用于检测环境中的气体浓度和种类，常见的有气敏电阻、气敏电容、半导体气体传感器等。

（三）传感器的应用领域

传感器广泛应用于各个领域，对于实现自动化和智能化起到了关键作用。以下是几个主要的应用领域。

（1）工业自动化：在工厂生产过程中，传感器用于监测设备状态、测量温度、压力、流量等参数，提供给控制系统进行自动化控制和优化。

（2）环境监测：传感器用于监测空气质量、水质污染、噪音水平等环境参数，为环境保护和健康监测提供数据支持。

（3）交通运输：传感器在车辆中被广泛应用，用于测量车速、加速度、方向等参数，实现车辆稳定性控制和智能驾驶功能。

（4）医疗诊断：传感器在医疗设备中应用广泛，用于测量体温、心率、血压等生理参数，帮助医生进行诊断和治疗。

（5）智能家居：通过对环境中的光照、温度、湿度等参数的感知，传感器可以实现智能家居系统的自动控制和节能优化。

（四）传感器的发展趋势

随着科技的不断进步，传感器技术也在不断发展。以下是传感器发展的几个趋势。

（1）微型化：传感器越来越小型化，体积更小、成本更低，可以集成到更多的设备和系统中。

（2）无线化：传感器的无线传输技术得到了快速发展，可以实现传感器与系统之间的无线通信，提高数据传输的灵活性和高效性。

（3）多功能化：传感器不仅可以单一测量某一物理量，还可以集成多种测量功能，实现多参数的综合测量。

（4）智能化：传感器具备智能识别和处理能力，能够自动适应环境变化，提供更精确和可靠的数据。

（5）节能环保：传感器的低功耗设计和高精度测量有助于节能减排，促进可持续发展。

五、电机驱动器

电机驱动器是一种将电能转换成机械能的装置，主要用于控制电机的转速和转矩。它在机电系统中具有广泛的应用，涵盖工业自动化、交通运输、家电等多个领域。通过调节电压、电流、频率等参数，电机驱动器可以实现对电机精确控制，以提高电机效率和性能，并满足不同应用场景对电机的要求。

（一）电机驱动器的工作原理

电机驱动器的工作原理基于电机的特性和工作需求。通常，电机驱动器由多个部分组成，包括电源模块、信号处理模块、功率放大器模块和保护电路等。

（1）电源模块：提供电能给电机驱动器，通常使用交流电源或直流电源。

（2）信号处理模块：接收来自控制系统的指令信号，并将其转换成电机驱动器可理解的信号。这些信号可以是模拟信号或数字信号。

（3）功率放大器模块：将信号处理模块输出的信号进行放大，并将其传递给电机。功率放大器模块通常由功率晶体管、功率放大电路和电流传感器等组成。

（4）保护电路：用于监测电机的工作状态，例如过载、过热和短路等情况。当检测到异常情况时，保护电路会切断电源，以保护电机和驱动器不受损坏。

根据不同的应用需求，电机驱动器可以采用不同的控制策略，如开环控制和闭环控制。开环控制是将指令信号直接传递给电机，而闭环控制则通过反馈信号实时调整驱动信号，以实现对电机转速和转矩的精确控制。

（二）电机驱动器的类型

电机驱动器根据不同的工作原理和应用需求，可以分为多种类型。

（1）直流电机驱动器：主要用于直流电机的控制，广泛应用于电动车、电动工具等领域。直流电机驱动器通常包括直流电源、整流器、逆变器和PWM控制模块等。

（2）交流电机驱动器：用于交流电机的控制，包括异步电机和同步电机。交流电机驱动器主要有电压型逆变器和矢量控制型逆变器两种类型。

（3）步进电机驱动器：用于步进电机的控制，广泛应用于打印机、数控机床等场景。步进电机驱动器通常具有细分功能，可以提高步进电机的精确度和运动平滑度。

（4）无刷直流电机驱动器：用于无刷直流电机的控制，主要应用于风扇、空调等家电产品。无刷直流电机驱动器具有高效率、低噪音和可编程性等优点。

（三）电机驱动器的性能指标

电机驱动器的性能指标对于确保电机正常工作和提高工作效率具有重要意义。以下是一些常见的电机驱动器性能指标。

（1）输出功率：表示电机驱动器输出的最大功率。它取决于电源电压、电流和驱动器的效率等因素。

（2）额定电压和额定电流：表示电机驱动器在额定工作条件下的电压和电流值。这两个指标决定了电机驱动器的工作范围和适用负载。

（3）转速范围：表示电机驱动器可以控制的转速范围。不同类型的驱动器具有不同的转速范围。

（4）转矩控制：表示电机驱动器对电机转矩的控制能力。转矩控制的精度和稳定性对于某些应用非常关键。

（5）控制精度：表示电机驱动器对于控制信号的精确度。控制精度越高，电机的运动越准确。

（6）效率：表示电机驱动器的能量转换效率。高效率的驱动器可以降低电能损耗，提高系统的整体效率。

（7）响应时间：表示电机驱动器从接收到控制信号到实际输出响应的时间。响应时间短可以提高系统的动态性能。

（四）电机驱动器的应用领域

电机驱动器在众多领域都有着广泛的应用，以下是一些常见的应用领域。

（1）工业自动化：电机驱动器广泛应用于机械加工、流水线生产和自动化装配等工业领域。它可以实现对电机转速和转矩的精确控制，提高生产效率和产品质量。

（2）交通运输：电机驱动器在交通运输领域主要应用于电动汽车、电动船舶和电动机车等。它可以为电动交通工具提供精确的加速和制动控制，以及高效的能量转换。

（3）家电产品：电机驱动器被广泛用于家电产品，如洗衣机、冰箱、空调等。它可以实现电机的低噪音运行和高效率工作，提升用户体验和节能效果。

（4）医疗设备：电机驱动器在医疗领域应用广泛，如手术机器人、医用注射泵等。它可以提供高精度和稳定的驱动力，满足医疗设备对运动控制的严格要求。

（5）农业机械：电机驱动器在农业领域主要用于农机设备的驱动和控制，如拖拉机、收割机等。它可以提供稳定的动力输出和灵活的工作模式，提高农业生产效益。

（五）电机驱动器市场前景

随着技术的不断进步和市场需求的增长，电机驱动器市场呈现出良好的前景和发展潜力。

（1）工业自动化的快速发展推动了电机驱动器市场的增长。随着工业生产过程的自动化程度提高，对于精确控制和能源节约的需求也日益增长。

（2）新能源车辆市场的崛起带动了电机驱动器市场的发展。电动汽车、混合动力车等新能源车辆对电机驱动器提出了更高的性能要求，这促使了驱动器技术的创新和提升。

（3）家电产品的智能化和节能化趋势对电机驱动器市场提供了新的机遇。消费者对于高效、低噪音的家电产品有着日益增长的需求，电机驱动器作为关键技术之一，将得到广泛应用。

第三节　电路分析与设计

一、电路分析方法

（一）基尔霍夫定律

基尔霍夫定律是电路分析的基础，包括电流定律和电压定律。电流定律规定，在任意一个节点上，流入该节点的电流等于流出该节点的电流的代数和，即电流守恒。电压定律规定，在任意一个回路中，沿着回路的每一条路径，电压降的代数和等于零，即电压守恒。

在电路分析中，我们常常利用基尔霍夫定律来推导和解决电路中的未知电流和电压。通过应用电流定律，我们可以得到关于电路中各个节点的方程，通过联立这些方程，就能求解出电路中的未知电流。同理，通过应用电压定律，我们可以得到关于电路中各个回路的方程，通过联立这些方程，就能求解出电路中的未知电压。

（二）欧姆定律

欧姆定律是描述电阻上的电流和电压关系的基本定律。根据欧姆定律，电阻上的电流与电阻两端的电压成正比，且与电阻的阻值成反比。欧姆定律为电路分析提供了简单而有力的工具。

在电路分析中，我们可以利用欧姆定律来计算电路中各个电阻上的电流和电压。根据欧姆定律的表达式 $I=V/R$，其中 I 表示电流，V 表示电压，R 表示电阻，我们可以根据已知的电压和电阻求解出电流，或者根据已知的电流和电阻求解出电压。这样，我们就能够更好地理解和分析电路中的电流和电压分布情况。

（三）节点电压法

节点电压法是一种基于基尔霍夫定律的电路分析方法。它将电路中的每个节点都视为一个未知电压变量，通过列写节点电压方程和其他已知条件，可以求解电路中各个节点的电压。

在节点电压法中，我们以一个参考节点为基准，将其电压定义为零。然后，对于其他节点，我们通过应用电流定律和电压定律，可以得到与该节点相关的方程。通过联立这些方程，就可以求解出电路中各个节点的电压。

节点电压法适用于复杂的电路分析，尤其是当电路中存在大量的节点时，使用该方法可以简化计算过程，提高分析效率。

（四）网孔电流法

网孔电流法是一种基于基尔霍夫定律的电路分析方法。它将电路中的每个网孔都视为一个未知电流变量，通过列写网孔电流方程和其他已知条件，可以求解电路中各个网孔的电流。

在网孔电流法中，我们选择一组网孔作为基准，将其中一个网孔的电流定义为零。然后，对于其他网孔，我们通过应用电流定律和电压定律，可以得到与该网孔相关的方程。通过联立这些方程，就可以求解出电路中各个网孔的电流。

网孔电流法适用于复杂的电路分析，特别是当电路中存在大量的电流源时，使用该方法可以简化计算过程，提高分析效率。

二、电路仿真与优化

电路仿真是通过计算机软件对电路进行模拟，以验证电路设计的正确性和性能。常用的电路仿真工具有 Multisim、PSpice 等。电路仿真可以帮助工程师在实际搭建电路之前，通过模拟计算来预测电路的行为，并对电路进行评估和改进。

电路仿真的过程主要包括以下几个步骤。

（1）电路建模：将电路元件、信号源等建模为计算机可识别的形式，并建立电路拓扑结构。

（2）参数设置：设置电路中各个元件的参数，如电阻、电容、电感等。

（3）仿真运行：根据所设定的输入信号，对电路进行仿真运行，获取电路各节点的电压和电流波形。

（4）结果分析：根据仿真结果，分析电路的稳定性、频率响应、功耗等性能指标，并与设计要求进行对比。

通过电路仿真可以快速评估电路设计方案的可行性和优劣性，节省了搭建实物电路的时间和成本。

电路优化是在满足特定要求的前提下，通过改变元器件参数、拓扑结构等方式，使电路性能达到最佳状态。优化的目标可以包括功耗降低、带宽增加、抗干扰能力提高等。

电路优化的过程一般包括以下几个步骤。

（1）设定优化目标：根据需求确定优化的目标，如降低功耗、提高性能等。

（2）设计参数选择：选择需要优化的设计参数，如电阻、电容、电感等。

（3）优化算法选择：选择合适的优化算法，如遗传算法、粒子群算法等。

（4）优化过程：利用选定的优化算法，对电路进行参数调整和拓扑结构优化，以达到优化目标。

（5）结果评估：评估优化结果是否满足设计要求，如性能提升、功耗降低等。

通过电路仿真和优化，可以提高电路的设计效率和可靠性，加快产品研发周期，降低成本，提高竞争力。

三、电路设计流程

（一）需求分析

在电路设计流程中，首先需要进行需求分析。这一步骤的目的是明确电路设计的具体需求和技术要求。在需求分析阶段，我们需要确定电路的输入输出信号特性、工作环境要求以及成本控制等方面的要求。例如，如果设计一个音频放大器电路，需求分析可能包括确定输入信号的频率范围、输出功率要求以及所需的成本限制等。

（二）电路结构设计

在需求分析之后，根据明确的需求和技术要求，我们需要选择合适的电路结构。电路结构设计是将需求转化为具体的电路方案。根据不同的需求，我们可能需要选择放大器、滤波器、功率控制电路等不同的电路结构。例如，在音频放大器电路的设计中，我们可能会选择使用差分放大器作为前置放大电路，再接入功率放大器来增加输出功率。

（三）元器件选型

在确定了电路结构之后，需要选择适合的元器件来实现电路设计。元器件选型是根据电路结构设计的结果来选择合适的元器件。在选型过程中，我们需要考虑元器件的参数、性能、可获得性和成本等因素。例如，在音频放大器电路设计中，我们可能需要选择适合的电阻、电容、电感和晶体管等元器件。

（四）电路布局与布线

在完成元器件选型之后，需要进行电路的布局与布线设计。布局是指将选定的元器件按照电路结构的要求进行摆放，以使得电路的运行更加稳定和可靠。布线是指将不同元器件之间的连接线路进行合理的设计，以确保信号传输的稳定性。在布局与布线过程中，需要考虑信号的传输路径、功耗分布和电磁兼容等因素。

（五）仿真验证

完成电路布局与布线设计后，需要使用电路仿真工具对设计的电路进行仿真验证。通过仿真可以评估电路的性能和稳定性，并与设计要求进行比较。仿真可以帮助我们在实际制作原型之前快速发现潜在问题并进行调整。例如，在音频放大器电路设计中，可以通过仿真来评估电压增益、频率响应和失真水平等参数。

（六）制作原型

在完成仿真验证之后，可以根据设计结果制作电路原型。制作原型是将设计的电路方案转化为实物搭建和测试的过程。通过制作原型，可以验证电路的实际性能和可靠性，并进行进一步的改进优化。

（七）优化改进

根据制作原型的测试结果和反馈信息，可以对电路进行优化改进。通过分析测试结果，我们可以找出电路存在的问题和改进空间，并对电路进行相应的调整和优化。例如，在音频放大器电路设计中，可能需要调整放大器的增益、改进功率放大阶段的效率，以及减小失真等。

（八）批量生产

经过原型测试和优化改进后，如果电路方案达到了设计要求，就可以将其扩展到批量生产阶段。在批量生产阶段，需要进行成本控制和质量保证，确保生产出的每个电路的性能和稳定性都符合要求。同时，还需要制定相应的生产工艺和质量管理体系，确保生产的电路能够满足市场需求。

第四节 电子技术在机电系统中的应用

一、控制系统

（一）控制系统的组成

控制系统是由传感器、执行器和控制器等组成闭环反馈控制系统。传感器用于感知机电系统的运动、位置、速度等参数，并将这些参数转化为电信号输入给控制器。执行器根据控制器的指令，对机电系统进行调节和控制。控制器是控制系统的核心部分，它根据传感器反馈的信号和预先设定的控制策略，计算出控制指令，并输出给执行器。传感器、执行器和控制器通过电路连接起来，形成一个闭环反馈控制系统。

（二）控制系统的工作原理

控制系统的工作原理基于闭环反馈控制的思想。首先，传感器感知机电系统的运动、位置、速度等参数，并将这些参数转化为电信号。然后，控制器根据传感器反馈的信号和预设的控制策略，计算出控制指令，并输出给执行器。执行器根据控制指令对机电系统进行调节和控制。同时，传感器持续感知机电系统的状态，并将最新的状态信息反馈给控制器。

控制系统通过不断地感知机电系统的状态和调节机电系统的输出，实现对机电系统的精确控制。在闭环反馈控制中，控制器不断根据反馈信息进行计算和调整，以使机电系统的输出达到预设的控制目标。这种反馈机制能够弥补传感器和执行器的不完美性，提高系统的稳定性和精度。

（三）控制系统的应用

控制系统在各个领域都有广泛的应用。例如，在工业生产中，控制系统可以对机械臂的运动轨迹进行精确控制，实现高精度的加工操作。在交通运输领域，控制系统可以实现对交通信号灯的自动控制，优化交通流量和安全性。在航空航天领域，控制系统用于飞行器的导航和姿态控制，确保飞行器的准确飞行和稳定。

此外，控制系统还应用于家居自动化、能源管理、医疗设备、机器人技术等领域。通过控制系统，可以实现对各类设备和系统的智能化控制和自动化运行，提高生活和工作效率。

（四）控制系统的优势

控制系统具有以下几个优势。

（1）精确控制：控制系统可以根据传感器反馈的信息和预设的控制策略，精确计算出控制指令，并对机电系统进行精确调节和控制。这种精确控制能够提高机电系统的稳定性和精度。

（2）自动化运行：控制系统能够实现对机电系统的自动调节和控制，减轻了人工操作的负担。通过预设的控制策略和反馈机制，控制系统可以根据实际情况进行智能化的决策和自动化运行。

（3）实时监测：控制系统能够实时监测机电系统的状态，及时反馈系统运行情况。通过传感器反馈的信息，可以对机电系统进行实时监测和故障诊断，提高系统的可靠性和安全性。

二、通信系统

（一）通信系统的基本原理

通信系统是由发送端、传输介质和接收端组成的。发送端通过编码将信息转化为适合传输的信号，然后通过传输介质将信号传送到接收端，接收端再将信号解码还原成原始信息。通信系统的基本原理包括信号的产生与调制、传输介质、信号的接收与解调等。

信号的产生与调制：发送端将要传输的信息转化为适合传输的信号。在数字通信中，信息被转化为二进制码，通过调制技术将二进制码转换成模拟信号或离散信号。调制技术包括振幅调制（AM）、频率调制（FM）、相位调制（PM）等。

传输介质：传输介质用于在发送端和接收端之间传输信号。常见的传输介质包括导线、光纤和无线电波。导线是一种传输介质，电信号可以通过导线传输。光纤利用光信号进行传输，具有高带宽、低衰减、抗干扰等优点。无线电波利用无线电信号进行通信，具有无须布线、适合移动通信等特点。

信号的接收与解调：接收端接收到传输介质上的信号后，将信号解调还原成原始信息。解调技术包括振幅解调、频率解调、相位解调等。

（二）通信系统的分类

通信系统按照传输介质的不同可以分为有线通信系统和无线通信系统。

有线通信系统：使用导线作为传输介质，包括电话线路、以太网等。有线通信系统具有信号传输稳定、抗干扰能力强等优点。

无线通信系统：利用电磁波作为传输介质，包括无线电通信、移动通信等。无线通信系统具有信号传输距离远、适用于移动通信等特点。

（三）通信系统的应用领域

通信系统在各个领域都有广泛的应用，其中包括工业控制、军事通信、交通运输、电力系统等。

在工业控制领域，通信系统可以实现设备之间的数据交换和远程控制。例如，在自动化工厂中，通信系统可以将各个设备和生产线连接起来，实现设备之间的信息传递和协同工作。通过实时传输和监测数据，提高生产效率和质量。

在军事通信领域，通信系统对于军队的作战指挥和信息交流至关重要。通信系统可以实现军事信息的传输和共享，保障指挥员对战场情报的及时了解和指挥部署。

在交通运输领域，通信系统可以将车辆与交通设施连接起来，实现交通信息的共享和智能化的交通管理。通过实时监测车辆位置、道路状态等信息，可以提供交通导航、交通拥堵预警等服务，提高交通效率和安全性。

在电力系统中，通信系统可以实现电力设备的远程监控和控制。通过与智能电表、配电自动化设备等的通信，可以实现电力设备的远程抄表、故障诊断等功能，提高电力系统的管理效率。

（四）通信系统的发展趋势

随着科技的不断发展，通信系统也在不断演进和改进。未来通信系统的发展趋势包括以下几个方面。

（1）高速数据传输：为了满足大容量数据传输的需求，通信系统需要提供更高的传输速率。例如，光纤通信系统的带宽将进一步扩大，无线通信系统将采用更高频段的频谱。

（2）低功耗和高效能：随着物联网等新兴技术的兴起，通信系统需要具备低功耗和高效能的特点，以适应设备数量巨大、分布广泛的应用场景。

（3）安全性和可靠性：随着信息安全问题的日益突出，通信系统需要提供更高的安全性和可靠性。加密技术、认证技术等将得到广泛应用。

（4）多模式通信：为了适应不同环境下的通信需求，通信系统将支持多种通信模式的切换，例如有线通信和无线通信的无缝切换。

（5）融合与互联：通信系统将与其他技术进行融合和互联，例如与人工智能、大数据、云计算等技术的结合，实现更智能、高效的通信服务。

（五）通信系统的挑战和解决方案

通信系统在发展过程中面临一些挑战，如信号传输距离限制、信号干扰、频谱资源紧张等。为了应对这些挑战，可以采取以下解决方案。

（1）发展新的传输技术：如采用更先进的调制解调技术，提高信号传输距离和抗干扰能力。

（2）提高信号的编码效率：通过改进编码算法，提高信号的压缩率和传输效率，减少带宽占用。

（3）开发新的传输介质：如研发新型光纤材料、无线电频段等，以提供更大的带宽和更远的传输距离。

（4）智能化管理和控制：利用人工智能、大数据等技术，对通信系统进行智能化管理和控制，实时监测和优化系统性能。

（5）加强安全保障：采用加密技术、认证技术等手段，保障通信系统的信息安全和可靠性。

三、单片机应用

（一）单片机的定义和基本组成

单片机是一种集成了微处理器核心、存储器和输入输出接口的微型计算机系统。它通常包括中央处理器（CPU）、存储器（ROM、RAM）、输入输出端口（I/O）、定时/计数器模块、通信接口等功能模块。单片机的核心是微处理器，它负责执行程序指令，进行数据处理和控制操作。

（二）单片机在机电系统中的应用

（1）控制功能：单片机可用于控制机电系统的各种运动状态。例如，可以通过编程控制步进电机、直流电机等的转动角度和速度，实现机械臂的准确定位和调节。同时，单片机还可控制开关电源的输出电压和电流，实现对设备的电能调节和保护。

（2）监测功能：单片机可以通过传感器或传感器网络，实时监测机电系统的各种参数，如温度、湿度、压力、流量等。通过采集这些参数，单片机可以判断系统的工作状态，并及时采取相应的控制策略。

（3）数据处理：单片机可用于对机电系统采集到的数据进行处理和分析。例如，通过对传感器采集到的数据进行滤波、卡尔曼滤波等算法处理，可以提高数据的准确性和稳定性。同时，单片机还可以将处理后的数据进行存储和管理，以供后续的分析和决策。

（4）通信接口：单片机具备与外部设备进行数据交互的能力，可通过串口、并口、USB接口等与上位机或其他设备进行通信。通过通信接口，单片机可以实现与外部设备的数据传输和控制操作，拓展了机电系统的功能和应用范围。

（三）单片机在家电产品中的应用

（1）控制系统：单片机可用于控制家电产品的各种运行状态和功能。例如，通过编程控制空调的温度、风速和湿度等参数，实现温度调节和自动化控制。同时，单片机还可用于电视、洗衣机、冰箱等家电产品的功能控制和用户界面设计。

（2）安全保护：单片机可用于家电产品的安全保护功能。例如，通过编程控制火灾报警器、漏电保护器等传感器，实现对家庭安全的监测和报警。同时，单片机还可用于电子门锁、智能家居等安全管理系统的控制和管理。

（3）节能环保：单片机可用于家电产品的节能和环保功能。例如，通过编程控制照明设备的亮度和开关时间，实现对能源的有效利用和节约。同时，单片机还可用于监测家庭水、电、气等资源的使用情况，提供对应的节约建议和管理策略。

（四）单片机在仪器仪表领域中的应用

（1）信号采集和处理：单片机可用于仪器仪表领域的信号采集和处理。例如，通过编程控制模拟输入输出（ADC/DAC）模块，实现对模拟信号的采样和转换。同时，单片机还可通过数字滤波、数据处理算法等对采集到的信号进行处理和分析。

（2）控制和显示系统：单片机可用于仪器仪表领域的控制和显示系统。例如，通过编程控制液晶显示屏、LED指示灯等输出设备，实现对仪器仪表状态的显示和操作。同时，单片机还可用于控制仪器仪表的工作模式和参数设置。

（3）数据存储和通信：单片机可用于仪器仪表领域的数据存储和通信。例如，通过编程控制存储器模块，实现对采集到的数据进行存储和管理。同时，单片机还可通过通信接口与上位机或其他设备进行数据交互和远程控制。

（五）单片机在工业自动化设备中的应用

（1）控制系统：单片机可用于工业自动化设备的控制系统。例如，通过编程控制PLC、DCS等控制器，实现对生产线的自动化控制和监测。同时，单片机还可用于机械手臂、输送带、自动检测装置等设备的控制和协调操作。

（2）数据采集和处理：单片机可用于工业自动化设备的数据采集和处理。例如，通过编程控制传感器网络，实时采集工业生产过程中的各种参数和信号。同时，单片机还可通过数据处理和分析算法，对采集到的数据进行处理和优化。

（3）通信和网络：单片机可用于工业自动化设备的通信和网络功能。例如，通过编程控制以太网接口、无线模块等，实现设备之间的数据交互和远程控制。同时，单片机还可用于工业互联网系统的构建和管理。

四、电力电子技术

（一）电力电子技术的基本原理

电力电子技术基于半导体器件和电子电路，通过对电能的调制、转换和控制来实现对电力的精确控制。其基本原理包括功率半导体器件的开关控制、电能的转换和传输等。

电力电子技术中最常用的器件是晶闸管、功率MOSFET、IGBT等。这些器件具有开关特性，可以控制电流和电压的通断，从而实现对电能的调节。通过合理地控制这些器件的开关状态和工作频率，可以实现对电能的高效转换和控制。

电力电子技术涉及多种电路拓扑结构，常见的包括整流器、逆变器、变频器等。其中，整流器将交流电转换为直流电，逆变器则将直流电转换为交流电。变频器可以根据需要调节交流电的频率和幅值。这些电路可以通过适当的控制策略来实现对电能的精确调节。

此外，电力电子技术还包括电力传输和传输线路的结构设计。在高压直流输电系统中，采用了大功率电力电子器件，通过对直流电的调节和控制，实现了长距离电力传输。电力电子技术在电力系统中的应用还包括电能质量改善、谐波抑制和无功补偿等方面。

（二）电力电子技术的应用领域

电力电子技术广泛应用于电力系统、工业驱动和再生能源等领域。

在电力系统方面，电力电子技术可以提高电能的传输效率和稳定性。例如，在变电站中，通过使用电力电子器件和电力调节器，可以实现对输电线路电压的调整和稳定，提高电网的电能质量。此外，电力电子技术还广泛应用于电网调度、电能计量和保护等方面，为电力系统的安全运行提供支持。

在工业驱动方面，电力电子技术可以实现对电动机的精确控制。例如，变频器可以根据不同的需求调节电动机的转速和输出功率，实现精确的生产控制。电力电子技术的应用可以提高工业生产的效率和自动化水平。

在再生能源方面，电力电子技术对于太阳能、风能等再生能源的利用至关重要。通过使用电力电子器件和电力转换器，可以将再生能源转换为交流电，并与传统电力系统进行互联。这样可以实现再生能源的高效利用，减少对传统能源的依赖，促进可持续发展。

（三）电力电子技术的发展趋势

随着电力需求的增长和能源结构的变化，电力电子技术正处于快速发展阶段，并呈现出以下几个发展趋势。

（1）提高功率密度和效率：为了满足对更小体积和更高效率的要求，电力电子器件和电路设计正朝着提高功率密度和效率的方向发展。新型材料的应用、器件结构的优化以及节能控制策略的改进，都有助于提高电力电子系统的能量转换效率。

（2）多能源互联：电力电子技术在多能源互联领域的应用将得到进一步推广。通过将不同能源的输出进行适当的调节、转换和储存，实现能源的互补利用和优化配置，有助于提高能源利用效率和电力系统的稳定性。

（3）智能化和自主控制：电力电子技术将与信息技术、人工智能等领域相结合，实现电力系统的智能化和自主控制。通过对大数据和智能算法的分析，可以实现对电力系统的实时监测、故障诊断和智能调度，提高电网的安全性和可靠性。

（4）高可靠性和安全性：电力电子技术在电力系统中的应用要求具备高可靠性和安全性。因此，电力电子设备的设计和制造需要考虑故障保护、电磁兼容性、温度管理等方面。同时，为了应对电力系统中的各种故障和灾害，需要开发可靠的保护装置和恢复机制。

（四）电力电子技术在中国的发展与应用

中国是世界上电力电子技术发展最为迅速的国家之一。近年来，中国电力电子技术在电力系统、新能源利用、高铁交通等领域取得了显著进展。

在电力系统方面，中国大力推进智能电网建设，提高电网供电质量和可靠性。电力电子技术在智能电网中的应用包括直流输电、无功补偿、电压稳定控制等。此外，中国还积极推进电力市场改革，通过引入竞争机制和市场化运作，促进电力电子技术的创新和应用。

在新能源领域，中国积极推广可再生能源的利用，特别是风能和光伏发电。电力电子技术在风电和光伏电站的并网、电能质量控制等方面发挥了重要作用。中国也在积极开展储能技术研究与应用，通过电力电子技术实现对储能系统的高效管理和调度。

在高铁交通方面，中国的高速铁路网络已经成为世界上最大规模的网络之一。电力电子技术在高铁供电系统中起着关键作用，实现了对列车牵引、辅助电源等电能的精确控制和供应。

（五）电力电子技术的挑战与前景

电力电子技术虽然取得了显著的发展和应用，但仍面临一些挑战。

首先，电力电子器件的可靠性和制造工艺需要进一步提高，以满足电力系统对高效能转换和长寿命设备的需求。

其次，与电力系统的协同和互联问题仍然存在。电力电子技术需要与电力系统的其他设备、保护装置和通信系统进行协同工作，实现电能的高效转换和控将进一步推动电力系统的可持续发展和智能化，为能源转型和电力供应的安全稳定提供支持。同时，电力电子技术的不断创新和应用也将促进中国电力工业的升级和转型。

第四章 机电工程自动控制技术

机电工程自动控制技术是指利用机械、电子、电气等工程技术手段，对机电系统的运行进行自动化控制的技术。它广泛应用于各种机电设备、工业生产线以及自动化生产过程中，能够提高生产效率、降低成本，并且提升产品质量和安全性。

第一节 控制理论基础

一、控制理论的基本概念和原理

（一）控制系统

控制系统是由输入、输出和通过某种方式连接输入与输出的元件组成的一个整体。它通过对输入信号进行处理，使输出信号在特定要求下达到期望值或保持稳定。控制系统通常由以下几个基本组成部分构成。

输入（参考信号）：输入是控制系统的驱动信号，也就是系统需要接收的外部输入。它可以是来自传感器的测量值、预先设定的期望值或其他外部输入。

输出（控制量）：输出是控制系统的产出信号，用于表示系统经过处理后的结果。它可以是控制器输出的调节信号、执行器的控制状态或其他系统响应。

连接元件：连接元件将输入与输出相连，以传递信号和实现系统功能。常见的连接元件包括电缆、管道、阀门等。

系统模型（传递函数）：系统模型描述了输入与输出之间的关系，可以是数学模型、物理模型或者经验模型。它通过数学方程的形式表达系统的动态特性，用于分析和设计控制系统。

控制策略：控制策略决定了如何根据输入信号调整输出信号，以实现对系统的控制。常见的控制策略包括比例控制、积分控制、微分控制等。

执行器：执行器是控制系统中用于执行控制策略的装置，它将控制信号转换为动作或力，并对被控对象施加力或产生动作，从而实现对系统的控制。

（二）反馈控制原理

反馈控制是控制系统中最常用的一种控制方式。它通过测量系统的输出，并与期望输出进行比较，从而产生一个误差信号，然后根据误差信号来调整系统的输入，使系统输出逼近期望值。其基本原理如下。

比较器：比较器用于将测量的输出信号与期望的参考信号进行比较，产生误差信号。

控制器：控制器接收误差信号，并根据特定的控制策略生成调节信号。常见的控制器有PID控制器、模糊控制器和神经网络控制器等。

执行器：执行器接收控制器的调节信号，并将其转换为实际的动作或力，对被控对象进行调节。

被控对象：被控对象是控制系统中被控制的目标，它可以是机械系统、电子系统、化学过程等。执行器对被控对象施加力或调节动作，以实现对其控制。

反馈路径：反馈路径将被控对象的输出信号反馈给比较器，用于比较实际输出与期望输出之间的差异，产生误差信号。

（三）控制器

控制器是控制系统中的关键组成部分，它根据系统的输入和输出之间的误差信号，采取相应的控制策略来调整系统的输入，以实现对系统的控制。常见的控制器包括PID控制器、模糊控制器和神经网络控制器等。

PID控制器：PID控制器是一种经典的控制器，它根据当前误差、误差积分和误差微分的大小来计算控制器的输出。PID控制器具有简单结构、调节性能较好的特点，广泛应用于工业控制领域。

模糊控制器：模糊控制器是一种基于模糊逻辑的控制器，它通过将输入信号进行模糊化，根据一系列模糊规则来计算控制器的输出。模糊控制器适用于非线性系统和难以建立精确数学模型的系统。

神经网络控制器：神经网络控制器利用神经网络的强大学习和逼近能力，通过训练神经网络模型来实现对系统的控制。神经网络控制器适用于复杂的非线性系统和需要自适应调节的系统。

高级控制器：除了PID控制器、模糊控制器和神经网络控制器外，还有其他更为复杂和高级的控制器，如模型预测控制（MPC）、自适应控制等。这些控制器结合了数学优化、最优控制和自适应算法等技术，能够在各类复杂控制问题中发挥重要作用。

控制器的选择与设计需要根据被控对象的特点、控制要求和实际应用需求进行综合考虑，以实现系统稳定性、精度和鲁棒性的平衡。

二、经典控制理论

（一）PID 控制器

PID 控制器是经典的控制器之一，它可以用于线性、时不变的控制系统。PID 控制器基于误差信号进行控制，通过将比例、积分和微分三个部分的输出信号相加来产生最终的控制信号。

（1）比例控制（Proportional Control）：比例控制部分根据当前误差信号的大小对控制量进行调整。当误差信号较大时，比例控制部分输出的控制量也会相应增大，从而快速响应系统状态变化，缩小误差。比例控制的特点是简单直观，能够实现快速响应和稳定控制，但存在无法消除稳态误差的问题。

（2）积分控制（Integral Control）：积分控制部分根据误差信号在时间上的累积值来调整控制量。当系统存在稳态误差时，积分控制可以持使系统逐渐趋向于稳定。积分控制的作用是消除稳态误差，提高系统的稳定性和精度。然而，过大的积分作用也可能导致系统超调和震荡。

（3）微分控制（Derivative Control）：微分控制部分根据误差信号的变化率来调整控制量。微分控制的作用是抑制系统对于瞬时扰动的响应，减小超调和提高系统的动态性能。通过预测误差的变化趋势，微分控制可以快速调整控制量，使系统更加稳定。然而，微分控制对噪声敏感，可能引入过量的高频补偿，导致系统不稳定。

PID 控制器的输出信号为三个部分的加权和，可以表示为：

$$u(t) = K_p * e(t) + K_i * \int e(t)dt + K_d * de(t)/dt$$

其中，u(t)为控制信号，e(t)为误差信号，Kp、Ki、Kd 分别为比例、积分和微分控制的增益参数。

PID 控制器的设计需要根据具体的控制要求和系统特性进行参数调整和优化。通过合理地选择增益参数，可以实现控制系统的稳定性、响应速度和稳态精度的平衡。

（二）根轨迹设计

根轨迹是描述控制系统特性的图形，它可以显示系统的稳定性和性能信息。方法通过绘制系统的根轨迹图来评估系统的稳定性和性能，并根据需求调整系统参数。

（1）根轨迹的基本概念：根轨迹是极点随控制参数变化而轨迹在复平面上的图形。它由系统传递函数的特征方程所确定。根轨迹图上的点表示系统的极点位置，极点反映了系统的稳定性和性能。

（2）根轨迹的绘制方法：根轨迹可以通过以下步骤进行绘制。

a.将系统的传递函数表示为极点和零点的有理函数形式。

b.根据特征方程的定义计算系统的极点。

c.根据参数的变化范围选择一系列离散的参数值。

d.对每个参数值,计算系统的极点位置。

e.将得到的极点位置绘制在复平面上,连接相邻的极点形成根轨迹。

(3)根轨迹的分析和设计:通过观察根轨迹,可以得到关于系统的稳定性和性能的重要信息。如下所示。

a.稳定性判断:当系统的极点都位于左半平面时,系统是稳定的;当存在极点位于右半平面时,系统是不稳定的。

b.震荡特性:当根轨迹靠近虚轴时,系统可能出现震荡;当根轨迹与虚轴相交时,系统将产生持续的振荡。

c.响应速度:根轨迹的离散程度可以反映系统的响应速度。离原点越远,响应速度越快。

d.趋近稳态:根轨迹从无穷远处趋近到极点时,系统趋近于稳态。

三、现代控制理论

(一)状态空间法

状态空间法是现代控制理论中一种重要的数学模型描述方法。它通过引入状态变量来描述系统的动态行为,将系统的输入、输出和状态变量之间的关系用微分方程表示。状态空间法在控制系统设计中具有广泛应用。

在状态空间法中,一个系统的动态行为可以用以下形式的微分方程表示。

$$\dot{x}(t) = Ax(t) + Bu(t)$$

$$y(t) = Cx(t) + Du(t)$$

其中,x(t)为系统的状态向量,描述系统在某一时刻的内部状态;u(t)为系统的输入信号;y(t)为系统的输出信号;A、B、C和D分别为系统的系数矩阵。

状态空间法的优点如下。

(1)可以处理多输入多输出系统:状态空间法可以直接处理多输入多输出系统,能够较好地描述系统的复杂性。

(2)便于系统分析与设计:状态空间法通过矩阵运算可以方便地进行系统的分析和设计,如稳定性分析、可控性和可观测性分析等。

(3)适用于非线性系统:状态空间法可以广泛应用于线性和非线性系统,对于非线性系统可以通过线性化处理后进行分析和设计。

(4)方便实现控制器设计:状态空间法可以基于系统的状态变量进行控制器设计,

可以实现多种控制策略，如比例积分微分控制（PID）、线性二次调节器（LQR）等。

（二）最优控制

最优控制是现代控制理论中的重要内容，研究如何选择合适的控制策略，使得系统在给定性能指标下达到最佳控制效果。最优控制方法可以使系统在规定约束条件下实现最小能耗、最短时间或最佳稳定性等目标。

最优控制方法如下。

（1）线性二次调节器（LQR）：LQR 是一种常用的最优控制方法，通过优化线性二次性能指标，确定最佳的控制律，使得系统达到最优的控制效果。

（2）动态规划：动态规划是一种通用的最优控制方法，通过将问题分解为子问题，并利用最优化原理递归求解，得到最佳控制策略。

（3）最优化算法：最优化算法是一类数值方法，通过迭代优化目标函数，求解最佳控制策略。常见的最优化算法包括梯度下降法、牛顿法等。

最优控制方法的应用广泛，可以在工业自动化、航空航天、机器人等领域中实现对系统的高效控制。最优控制理论提供了一种科学的手段，可以优化系统的性能指标，提高系统的控制质量。

（三）自适应控制

自适应控制是现代控制理论中的一种重要研究方向，致力于设计能够自动调整控制参数的控制系统，以应对系统参数变化和外部干扰。自适应控制方法能够根据实时观测到的系统输出和误差信号来在线地调整控制器参数，从而实现对系统的自适应调节。

自适应控制方法如下。

（1）参数自适应控制：参数自适应控制方法通过在线估计系统模型的未知参数，并更新控制器参数，以达到对系统的自适应调节。

（2）模型参考自适应控制：模型参考自适应控制方法通过引入模型参考器，将系统输出与参考模型的输出进行比较，并通过在线调整控制器参数，使系统输出与参考模型的输出趋于一致。

（3）直接自适应控制：直接自适应控制方法通过在线估计系统的未知动态特性，并更新控制器参数，以实现对系统的自适应调节。

自适应控制方法可以有效应对系统参数的变化和外部干扰，具有较好的鲁棒性和适应性。自适应控制在控制系统中的应用领域广泛，如飞行器姿态控制、机器人运动控制、电力系统控制等。自适应控制为系统提供了一种自适应调节的能力，能够提高系统的稳定性、鲁棒性和控制精度。

第二节 PID 控制器及其调参方法

一、PID 控制器的基本原理及组成

（一）PID 控制器的基本原理

PID 控制器是一种闭环控制系统，其基本原理是通过不断调整控制器的输出，使被控对象的输出与期望值之间的误差最小化。PID 控制器根据被控对象的反馈信号和期望值之间的差异，分别计算出比例项、积分项和微分项的输出，并将它们按一定权重相加，得到最终的控制器输出。

比例项（P）的作用是与被控对象的偏差成正比。它将当前偏差乘以比例参数 K_p，得到一个补偿量，并将其作为控制器的一部分输出。比例项能够快速响应被控对象的变化，但如果比例参数设置过大，可能会引起系统的震荡或不稳定。

积分项（I）的作用是消除系统的静态误差。它对偏差进行积分，使控制器的输出逐渐增加，直至偏差为零。积分项可以在系统达到稳态时实现准确的控制，但如果积分时间过长或者存在系统噪声等问题，可能导致积分过程不收敛或出现超调现象。

微分项（D）的作用是抑制系统的震荡和提高系统的响应速度。它根据偏差变化的速率来调整控制器的输出。通过预测偏差的未来变化趋势，微分项可以提前对系统进行调整，使系统响应更加平稳。然而，微分项对噪声敏感，如果微分时间过短或存在噪声等问题，可能会导致控制器输出不稳定或产生振荡。

PID 控制器根据实际应用需求，需要进行参数调整。比例参数 K_p 决定了控制器对于偏差的响应速度和放大程度，积分参数 K_i 决定了控制器对于系统静态误差的消除程度，而微分参数 K_d 决定了控制器对于偏差变化率的响应程度。

（二）PID 控制器的组成

PID 控制器由三个部分组成：比例项、积分项和微分项。

（1）比例项（P）：比例项通过乘以偏差信号与比例参数 K_p 的乘积，得到比例补偿量。比例补偿量与偏差成正比，用于直接反映被控对象的相对偏差程度。

（2）积分项（I）：积分项通过对偏差信号进行积分，并乘以积分参数 K_i 的乘积，得到积分补偿量。积分补偿量用于消除系统的静态误差，即长时间存在的偏差。积分项的输出逐渐增加，直至偏差为零。

（3）微分项（D）：微分项通过测量偏差信号的变化率，并乘以微分参数 K_d 的乘

积,得到微分补偿量。微分补偿量用于抑制系统的震荡和提高系统的响应速度。通过预测偏差的未来变化趋势,微分项可以提前对系统进行调整。

PID 控制器将比例项、积分项和微分项的输出按一定权重相加,得到最终的控制器输出。具体的计算公式如下。

Output=Kp*P+Ki*I+Kd*D

其中,Kp、Ki、Kd 为比例参数、积分参数和微分参数,P、I、D 为比例项、积分项和微分项的输出。

PID 控制器的参数调整是一个关键问题,常用的方法有经验调参和自适应调参等。经验调参是根据实际经验和试错法确定参数值,而自适应调参则是根据被控对象的动态响应特性,通过数学模型和算法来自动调整参数值,以实现更好的控制效果。

二、PID 控制器的参数调参方法

(一)试误法

试误法是一种常见的经验性参数调整方法,其主要步骤如下。

(1)初始化 PID 控制器的参数:将比例增益 Kp、积分时间 Ti 和微分时间 Td 设置为一个初始值。

(2)观察系统响应:将 PID 控制器连接到待控制的系统,并观察系统的响应情况。可以通过改变参数值来观察系统的动态过程、稳态误差等性能指标。

(3)调整参数:根据观察到的系统响应情况,逐步调整 PID 控制器的参数值。通常,首先调整比例增益 Kp,以获得良好的静态响应特性;然后通过调整积分时间 Ti 来消除稳态误差;根据系统的动态特性,适当调整微分时间 Td 来提高系统的稳定性和抗干扰性能。

(二)Ziegler-Nichols 法

Ziegler-Nichols 法是基于系统频率响应曲线的参数调整方法,其具体步骤如下。

(1)将 PID 控制器的积分时间 Ti 和微分时间 Td 设置为零,仅保留比例增益 Kp。

(2)通过逐步增加比例增益 Kp 的方式,观察系统的响应特性。当系统的输出开始出现持续的周期性振荡时,记录此时的比例增益值为 Ku。

(3)根据临界比例增益 Ku,计算 PID 参数。

比例增益 Kp=0.6*Ku

积分时间 Ti=0.5*Tu

微分时间 Td=0.125*Tu(对于 PI 控制器,Td 可忽略)

其中，Tu 为临界振荡的周期。

（三）频域法

频域方法是基于系统传递函数的频域分析来进行参数调整，具体步骤如下。

（1）将系统的传递函数表示为频域形式。

（2）利用 MATLAB 等工具进行频域分析，得到系统的频率特性、相频曲线和幅频曲线等信息。

（3）根据要求的控制性能，选择合适的频率范围和相应的增益裕度。

（4）根据分析结果，调整 PID 控制器的参数。通常，比例增益 Kp 可以根据系统的频率特性和增益裕度进行选择，积分时间 Ti 和微分时间 Td 可根据相频曲线来调整。

（四）优化算法

优化算法是一种通过迭代搜索的方式，找到使系统性能指标最优的参数组合的方法。常见的优化算法包括遗传算法、粒子群算法等。具体步骤如下。

（1）确定优化目标和约束条件：例如，系统的控制性能指标、参数的范围限制等。

（2）初始化种群：通过随机生成一组初始参数组合来形成一个种群。

（3）适应度评估：根据优化目标和约束条件，对每个个体进行适应度评估，得到一个适应度值。

（4）选择操作：根据适应度值，选择合适的个体作为父代，并进行交叉和变异操作生成新的个体。

（5）重复执行步骤 3 和 4，直到达到终止条件（如迭代次数达到预设值）。

（6）最优解选择：从最后一代个体中选择适应度最好的个体作为最优解。

（7）返回最优参数组合。

优化算法的优点在于可以全面搜索参数空间，但也存在着计算量大、收敛速度慢等问题，通常适用于复杂的控制问题和多变量系统。

第三节 基于 PLC 的自动控制系统

一、基于 PLC 的自动控制系统的工作原理

（一）输入模块接收外部传感器信号

1.输入模块的作用

输入模块是自动控制系统中的一部分，其主要作用是接收外部传感器的信号。通过

连接各种传感器，输入模块可以监测和检测机电系统中的运行状态，获取相关数据并将其传输给中央处理器进行进一步的处理和决策。

2.输入模块与传感器之间的连接方式

输入模块通常通过物理接口与传感器连接。这些接口可以是模拟接口或数字接口，具体取决于传感器的类型和输出信号的特性。模拟接口可以接收模拟信号，例如温度传感器的电压信号，而数字接口则直接接收数字信号，如光电传感器的高低电平变化。

3.输入模块将传感器信号转换为数字信号的方式

输入模块通过内部的模数转换器（ADC）来实现将传感器信号转换为数字信号的功能。模数转换器将模拟信号进行采样，并将其转换为相应的数字值。这样，输入模块就能够将传感器检测到的物理量，如温度、压力等，转化为数字形式的数据，以便后续的处理和分析。

4.输入模块将信号发送到中央处理器的方式

输入模块通常使用数字通信协议将转换后的数字信号发送到中央处理器。常见的通信协议包括以太网、串行通信协议等。通过这些协议，输入模块可以将采集到的传感器数据打包成数据帧，并通过通信介质将其发送给中央处理器。中央处理器在接收到这些数据后，可以根据预先设定的算法进行分析和处理，并做出相应的控制决策。

5.输入模块的性能参数

输入模块的性能参数包括输入通道数、采样精度、采样速率等。输入通道数指的是模块所支持的传感器输入数量，一个输入通道对应一个传感器。采样精度表示输入模块对模拟信号的数字化程度，通常以位数（比如 12 位、16 位）来表示，位数越高，精度越高。采样速率是指输入模块每秒对传感器信号进行采样的次数，决定了模块对信号变化的反应速度。这些性能参数直接影响着输入模块的数据采集能力和控制系统的响应速度。

（二）中央处理器进行逻辑运算和判断

中央处理器进行逻辑运算和判断的过程可以概括为以下几个方面。

1.输入信号接收与处理

中央处理器接收来自传感器的输入信号。这些输入信号可以是来自各种不同的传感器，例如温度传感器、压力传感器、光电传感器等，用于检测环境的变化或者机械系统的状态。中央处理器通过输入接口将这些信号传递给内部的逻辑电路。

2.程序执行与逻辑运算

中央处理器在事先编写好的程序的指导下，对输入信号进行逻辑运算和判断。这些程序可以包含各种逻辑语句、条件判断语句、循环语句等，用于根据不同的输入情况执行不同的逻辑操作。通过逻辑运算，中央处理器可以比较不同的输入信号之间的关系，从而得出机电系统当前的工作状态。

3.逻辑判断与决策

基于程序的要求，中央处理器会根据逻辑判断的结果做出相应的决策。例如，在一个温度控制系统中，中央处理器可以根据温度传感器的输入信号判断当前的温度是否超过设定阈值，如果超过，则决定启动制冷装置进行降温操作。逻辑判断的结果将直接影响到后续的控制操作。

4.控制操作执行

中央处理器根据逻辑判断的结果，决定是否需要进行控制操作。如果需要控制操作，中央处理器将发出相应的指令，通过输出接口将控制信号传递给执行机构，控制机电系统的运行状态。例如，在一个自动化生产线上，中央处理器可以根据传感器的输入信息来判断是否需要启动或停止某个工作单元，然后通过控制信号实现对工作单元的控制。

5.状态监测与反馈

中央处理器还负责对机电系统的状态进行监测并提供相应的反馈。通过读取传感器的输入信号，中央处理器可以实时获取机电系统的运行状态信息，并在需要时向用户或其他设备发送相关的状态反馈。这种反馈可以用于实时监控和调整机电系统的运行，保证其正常工作。

（三）控制输出模块产生输出信号

1.控制输出模块的原理和作用

输出模块是中央处理器与执行器之间的接口，它的主要作用是根据中央处理器发送的控制信号来控制执行器的动作。通过输出模块，中央处理器可以实现对机电系统的自动控制，使得执行器按照预定的方式进行动作。

2.输出模块的组成和类型

输出模块通常由继电器或固态继电器组成。继电器是一种电控开关装置，可以通过电磁感应原理实现输入与输出的电隔离，并能够承受较大的电流和电压。固态继电器则是采用固态电子器件（如晶体管、可控硅等）来实现输入与输出的电隔离和开关控制。

3.控制输出模块的条件

中央处理器对于满足特定条件的输入信号可以控制输出模块产生相应的输出信号。这些特定条件可以是预设的时间、温度、湿度等参数，也可以是某个传感器检测到的实时数据或者中央处理器运算后的计算结果。当输入信号满足这些条件时，中央处理器会发送控制信号给输出模块，从而触发执行器的动作。

4.输出信号的特点和功能

输出信号是通过输出模块产生的,它具有以下特点和功能。

指示执行器的动作状态:输出信号可以指示执行器当前的动作状态,例如开关的闭合或断开状态,电机的正转或反转状态等。

控制执行器的动作:输出信号可以控制执行器的动作,例如控制电机的启停、速度调节、方向变换等。

实现机电系统的自动化控制:输出信号的产生使得机电系统能够实现自动化控制,减轻人工操作负担,提高生产效率和精度。

(四)周期性扫描和处理过程

1.周期性扫描和处理过程的基本原理

周期性扫描和处理过程是工业自动化控制系统中的关键环节。它通过不断地扫描输入信号和处理数据,实现对机电系统的精确控制。这个过程的基本原理如下。

扫描输入信号:PLC 的中央处理器会周期性地扫描输入信号,包括传感器、开关和按钮等外部设备的状态。这些输入信号会被转换为二进制数据,以供后续的处理和控制使用。扫描过程通常按照预先设定的顺序进行,确保每个输入信号都能及时被读取。

数据传输与存储:扫描到的输入信号数据会被传输到 PLC 的内部存储器中。内部存储器通常采用 RAM(随机存取存储器)或者非易失性存储器(如闪存)来保存数据。传输速度较快,并且具有较大的容量,可以满足系统对数据存储的需求。

2.控制程序处理

中央处理器根据预先编写的控制程序,对内部存储器中的数据进行处理。控制程序是由一系列逻辑和算法组成的指令集,用于实现对机电系统的控制和调节。在处理数据的过程中,控制程序可以进行逻辑运算、数学计算、数据转化等操作,以实现对输出信号的精确控制。

3.输出信号生成

处理完毕后,中央处理器会根据控制程序的指令,控制输出模块产生相应的输出信号。输出信号可以是电压、电流、脉冲等形式,通过输出模块连接到执行器(如电机、气缸、继电器等)上,实现对机电系统的控制。输出信号的生成是根据控制程序的逻辑和算法计算得出的,具有一定的准确性和稳定性。

4.系统稳定运行

周期性扫描和处理过程可以使系统保持稳定的运行状态。通过不断地扫描和处理输入信号,控制程序可以实时地监测和调节系统的状态和参数。

（五）系统稳定运行和精确控制

1.系统的稳定运行

基于 PLC 的自动控制系统通过周期性的扫描和处理过程，能够保持系统的稳定运行状态。PLC 作为系统的核心控制器，负责根据预设的控制程序对输入信号进行逻辑运算和判断，从而决定是否需要进行控制操作。其高速的扫描和处理能力可以实时地对输入信号进行监测和处理，确保系统的稳定运行。

2.精确控制能力

PLC 具备精确控制能力，可以对机电系统进行精确定位、精确调节和精细控制。通过编写控制程序，可以实现对执行器的准确驱动和控制，从而实现机电系统的精确操作。PLC 可以根据输入信号和控制逻辑对输出信号进行精确计算和控制，达到用户期望的精度要求。

3.高可靠性

基于 PLC 的自动控制系统具有高可靠性。PLC 硬件经过严格的设计和测试，具备较高的抗干扰和抗干扰能力。此外，PLC 采用冗余设计，即使用多个 PLC 进行备份，一旦其中一个 PLC 发生故障，备份的 PLC 可以及时接管控制，保证系统的连续运行。此外，PLC 控制程序和参数可以进行备份和恢复，一旦发生故障，可以快速恢复系统运行。

4.可编程性强

基于 PLC 的自动控制系统具有较强的可编程性。用户可以使用专业的编程软件对 PLC 进行编程，根据不同的控制要求和场景特点，灵活地设计和调整控制程序。控制程序可以根据需求进行修改和优化，以实现最佳的控制效果。同时，PLC 也支持与其他设备和系统的通信，如传感器、执行器、上位机等，实现更加复杂的自动化控制需求。

二、基于 PLC 的自动控制系统的组成部分

（一）输入模块

输入模块在自动控制系统中扮演着重要的角色。它负责接收来自外部传感器的信号，并将这些信号转换为数字信号，以便中央处理器进行处理和判断。输入模块通常包括多个通道，每个通道可以连接一个或多个传感器。这些传感器可以是测量温度、压力、流量、位置等物理量的装置。

输入模块的主要功能是对输入信号进行采集、转换和滤波处理，以保证信号的准确性和可靠性。下面将详细介绍输入模块的几个方面功能。

（1）信号采集：输入模块通过连接传感器来实现信号的采集。传感器将环境中的物

理量转换为电信号,并将其发送给输入模块。输入模块通过采集这些信号,将它们送入中央处理器进行分析和控制。

(2)信号转换:输入模块将传感器所获得的模拟信号转换为数字信号。模拟信号是连续变化的电压或电流信号,而数字信号是离散的数字表示。通过进行模数转换(ADC),输入模块将模拟信号转换为与所测量物理量相关的数字值。

(3)滤波处理:输入模块在信号转换之前通常需要对信号进行滤波处理。滤波的目的是去除信号中的噪声和干扰,以提高测量结果的准确性。滤波可以通过数字滤波器来实现,常用的滤波方式有低通滤波、高通滤波和带通滤波等。

(4)信号处理:输入模块还可以对信号进行处理,以便更好地适应中央处理器的要求。例如,输入模块可以对信号进行放大或缩小,以调整测量范围;还可以对信号进行线性化处理,将非线性传感器的输出转换为线性关系,方便后续的数据处理和控制算法的实现。

(5)接口功能:输入模块通常还包括与其他系统组件进行通信的接口功能。它可以与其他输入模块或输出模块进行通信,以实现系统之间的信息传递和数据交换。此外,输入模块还可以与人机界面设备(如显示屏、键盘)进行通信,以实现操作员对系统参数的监视和设置。

(二)输出模块

1.输出模块的基本概述

输出模块是自动控制系统中的一个关键组成部分,主要用于将中央处理器(例如PLC、微控制器)的输出信号转换为适合执行器(例如电机、阀门)操作的控制信号。输出模块通常包含多个通道,每个通道可以控制一个或多个执行器。通过输出模块,自动控制系统可以实现对各种设备和机械的精确控制,如启动停止电机、调节阀门等。

2.输出模块的工作原理

输出模块的工作原理是将中央处理器的数字信号转换为相应的控制信号,驱动执行器执行特定的动作。输出模块通常由数字到模拟(D/A)转换器和电流或电压放大器组成。当中央处理器输出一个数字信号时,输出模块将这个数字信号转换为与执行器匹配的电流或电压信号,并输出到执行器上。根据执行器的不同类型,输出模块可能需要进行额外的信号调节或放大。

3.输出模块的功能特点

输出模块在自动控制系统中具有以下功能特点。

多通道控制:输出模块通常包含多个通道,每个通道可以控制一个或多个执行器。

这使得自动控制系统可以同时控制多个执行器，实现更复杂的控制策略。

数字到模拟转换：输出模块通过数字到模拟转换器将中央处理器的数字信号转换为与执行器匹配的模拟信号。这种转换可以实现对执行器动作的精确控制。

信号调节和放大：根据执行器类型和要求，输出模块可能需要进行信号调节和放大，以确保输出信号能够正确驱动执行器，并满足其工作要求。

反馈机制：一些高级的输出模块还可以提供反馈机制，用于监测执行器的状态并反馈给中央处理器。这样可以实现对执行器状态的实时监控和故障检测。

4.输出模块在自动控制系统中的应用

输出模块广泛应用于各种自动控制系统中，包括工业自动化、建筑自动化、智能家居等领域。以下是一些常见的应用场景。

电机控制：输出模块可以用于启动、停止和调速电机。通过控制电机的转速和方向，可以实现对生产线、机械设备等的精确控制。

阀门控制：输出模块可以控制阀门的开关状态，实现对流体、气体、液压系统的调节和控制。

灯光控制：输出模块可以控制灯光的开关、亮度和颜色，实现对室内、室外照明系统的智能化控制。

机器人控制：输出模块可以控制机器人的动作和姿态，实现对机器人的精确控制和编程。

温度控制：输出模块可以控制加热器、冷却器等设备的启停和调节，实现对温度的精确控制。

5.输出模块的选型考虑因素

在选择输出模块时，需要考虑以下因素。

通道数量：根据实际需求确定所需的通道数量，以满足同时控制多个执行器的需求。

控制类型：根据执行器的类型和工作方式选择相应的输出模块，如电压输出模块、电流输出模块等。

精度要求：根据控制需求确定所需的输出模块精度，以确保控制信号的准确性和稳定性。

可靠性和耐用性：选择具有高可靠性和耐用性的输出模块，以确保长期稳定运行和抗干扰能力。

反馈功能：根据需求选择是否需要输出模块提供反馈机制，用于实时监测执行器状态和故障检测。

（三）中央处理器

中央处理器（CPU）是计算机的核心组件，它负责执行和协调各种计算机程序的运行。本文将详细介绍中央处理器的结构、功能和性能特点。

1. 结构

中央处理器通常由控制单元（Control Unit，CU）和算术逻辑单元（Arithmetic Logic Unit，ALU）组成。控制单元负责指令的解析和执行，包括获取指令、解码指令、执行指令、获取数据等操作。算术逻辑单元则负责执行各种算术和逻辑运算，比如加减乘除、位移和与或非等操作。此外，中央处理器还包括寄存器、缓存和总线等部件，用于存储和传输数据。

2. 功能

中央处理器的主要功能是执行指令，即将存储器中的指令加载到控制单元，经过解码后执行相应的操作。根据指令的不同，中央处理器可以进行数据处理、逻辑判断、数据传输等操作。为了提高执行效率，中央处理器通常采用流水线和超标量等技术，可以同时执行多条指令，提高计算速度。

3. 性能特点

中央处理器的性能主要通过时钟频率、指令集和微架构等方面来衡量。时钟频率表示中央处理器每秒钟执行的时钟周期数，通常以赫兹（Hz）为单位。较高的时钟频率意味着中央处理器可以在单位时间内执行更多的指令，从而提高计算效率。指令集决定了中央处理器可以执行的操作类型和指令格式，不同的指令集对性能和功能有直接影响。微架构则决定了中央处理器内部的结构和组织方式，包括流水线长度、缓存大小和指令预取等方面，对性能也有很大影响。

（四）编程软件

1. 编程软件的作用

编程软件是计算机科学中不可或缺的工具，它的主要作用是为开发人员提供一个平台，使他们能够写、编辑和调试各种类型的控制程序。编程软件可以帮助开发人员快速且准确地编写代码，提高开发效率和质量。它还提供了一系列的功能和工具，如自动补全、调试器、性能分析器等，以帮助开发人员更好地理解和优化他们的代码。

2. 编程软件的特点

（1）丰富的功能：编程软件通常具有多种功能，如语法高亮、代码自动补全、调试器、版本控制等。这些功能能够大大提高开发人员的工作效率和代码质量。

（2）多种编程语言支持：编程软件通常支持多种编程语言，如C++、Java、Python

等。这使得开发人员可以根据项目需求选择合适的编程语言进行开发,并且能够在同一个软件环境中处理不同的代码。

(3)图形化界面:编程软件一般具有友好的图形化用户界面,使得用户能够直观地编写和编辑代码。图形化界面还可以提供一些可视化的工具,如图表、图像编辑器等,以帮助用户更好地理解和处理数据。

3.编程软件的应用领域

编程软件广泛应用于各个行业和领域。以下是一些常见的应用领域:

(1)软件开发:编程软件是软件开发过程中必不可少的工具。开发人员可以使用编程软件来编写、测试和调试他们的代码,并适时进行版本控制和团队协作。

(2)嵌入式系统:嵌入式系统通常需要编写复杂的控制程序,用于管理硬件设备和处理数据。编程软件可以提供编程环境和工具,帮助开发人员完成这些任务。

(3)数据分析和科学计算:大规模数据处理和科学计算通常需要高效的编程工具。编程软件可以提供丰富的库和函数,以加速数据分析和科学计算的过程。

(4)游戏开发:游戏开发通常需要编写复杂的游戏逻辑和图形渲染代码。编程软件可以提供强大的图形库和开发工具,帮助游戏开发人员实现他们的创意。

(5)人工智能和机器学习:人工智能和机器学习需要大量的数据处理和算法实现。编程软件可以提供高效的开发环境和深度学习框架,帮助开发人员构建和训练复杂的模型。

4.常见的编程软件

(1)集成开发环境(IDE):如 Visual Studio、Eclipse、IntelliJ IDEA 等,这些软件提供了全面的开发工具和调试器,能够帮助开发人员进行代码编写和调试。

(2)文本编辑器:如 Sublime Text、Atom、Notepad++等,这些软件提供了轻量级的编辑环境,适用于快速编辑和查看代码。

(3)Jupyter Notebook:这是一种交互式笔记本,广泛用于数据分析和机器学习。它提供了一个网页界面,允许用户在浏览器中编写和运行代码,并支持实时数据可视化和文档编写。

(4)命令行工具:如 GNU GCC、Python 解释器等,这些工具通过命令行界面提供了编译和解释代码的功能,适用于开发者需要更底层控制的场景。

(五)其他辅助设备

自动控制系统的其他辅助设备主要包括以下几个方面。

(1)电源模块:电源模块是自动控制系统的重要组成部分,用于为整个系统提供稳定的电源供应。它通常由直流电源或者交流电源组成,能够将输入的电能转化为系统所需要的电能形式,并确保在工作过程中电压、电流等参数的稳定性。电源模块在系统运行过程中承担着供电和保护作用,能够有效防止因电源不稳定而引起的设备故障或者数据丢失等问题。

(2)通信模块:通信模块主要负责自动控制系统与外部设备之间的数据交换和通信。通过通信模块,自动控制系统可以与上位机、其他 PLC(可编程逻辑控制器)或者其他设备进行联网控制和数据共享。通信模块通常支持多种通信协议,如以太网、Profibus、CAN 总线等,可以实现设备之间的远程监控、数据传输和指令下达等功能。

(3)显示屏:显示屏在自动控制系统中起到了重要的作用,它能够实时显示系统的运行状态、报警信息等。通过显示屏,操作和监控人员可以直观地了解系统的工作情况,及时采取相应的措施。显示屏通常具有高分辨率、高亮度和反应速度快的特点,能够在各种环境下清晰显示系统的相关信息。

(4)传感器:传感器是自动控制系统中常用的辅助设备之一,用于感知和采集环境或者被控对象的相关信息。常见的传感器包括温度传感器、压力传感器、光电传感器等。传感器能够将环境或被控对象的物理量转化为电信号,并通过输入模块传递给中央处理器进行处理和决策。

(5)执行器:执行器是自动控制系统中另一个重要的辅助设备,用于执行中央处理器发出的控制命令。执行器通常包括电动执行器、液压执行器、气动执行器等,它们通过接收中央处理器的控制信号,将其转化为相应的机械运动或者输出信号,实现对被控对象的控制和调节。

三、基于 PLC 的自动控制系统的特点

(一)稳定性高

(1)硬件稳定性:PLC 系统采用可靠的硬件设计,其中包括中央处理器、输入输出模块、通信模块等。这些硬件设备经过严格的质量控制和测试,具有较高的抗干扰能力和稳定性。它们能够在工业环境中抵御电磁干扰、温度变化、震动和其他外部影响因素的干扰,并保持稳定的工作状态。这种稳定性使得 PLC 系统能够长时间运行,不易出现硬件故障。

(2)软件稳定性:PLC 的软件系统经过严格的测试和验证,具有很高的可靠性。软件开发过程中采用了成熟的软件工程方法,包括需求分析、设计、编码和测试等环节,以确保软件的稳定性和可靠性。同时,PLC 软件还具有自我诊断和故障恢复机制,能够在出现问题时及时进行故障定位和修复,最大限度地减少系统崩溃的风险。

（3）故障预防与容错能力：PLC系统具备一定的故障预防和容错能力，能够在发生故障时及时给出警报并采取相应的措施。例如，PLC系统可以监测输入输出信号的状态，当发现异常时可以及时发出警报，避免因故障导致生产线停机或其他损失。同时，PLC系统还支持数据备份和恢复功能，以防止数据丢失或损坏。

（4）隔离性和可靠性设计：PLC系统采用了隔离性和可靠性设计，即不同的模块之间相互隔离，一个模块的故障不会影响到其他模块的正常工作。例如，输入输出模块与中央处理器之间通过专门的总线进行通信，各个模块之间的通信是独立的，因此即使某个模块发生故障，也不会对整个系统造成严重影响。

（5）维护和升级的支持：PLC系统提供了维护和升级的支持，可以定期对系统进行检查和维护，确保其稳定性和可靠性。同时，在技术升级或功能扩展时，PLC系统可以进行固件或软件的升级，以适应新的需求和提高系统的稳定性。

（二）可靠性强

1.PLC系统硬件可靠性强

PLC系统的硬件部分经过严格的测试和验证，确保其在工作环境中具有很高的可靠性。这些硬件组件包括中央处理器（CPU）、内存、输入输出模块、通信模块等。它们都采用了工业级的设计和制造标准，能够在恶劣的工作条件下稳定运行。

首先，PLC系统的中央处理器（CPU）是PLC的核心部件，负责执行控制逻辑和处理输入输出信号。这些CPU通常采用高品质的芯片和可靠的电子元件，具有较高的运算速度和稳定性。它们经过了严格的温度、震动和电磁干扰等测试，能够在各种恶劣环境中可靠地运行。

其次，PLC系统的内存模块是存储程序和数据的关键组成部分。这些内存模块采用了非易失性存储器，能够在断电或掉电后保持数据的完整性。同时，PLC系统还具备错误校验和冗余存储等机制，确保数据的正确性和可靠性。

此外，PLC系统的输入输出模块是与外部设备进行数据交换的接口。这些模块都采用了可靠的电路设计和高质量的继电器或半导体开关元件，能够在长时间运行和频繁操作下保持稳定，并且能够抵御电磁干扰和噪声等外界干扰。

2.PLC系统软件可靠性强

除了硬件可靠性，PLC系统的软件部分也经过了严格的测试和验证，确保其具有很高的可靠性。PLC系统的软件主要包括编程软件、操作系统和控制逻辑。

首先，PLC系统的编程软件是用户对系统进行编程和配置的工具。这些软件经过多次版本更新和测试，修复了已知的问题和漏洞。同时，编程软件还提供了调试功能，在程序开发过程中可以进行模拟运行和调试，以确保程序的正确性和可靠性。

其次，PLC 系统的操作系统是系统的核心软件，负责管理硬件资源、执行任务调度和处理异常情况。这些操作系统经过了充分的验证和测试，能够在各种情况下保持系统的稳定性和可靠性。它们通常采用了实时操作系统（RTOS）或专门的嵌入式操作系统，具有较高的响应速度和可靠性。

PLC 系统的控制逻辑是由用户编写的程序，用于实现对工业过程的控制和监测。这些控制逻辑经过了严格的测试和验证，确保在各种工作条件下都能够正确地执行，并及时响应异常情况。此外，PLC 系统还具备诊断和自修复机制，能够在出现故障时进行自动诊断和处理，提高系统的稳定性和可靠性。

3.PLC 系统的可靠性验证

为了确保 PLC 系统的可靠性，通常会进行多个级别的验证和测试。这些验证和测试包括以下内容。

首先，PLC 系统的硬件部分会进行严格的环境适应性测试，包括温度、湿度、震动和电磁干扰等测试。这些测试能够模拟实际工作环境中可能遇到的各种情况，确保硬件能够在这些条件下正常运行。

其次，PLC 系统的软件部分会进行功能验证和兼容性测试。功能验证测试会对系统的各项功能进行测试，确保其能够按照预期的方式进行工作。兼容性测试则会验证与其他设备或系统的接口兼容性，确保数据交换和通信的可靠性。

最后，PLC 系统还会进行持续性测试和可靠性评估。持续性测试会模拟长时间运行和频繁操作的情况，检测系统在这些条件下的稳定性和可靠性。可靠性评估则是通过统计分析和故障模拟，评估系统的可靠性水平。

4.高可靠性带来的优势

PLC 系统具有高可靠性，带来了以下几方面的优势。

首先，高可靠性能够确保工业控制系统按照预期的方式运行，减少因故障导致的生产停机或损坏。PLC 系统能够及时检测和处理传感器故障或信号异常等问题，避免对整个控制系统的影响。

其次，高可靠性能够提高工业过程的安全性和稳定性。PLC 系统能够自动诊断和处理异常情况，减少人为操作错误的可能性，并及时采取措施进行故障恢复，确保工业过程的安全和稳定运行。

最后，高可靠性还能够降低维护成本和生命周期成本。由于 PLC 系统具有较高的可靠性，维护和修复的次数和费用较低。此外，高可靠性还能延长系统的使用寿命，减少设备更换的频率和成本。

5.可靠性强与其他要素的关系

在工业控制系统中，可靠性是一个重要的指标，但并不是唯一的指标。除了可靠性，PLC 系统的性能、灵活性、安全性等方面也需要进行综合考虑。

例如，PLC 系统的性能包括运算速度、响应时间和处理能力等。这些性能指标会影响到系统的实时性和控制精度，需要根据实际应用需求进行选择和权衡。

此外，PLC 系统还需要具备良好的灵活性，能够适应不同的工业过程和应用场景。这包括支持多种通信接口和协议、兼容多种外部设备、具备可扩展性和可定制性等特点。

另外，PLC 系统也需要具备较高的安全性，能够防止未经授权的访问和恶意攻击。这包括采用加密通信、访问权限控制、数据备份和恢复等安全机制，确保系统的数据和操作的安全性。

（三）扩展性好

（1）PLC 系统的扩展性意味着它可以根据具体需求进行灵活的配置和扩展。PLC 系统由各种输入输出模块、中央处理器、通信模块等组成，用户可以根据需要增加或减少这些模块，以适应不同规模和复杂度的自动控制系统。例如，当一个控制系统需要更多的输入信号时，用户可以方便地增加输入模块来满足需求；当控制系统的复杂度增加时，用户可以升级中央处理器的性能来提高系统的运算速度和处理能力。

（2）PLC 系统的扩展性使得用户可以根据实际需求对其进行定制化配置。不同行业和应用领域对自动控制系统的要求各不相同，有些应用可能需要更多的输入输出点，有些应用可能需要更高的精度和速度。PLC 系统的扩展性可以满足这些不同需求，用户可以根据自己的具体情况来选择合适的模块和配置，从而提高系统的适应性和性能。

（3）PLC 系统的扩展性还可以通过通信模块来实现与其他系统的连接和集成。现代工业控制系统往往需要与其他设备、数据库和上位机进行数据交换和通信。PLC 系统可以通过扩展通信模块，实现与以太网、无线网络等各种通信方式的兼容，从而方便地实现与其他系统的数据传输和协作。

（4）PLC 系统的扩展性还可以通过软件功能的扩展来实现。除了硬件模块的扩展，PLC 系统还具有丰富的软件功能，用户可以根据需要进行软件的定制和扩展。例如，用户可以根据自己的应用需求编写特定的控制算法和逻辑，或者使用开发平台提供的编程接口进行二次开发，从而实现更加复杂和个性化的控制功能。

（5）PLC 系统的扩展性对于降低系统的改造和升级成本非常有益。由于 PLC 系统的灵活性，用户可以在系统运行过程中进行模块的增减、功能的扩展等操作，而不需要对整个系统进行重大改造。这样可以节省时间和成本，并且减少因为改造和升级所带来的停机时间和风险。

（四）故障自诊断和报警提示

1. 故障自诊断的原理和作用

PLC 系统中的故障自诊断功能是通过集成的硬件和软件模块实现的。其原理是通过对输入信号和输出信号的监测和分析，以及对系统内部状态的监控和检测，来判断系统是否正常运行。一旦发现异常情况，系统会自动进行故障诊断，并生成相应的故障代码或报警信号。故障自诊断的作用是在系统出现故障时快速准确地定位和识别故障，并及时向维护人员报告，以便及时采取措施修复。

2. 报警提示的方式和内容

PLC 系统中的报警提示方式包括声音报警、光纤报警和显示屏报警等多种形式。当系统发生故障时，PLC 系统会发出响亮的声音报警，吸引维护人员的注意力；同时，还可以通过光纤报警传感器向远程报警设备发送信号，以便在远离 PLC 系统的位置接收报警信息。此外，PLC 系统还可以通过显示屏上的文字、图标或数字等方式直接显示故障信息，以便维护人员快速了解故障情况。

报警信息的内容包括故障类型、故障位置、故障原因等相关信息。根据不同的故障类型和程度，报警信息可能会包括故障代码、文字描述、图标或数字表示等。维护人员可以根据这些信息来判断故障的性质和紧急程度，以便采取相应的维修措施。

3. 故障自诊断的优势和应用场景

故障自诊断功能的优势主要体现在以下几个方面。

及时发现故障：PLC 系统能够实时监测系统运行状态，一旦发现异常情况即可立即进行故障诊断。这样可以提前发现潜在故障，防止故障进一步扩大。

快速定位故障：故障自诊断功能可以准确地定位故障发生的位置和原因，帮助维护人员迅速找到故障点，节省排查时间和成本。

提高可靠性和可维护性：通过故障自诊断和报警提示功能，维护人员可以及时了解系统中的故障情况，并及时采取措施修复，提高了系统的可靠性和可维护性。

故障自诊断功能适用于各种工业自动化领域，如制造业、能源行业、交通运输等。在这些领域中，PLC 系统通常承担着控制、监测和保护等重要任务，因此故障自诊断功能对于确保系统的稳定运行和生产效率具有重要意义。

4. 故障自诊断与人工诊断的比较

相较于传统的人工诊断方式，故障自诊断具有以下优势。

自动化和实时性：故障自诊断功能能够实时监测系统状态，主动发现故障，相比之下，人工诊断需要花费更多的时间和人力。

准确性和精度：故障自诊断功能通过系统内置算法和模型进行故障判断，避免了人为判断的主观性和误差，提高了故障诊断的准确性和精度。

降低成本：故障自诊断功能可以及时定位故障，减少了人工排查和维修的成本。

增加可靠性：故障自诊断功能能够快速响应故障，并及时报警，帮助维护人员迅速采取措施修复，提高了系统的可靠性。

第四节　机电系统的自动化控制技术

一、机电系统的自动化控制技术概述

（一）自动控制理论和方法的应用

机电系统的自动化控制技术是基于自动控制理论和方法的应用。自动控制是研究如何通过调节系统的输入量，使得系统的输出量达到期望值或最优状态的一门学科。它包括了控制系统的建模、系统稳定性分析、控制器设计等内容。

在机电系统中，自动控制技术主要应用于以下几个方面。

（1）系统建模与分析：对机电系统进行建模是自动控制的基础工作。通过建立数学模型，可以描述系统的动态特性，并进行系统分析。常用的建模方法包括传递函数法、状态空间法等。在建模的基础上，可以进行系统稳定性分析，判断系统是否稳定，以及系统响应的快慢和稳态误差等指标。

（2）控制器设计：根据系统的特性和需求，设计控制器来实现对机电系统的自动控制。常见的控制器包括比例积分微分（PID）控制器、模糊控制器、神经网络控制器等。控制器的选择和设计需要考虑系统的稳定性、性能指标以及控制器的实时性等因素。

（3）控制策略优化：对于复杂的机电系统，需要设计合适的控制策略来实现系统的最优控制。常见的优化方法包括模型预测控制、最优控制、自适应控制等。通过优化控制策略，可以提高系统的响应速度、控制精度和能源利用效率。

（二）精确控制与调节

1.精确控制的概念与意义

精确控制是指通过自动控制技术实现系统输出准确达到期望值的能力。在机电系统中，精确控制的意义在于确保系统能够按照设计要求进行工作，提高工艺效率和产品质量。精确控制可以使得机电系统能够稳定、可靠地运行，并满足用户对系统性能的要求。

2.机械加工领域的精确控制技术

在机械加工领域，机电系统的自动化控制技术可以实现对刀具运动轨迹和加工参数的精确控制。通过精确控制刀具的位置、速度和切削力等参数，可以确保工件的尺寸、形状和表面质量满足设计要求。例如，在数控机床中，通过自动控制系统对刀具运动轨迹进行精确控制，可以实现复杂零件的加工，提高加工精度和效率。同时，自动化控制还可以监测加工过程中的各种参数，及时调整加工策略，避免因刀具磨损或其他因素导致的加工误差，提高了工件的一致性和稳定性。

3.电力系统中的精确调节技术

在电力系统中，机电系统的自动化控制技术可以实现对发电机的精确调节，以控制电网的频率和电压稳定在合适的范围内。电网的频率和电压稳定是电力系统运行的核心要求，而发电机的精确调节是实现这一要求的关键。通过自动控制技术，可以实时监测电网状态，及时调节发电机的输出功率和电压，保持电力系统的供需平衡和安全运行。例如，在电网负荷增加时，自动控制系统可以根据负荷变化的情况，调整发电机的输出功率，使得系统频率和电压保持在合适的范围内，避免因电压波动或频率偏离而引发的电力设备损坏或系统崩溃。

（三）自主运行

1.自主运行的意义

提高生产效率：自主运行的机电系统能够根据预设的规则或实时反馈信息，自动完成生产任务。相比人工操作，机械和电气系统具有更高的运行速度和精度，从而能够提高生产效率，降低生产成本。

提升质量稳定性：机电系统的自主运行可以减少人为操作的误差和变动，保证生产过程的稳定性。通过自动控制和监测，可以提高产品的一致性和质量可靠性。

降低安全风险：某些生产过程可能存在一些危险因素，例如高温、高压等。自主运行的机电系统能够自动化完成这些危险任务，减少人工干预，降低了工人受伤的风险。

提升灵活性和适应性：自主运行的机电系统可以根据不同的任务需求进行调整和优化，更好地适应不同的生产环境和工艺要求。通过灵活的编程和配置，可以实现系统的快速切换和升级。

2.实现方式

机电系统的自主运行依赖于自动化控制技术的应用，主要包括以下几个方面。

传感器技术：通过传感器将机械和电气系统的状态信息转化为电信号，实时反馈给控制系统，以便对系统进行监测和调节。

控制算法：通过控制算法对传感器反馈的数据进行分析和处理，生成相应的控制指令，控制执行器的动作，实现对机械和电气设备的自动控制。

执行器技术：通过执行器（例如电机、液压驱动系统）将控制指令转化为机械运动，实现对机械设备的自动控制。

通信技术：通过网络通信技术，实现不同设备之间的数据传输和交互，使整个系统能够实时协同运作。

软件开发：针对具体的机电系统，研发相应的软件系统，实现控制算法的实时运行和参数调整。

二、机电系统自动化控制技术的关键要素

（一）传感器

传感器是机电系统自动化控制的重要组成部分，它能够感知和采集机电系统中各种物理量的信息。常见的传感器包括温度传感器、压力传感器、速度传感器等。

（1）温度传感器：温度传感器可以测量物体的温度，广泛应用于空调系统、热水器等。常见的温度传感器有热敏电阻、热电偶和半导体温度传感器等。

（2）压力传感器：压力传感器用于测量气体或液体的压力。它在工业自动化领域中广见的压力传感器有压阻式传感器、压电式传感器和电容式传感器等。

（3）速度传感器：速度传感器用于测量物体的速度，常用于机械传动系统、电机控制系统等。常见的速度传感器有光电转速传感器、霍尔效应传感器和接触式传感器等。

传感器通过将采集到的信息转化为电信号，并输入到控制器中进行处理。传感器的准确性、稳定性和响应速度对机电系统的控制精度和可靠性具有重要影响。

（二）执行器

执行器根据控制器的输出信号，控制机械设备或电气元件的运动和动作。它是机电系统中实现自动化控制的关键部件。

（1）电机：电机是最常见的执行器之一，可以将电能转化为机械能，控制设备的运动。常见的电机有直流电机、交流电机和步进电机等。

（2）伺服系统是一种精密的闭环反馈控制系统，用于控制位置、速度和力矩等参数。伺服系统常用于定位精度要求较高的机械设备，如数控机床、机器人等。

（3）气动执行元件：气动执行元件使用压缩空气来控制机械设备的运动和动作。常见的气动执行元件有气缸、气动阀门和气动马达等，广泛应用于工业自动化领域。

执行器的选择要考虑到机械负载、运动要求和控制精度等因素。同时，执行器的可靠性和响应速度也是衡量其性能的重要指标。

（三）控制器

控制器是机电系统自动化控制的核心部分，负责对传感器采集到的信号进行处理，并根据处理结果输出控制信号。控制器通常包括硬件和软件两个部分。

（1）硬件部分：硬件部分包括控制板、接口电路等。控制板是控制器的主要组成部分，它包含了微处理器、存储器、输入输出接口等。通过接口电路，控制器可以与传感器和执行器进行数据交换和控制信号的传输。

（2）软件部分：软件部分主要是编写控制算法的程序。控制算法感器采集到的数据进行分析和计算，然后生成相应的控制信号输出给执行器。常见的控制算法有 PID 控制算法、模糊控制算法和遗传算法等。

控制器的性能取决于其硬件和软件的设计和实现。稳定性、响应速度和控制精度是评估控制器性能的重要指标，优化控制器的设计可以提高机电系统的自动化控制效果。

三、常见的机电系统自动化控制方法

（一）开环控制

开环控制是指在自动化控制系统中，控制器的输出信号不受系统反馈信息的影响，仅根据输入信号的设定值进行控制的一种方法。它适用于对控制精度要求不高、系统参数比较稳定的情况下。

1.特点

简单性：开环控制的结构相对简单，不需要进行反馈调整。因此，控制器的硬件成本相。

成本低：由于不需要系统反馈信息和建模，开环控制不需要额外花费时间和精力进行系统建模，从而降低了成本。

适用性广泛：由于其简易性和低成本特点，开环控制适用于许多机电系统自动化控制的场景，例如家电、工业设备等。

2.缺点

鲁棒性差：开环控制无法对系统扰动进行实时补偿。如果系统发生变化或者扰动较大，开环控制的控制性能会受到影响，导致控制精度下降。

稳定性差：由于缺乏反馈信息的修正，开环控制对系统参数变化敏感，容易受到外部环境、负载变化等因素的影响，导致系统不稳定。

不适用于复杂系统：由于开环控制无法根据系统的实时反馈信息进行调整，因此对于复杂的非线性系统或具有时变参数的系统，开环控制的控制性能较差。

3.应用场景

开环控制广泛应用于一些不要求高精度控制的场景，如家电领域中的灯光控制、风扇速度控制等。

在某些确定性较高、参数变化较小的工业设备中也可以采用开环控制，例如输送带、物料包装设备等。

开环控制还可以作为其他控制方法的一部分，例如在闭环控制系统中的前馈控制器中采用开环控制策略，补偿系统的非线性、延迟等因素。

（二）闭环控制

1.闭环控制的基本原理

闭环控制是一种基于系统反馈信息进行调整的控制方法。它通过不断地监测系统的实际输出和期望输出之间的差异，并根据这些差异来调整控制器的输出信号，以使系统的实际输出接近期望输出。闭环控制的核心概念是反馈机制，即将系统的输出作为输入送回给控制器，从而形成一个闭合的控制回路。

2.闭环控制的工作原理

闭环控制的工作过程可以分为几个关键步骤。

（1）传感器获取系统的实时状态信息，并将其转换为电信号。

（2）控制器根据实际输出和期望输出之间的差异，计算出控制指令。

（3）执行器根据控制指令，对系统进行调整或操作。

（4）传感器再次监测系统的实际输出，并将其转换为电信号。

（5）反馈信号传递给控制器，用于更新控制指令。

通过不断地反馈系统的实际输出信息，闭环控制可以动态地调整控制器的输出信号，使系统能够对外界变化和扰动做出快速响应，从而使系统的实际输出能够稳定地接近期望输出。

3.闭环控制的优点

闭环控制相较于开环控制具有以下优点。

（1）提高系统的鲁棒性：闭环控制通过不断地反馈信息进行调整，可以对系统的变化和扰动进行补偿，提高系统的鲁棒性，使系统能够在不确定的工作环境下保持稳定的控制效果。

（2）提高系统的适应性：闭环控制可以根据系统的实际情况进行自适应调整，适应不同的工作环境和系统参数变化，从而提高系统的适应能力和控制精度。

（3）减小系统误差：闭环控制能够通过不断地调整控制器的输出信号，使系统的实际输出接近期望输出，从而减小系统的误差，提高控制精度。

4.闭环控制的缺点

闭环控制相较于开环控制也存在一些缺点。

（1）复杂性较高：闭环控制需要建立反馈回路，因此其控制器结构相对复杂，硬件成本也相对较高。

（2）需要系统建模：闭环控制需要对系统进行建模，以便进行控制器的设计和参数调整，这就要求对系统的特性和动态行为有一定的了解。

（3）存在时滞问题：由于闭环控制中的反馈信号需要传输和处理，因此会引入一定的时滞问题，可能导致系统的响应速度较慢。

（三）模糊控制

模糊控制是一种基于模糊逻辑的控制方法，它通过将模糊推理系统应用于模糊规则，将输入转化为输出控制信号，以实现复杂系统的控制。下面是对模糊控制的进一步解释：

（1）模糊规则：模糊控制的核心是一组模糊规则，这些规则描述了系统输入和输出之间的关系。例如，一个简单的模糊规则可以是："如果温度较高且湿度较低，则打开空调"。模糊规则通常以自然语言的形式表示，而不是传统的数学表达式。

（2）模糊推理系统：模糊推理系统用于根据输入变量和模糊规则来确定输出变量的值。它包括模糊化、模糊推理和去模糊化三个主要步骤。模糊化将输入变量映射为隶属度函数，模糊推理使用模糊规则和输入变量的隶属度函数来计算输出变量的隶属度函数，最后去模糊化将输出变量的隶属度函数转化为具体的输出值。

（3）容错性和鲁棒性：模糊控制具有较好的容错性，能够处理系统模型复杂或参数难以准确获得的情况。它通过模糊化和模糊规则来处理非精确性和不确定性，从而对系统中存在的噪声、干扰和模型误差具有较强的抗干扰能力。因此，即使在缺乏准确信息的情况下，模糊控制仍能有效地控制系统。

（4）适应性：模糊控制可以根据不同的工作环境和系统参数变化来进行适应。通过调整模糊规则的权重和形状等参数，可以改变模糊控制器的行为，以适应不同的控制任务和环境变化。

（5）计算复杂度：模糊控制的计算复杂度相对较高。由于需要进行模糊推理和模糊规则的匹配，模糊控制的计算量较大。此外，模糊控制还需要对系统进行建模，以便进行模糊化和去模糊化操作。这些计算复杂性需要适当考虑，以确保模糊控制在实际应用中的可行性。

第五章　机电工程传感器与检测技术

第一节　机电工程传感器的工作原理和分类

一、传感器的工作原理

（一）位移传感器

位移传感器主要用于测量物体的位置变化。常见的位移传感器有电容式位移传感器、激光位移传感器和线性位移传感器等。

（1）电容式位移传感器：电容式位移传感器是利用电容原理来测量物体的位移。它包含两个电极，其中一个是固定不动的参考电极，另一个是与被测物体相连的测量电极。当被测物体发生位移时，会导致电容值的改变，进而转换成电信号输出。通过测量电容的变化，可以计算出物体的位移大小。

（2）激光位移传感器：激光位移传感器利用激光束照射到被测物体上，并接收反射回来的激光信号。根据激光的入射角度和反射角度的变化，可以计算出物体的位移。这种传感器具有高精度和高速度的特点，广泛应用于工业自动化领域。

（3）线性位移传感器：线性位移传感器通过测量物体在直线方向上的位移来获得位移信息。常见的线性位移传感器有电感式位移传感器和磁电感式位移传感器等。它们利用物体位移时导致的感应电动势变化来测量位移大小。

（二）压力传感器

压力传感器主要用于测量物体受到的压力大小。常见的压力传感器有压阻式传感器、电容式传感器和电磁式传感器等。

（1）压阻式传感器：压阻式传感器利用材料的电阻随压力的作用而发生变化的原理来测量压力。在传感器中设置了一个弹性变形层，当受到压力作用时，导致弹性层变形，进而改变电阻值。通过测量电阻的变化，可以获取被测物体受到的压力信息。

（2）电容式传感器：电容式传感器是利用电容值与被测物体的压力大小成正比的原理来测量压力。传感器包含两个金属电极，当受到压力作用时，会导致电容值的改变。通过测量电容的变化，可以计算出物体受到的压力大小。

（3）电磁式传感器：电磁式传感器是利用磁场的变化来测量压力。传感器中包含一个磁场产生器和一个磁场检测器，当受到压力作用时，会改变传感器内部的磁场分布。通过测量磁场的变化，可以得到被测物体受到的压力大小。

（三）温度传感器

温度传感器主要用于测量物体的温度。常见的温度传感器有热电偶、热敏电阻和红外线传感器等。

（1）热电偶：热电偶是利用两种不同金属材料在不同温度下产生的热电势差来测量温度的原理。传感器由两个不同金属的导线组成，当两个导线的接触点受到热时，会产生热电势差，通过测量热电势差的大小，可以计算出被测物体的温度。

（2）热敏电阻：热敏电阻是利用材料的电阻随温度的变化而发生变化的原理来测量温度。传感器中包含一个热敏元件，当温度发生变化时，热敏元件的电阻值会发生相应的变化。通过测量电阻的变化，可以得到被测物体的温度信息。

（3）红外线传感器：红外线传感器是利用物体发射的红外辐射与物体的温度相关联的原理来测量温度。传感器接收物体发射的红外线，并通过测量红外线的强度来计算出物体的温度。这种传感器适用于非接触式测温，广泛应用于工业自动化和人体测温等领域。

（四）湿度传感器

湿度传感器用于测量空气中的湿度。常见的湿度传感器有电容式传感器和电阻式传感器等。

（1）电容式传感器：电容式传感器是利用水分对电容的影响来测量湿度的原理。传感器包含一个感湿元件，当环境湿度发生变化时，感湿元件的电容值会随之改变。通过测量电容的变化，可以获取空气中的湿度信息。

（2）电阻式传感器：电阻式传感器是利用材料的电阻随湿度的变化而发生变化的原理来测量湿度。传感器中包含一个感湿元件，当受到湿度作用时，感湿元件的电阻值会发生相应的变化。通过测量电阻的变化，可以得到空气中的湿度信息。

（五）光电传感器

光电传感器主要用于测量物体的光强度或光反射率。常见的光电传感器有光电二极管和光电导管等。

（1）光电二极管：光电二极管是一种能够将光信号转换成电信号的器件。当光照射到光电二极管上时，会产生光电效应，使得器件导电性能发生改变。通过测量电流或电压的变化，可以得到物体的光强度信息。

（2）光电导管：光电导管是利用光的照射来改变材料的电导率来测量光强度或光反射率的原理。当光照射到光电导管上时，会改变材料的电导性能。通过测量电导率的变化，可以获取物体的光强度或光反射率信息。

（六）加速度传感器

加速度传感器主要用于测量物体的加速度。常见的加速度传感器有压阻式传感器和压电式传感器等。

（1）压阻式传感器：压阻式加速度传感器利用材料的电阻随加速度的变化而发生变化的原理来测量加速度。传感器中包含一个弹性材料，当受到加速度作用时，材料的形变会导致电阻值的改变。通过测量电阻的变化，可以得到物体的加速度信息。

（2）压电式传感器：压电式加速度传感器是利用压电材料的压电效应来测量加速度的原理。传感器中的压电材料在受到加速度作用时会产生电荷，并由此产生电势差或电流。通过测量电荷或电势差的变化，可以获取物体的加速度信息。

二、传感器的分类

（一）按测量物理量分类

（1）位移传感器：用于测量物体的位移或位置变化，常见的有光电编码器、拉线位移传感器和霍尔传感器等。

（2）压力传感器：用于测量气体或液体的压力，常见的有压阻传感器、电容式压力传感器和压电式压力传感器等。

（3）温度传感器：用于测量物体的温度，常见的有热电偶、热敏电阻和红外线温度传感器等。

（4）湿度传感器：用于测量空气中的湿度，常见的有电容式湿度传感器和电阻式湿度传感器等。

（5）光电传感器：用于检测光线的存在或强度，常见的有光电开关、光电二极管和光电三极管等。

（6）加速度传感器：用于测量物体的加速度或震动，常见的有振动传感器、惯性传感器和压电传感器等。

（二）按工作原理分类

（1）电容传感器：利用电容变化来测量物理量，常见的有电容式位移传感器和电容式湿度传感器等。

（2）电磁传感器：利用电磁变化来测量物理量，常见的有电感式位移传感器和电感式液位传感器等。

（3）压阻传感器：利用电阻变化来测量物理量，常见的有压阻式温度传感器和力敏电阻传感器等。

（4）压电传感器：利用压电效应来测量物理量，常见的有压电式加速度传感器和压电式压力传感器等。

（5）光电传感器：利用光电效应来测量物理量，常见的有光电开关和光电三极管等。

（三）按输出信号类型分类

（1）模拟输出传感器：输出信号为连续变化的模拟信号，通常为电压或电流。

（2）数字输出传感器：输出信号为离散变化的数字信号，通常为数字电平或数据。

第二节　机电工程检测技术

一、电磁检测技术

（一）磁力检测

磁力检测是一种利用外加磁场对物体产生磁化程度的影响来检测物体磁性物体在磁场中的反应，通过测量磁场强度或磁感应强度的变化来推断物体的性质和状态。磁力检测广泛应用于工业领域，如金属材料的磁性检测、焊接缺陷的检测以及金属疲劳裂纹的监测等。

（二）电阻检测

电阻检测是一种利用物体电阻率的变化来检测物体材料、温度、湿度等特性的技术。电阻是物体对电流流动的阻碍程度，不同材料具有不同的电阻率。通过测量电阻的变化，可以推断物体所处的环境条件或物体自身的属性。电阻检测广泛应用于环境监测、材料分析、温度测量等领域。

（三）电感检测

电感检测是一种利用物体在外加电磁感应作用下的感应电动势来获得物体的电导率、相对磁导率等信息的技术。当物体处于变化的磁场中时，会产生感应电动势。通过测量感应电动势的大小和变化，可以推断物体的电磁特性。电感检测被广泛应用于非接触式测量、金属检测、电磁兼容性测试等领域。

二、光学检测技术

（一）激光测距技术

激光测距技术是一种基于光学原理的测量技术，它利用激光束的发射和接收时间差来测量目标物体与传感器之间的距离。这种技术具有高精度、高速度和非接触等优点，因此在工业、建筑、地质勘探等领域得到了广泛应用。

激光测距技术的原理是利用激光束在空气中以固定的速度传播，并在目标上产生反射，然后通过接收器接收反射回来的激光信号。测量仪器会记录激光发射和接收的时间差，并结合光的传播速度计算出目标物体与传感器之间的距离。

激光测距技术可以通过不同的方式来实现，其中常见的方法包括相位测量法、飞行时间法和三角测距法等。相位测量法是利用激光的相位差来确定距离，而飞行时间法则是通过测量激光从发送器到目标物体和从目标物体反射回来的时间来计算距离。三角测距法则是利用激光束在空间中的扩散角度和目标物体的大小来计算距离。

激光测距技术在各个领域有着广泛的应用。在工业领域，它可以用于测量物体的距离和大小，以实现自动化生产、机器人导航和物体识别等功能。在建筑领域，激光测距技术可以用来进行建筑物的测量和设计，以提高施工质量和效率。在地质勘探领域，激光测距技术可以用来测量地表形状和地下洞穴等地质结构，以帮助地质勘探和矿产开发工作。

（二）光电传感器技术

光电传感器技术是一种利用光电元件感知光的强弱、频率等信息的检测技术。光电传感器包括光电二极管、光敏电阻等元件，它们能够将光的能量转化为电信号，并通过电路进行处理和分析。

光电传感器技术的原理是当光线照射到光电元件上时，光电元件会产生电流或电阻变化。这种电流或电阻变化与入射光线的强弱、频率、波长等特性有关。通过测量电流或电阻的变化，可以获取光线的信息，并用于检测和控制。

光电传感器技术具有灵敏度高、响应速度快、体积小等优点，因此在自动化控制、安防监控、环境监测等领域得到了广泛应用。例如，在自动化控制中，光电传感器可以用于检测物体的位置、颜色、形状等特征，以实现自动化生产和物料处理等任务。在安防监控中，光电传感器可以用于检测人体、车辆等物体的存在和移动，以实现入侵报警和视频监控等功能。在环境监测中，光电传感器可以用于检测空气质量、水质污染等指标，以提供环境监测和预警服务。

（三）红外线检测技术

红外线检测技术是一种利用红外线的特性来获取物体位置、形状等特征的检测技术。红外线是一种位于可见光和微波之间的电磁波，它具有渗透力强、穿透性好等特点，在物体表面的反射、透射等现象中包含了丰富的信息。

红外线检测技术的原理是通过发送红外线信号并接收目标物体对红外线的反射、透射等情况来获取物体的位置、形状等特征。红外线检测技术通常包括红外传感器、红外线摄像头、红外线测温仪等设备，并配合相应的算法进行信号处理和分析。

红外线检测技术在工业、安防、医疗等领域有着广泛的应用。在工业领域，红外线检测技术可以用于检测物体的位置、形状和温度等参数，以实现自动化生产和质量控制等任务。在安防领域，红外线检测技术可以用于监测人体、动物等物体的存在和移动，以实现入侵报警和视频监控等功能。在医疗领域，红外线检测技术可以用于体温检测、血氧测量等应用，以提供医疗诊断和监护服务。

三、声学检测技术

（一）声学检测技术概述

声学检测技术是一种利用声波传播和反射的原理，通过分析声波在物体中传播时所产生的各种现象和特征，来获取物体的位置、形状、密度等信息的技术。声学检测技术广泛应用于医学、工业、环境监测等领域。

声学检测技术主要包括超声波检测和声音信号分析两个方面。超声波检测是通过发射超声波信号，在物体内部进行传播并接收返回的信号，通过分析这些信号的特征，可以确定物体的结构、缺陷等信息。声音信号分析则是基于声音的频谱、幅度等特性，通过对声音信号进行数字处理和分析，以获取物体的特征和状态。

（二）超声波检测技术

超声波检测技术是一种利用超声波在介质中传播的特性进行检测的方法。其原理是通过超声波传播的速度和强度等参数来确定物体的结构和性质。

超声波检测技术的设备主要包括超声波发射器、接收器和信号处理系统。发射器发射出高频的超声波信号，经过物体内部的传播后，被接收器接收到并转换为电信号。信号处理系统对接收到的信号进行放大、滤波、时域和频域分析等处理，得到物体内部的结构、缺陷等信息。

超声波检测技术广泛应用于医学领域，例如超声心动图可以检测心脏的结构和功能；在工业中，超声波检测可用于无损检测和材料检测，如检测焊接缺陷、材料的密度和弹性等。

（三）声音信号分析技术

声音信号分析技术是一种利用声音信号的频谱、幅度等特征进行分析的方法。通过对声音信号进行数字化处理和分析，可以获得物体的特征和状态。

声音信号分析技术的主要步骤包括信号采集、预处理、频域分析和特征提取等。信号采集阶段将物体发出的声音信号转化为数字信号，预处理阶段对信号进行滤波、去噪等处理，提高信号质量。频域分析将信号转化为频域表示，并通过对频谱、幅度等进行分析，获取物体的特征信息。特征提取则根据特定的应用需求，从频谱图或时域数据中提取出有用的信息。

声音信号分析技术广泛应用于语音识别、音乐处理、环境监测等领域。例如，在语音识别中，声音信号分析可以提取声学特征，用于识别不同的语音信号；在环境监测中，声音信号分析可用于检测噪声、声纹等。

四、振动检测技术

（一）振动检测技术的原理

振动检测技术是通过测量物体的振动信号来分析其特性和状态。振动信号可以反映物体的结构、材料特性以及工作状态等信息。常见的振动检测技术包括加速度计和振动传感器。

加速度计是一种利用质量的加速度变化来检测振动的设备。它基于牛顿第二定律，当物体发生振动时，会产生加速度变化。加速度计可以通过测量物体在振动过程中产生的加速度来获取振动信号。加速度计分为静态加速度计和动态加速度计两类。静态加速度计适用于低频振动检测，而动态加速度计则适用于高频振动检测。

振动传感器是一种能够将物体的振动信号转换为电信号的设备。振动传感器利用压电效应、霍尔效应或其他原理，测量物体的振动信号，并将其转化为电信号进行处理。振动传感器一般具有高灵敏度、宽频率响应范围和良好的线性特性。常见的振动传感器有压电式振动传感器、霍尔式振动传感器等。

（二）振动检测技术的应用领域

振动检测技术在许多领域都有广泛的应用，例如机械制造、航空航天、能源、化工等。

在机械制造领域，振动检测技术可以用于故障诊断与预测维修。通过监测机械设备的振动信号，可以及时发现设备的故障，预测设备的寿命，减少停机时间和维修成本。

在航空航天领域，振动检测技术可以用于飞行器结构健康监测和故障诊断。通过对飞行器的振动信号进行实时监测和分析，可以提前发现结构的疲劳、裂纹、变形等问题，确保飞行安全。

在能源领域，振动检测技术可以用于发电机组的状态监测和故障诊断。通过对发电机组的振动信号进行分析，可以判断发电机组是否处于正常运行状态，提前发现故障并采取相应的维修措施，确保电力供应的可靠性。

在化工领域，振动检测技术可以用于管道和设备的泄漏检测。通过对管道和设备的振动信号进行分析，可以准确地检测到泄漏的位置和大小，及时采取措施修复，确保化工过程的安全运行。

（三）振动检测技术的发展趋势

随着科技的不断进步和应用领域的扩大，振动检测技术也在不断发展和改进。

首先，传感器技术的发展是振动检测技术的重要推动力。新型的传感器技术可以提高传感器的灵敏度、频率响应范围、信噪比等性能指标，使振动信号的采集更加准确和可靠。

其次，数据处理和分析算法的进步也推动了振动检测技术的发展。现代的数据处理和分析算法，如机器学习、人工智能等，可以更好地处理和分析大量的振动数据，提高故障诊断的准确性和效率。

最后，无线传输和云计算技术的应用也为振动检测技术提供了新的可能性。无线传输技术可以实现传感器与数据采集系统之间的无线通信，使得振动信号的采集更加便捷。而云计算技术可以提供强大的数据存储和处理能力，使得振动数据的管理和分析更加高效和可靠。

五、热传感技术

热传感技术是一种利用物体在温度变化时产生的热效应进行检测的技术。它通过测量物体的温度分布、热辐射特性等参数，实现对物体状态的监测和控制。常见的热传感技术包括红外传感器和热电偶等。

（一）红外传感器

红外传感器是一种基于物体发出的红外辐射来确定物体的温度分布和热辐射特性的技术。红外辐射是由物体发出的电磁波，其波长范围通常在微米级别。红外传感器能够通过测量红外辐射的强度或频率，将其转化为与温度相关的电信号，从而实现对物体温度的测量。

红外传感器广泛应用于工业控制、医疗诊断、安防监控等领域。在工业控制中，红外传感器可用于测量设备表面温度，实现对设备的实时监测和故障诊断。在医疗诊断中，红外传感器可以测量人体的体表温度，用于早期发现疾病和监测病情。在安防监控中，红外传感器可用于检测人员或物体的存在和移动，实现对环境的智能监控和报警。

（二）热电偶

热电偶是一种基于两种不同材料的热电势差随温度变化的特性来测量物体温度的技电偶由两个不同金属导线焊接而成，当其两端存在温差时，会产生一个热电势差。通过测量热电势差的大小，可以反推出物体的温度。

热电偶具有响应速度快、测量范围广、抗干扰能力强等特点，被广泛应用于工业自动化、能源监测、科学研究等领域。在工业自动化中，热电偶可用于测量流体、气体的温度，实现对生产过程的监测和控制。在能源监测中，热电偶可用于测量锅炉、发电机组等设备的温度，实现对能源的高效利用和安全监测。在科学研究中，热电偶可用于测量实验样品的温度，帮助科学家深入了解物体的热学性质。

六、化学检测技术

（一）气体传感器

气体传感器是一种常见的化学检测技术，用于测量空气中不同气体的浓度和种类。气体传感器的原理基于气体与传感器材料之间的相互作用，包括气体吸附、反应和电化学过程等。根据不同气体的性质和应用需求，气体传感器可以分为多种类型，如可燃气体传感器、毒性气体传感器和挥发性有机化合物传感器等。

可燃气体传感器主要用于监测可燃气体（如甲烷、丙烷等）在空气中的浓度。这类传感器通常使用催化剂或半导体材料作为敏感元件，当可燃气体接触到敏感元件时，会发生化学反应或电导率变化，从而检测到气体的存在和浓度。

毒性气体传感器主要用于监测有毒气体（如二氧化硫、一氧化碳等）的浓度。毒性气体传感器通常采用化学吸附或光学吸收等原理，当有毒气体进入传感器时，会与传感器表面的吸附剂或吸收剂发生化学反应或吸光，通过测量反应或吸光的变化来判断气体的浓度。

挥发性有机化合物（VOCs）传感器主要用于监测空气中的有机挥发物浓度。这类传感器通常使用吸附材料、半导体材料或电化学材料作为敏感元件，当有机挥发物接触到传感器时，会发生化学反应、电导率变化或电流变化，从而检测到挥发物的存在和浓度。

（二）pH 值检测技术

pH 值是指溶液中氢离子（H^+）的浓度的负对数。pH 值检测技术通过测量溶液中氢离子浓度来判断溶液的酸碱性。常见的 pH 值检测技术包括玻璃电极法、电化学法和光学法等。

玻璃电极法是一种常用的 pH 值检测方法，它基于玻璃电极的电化学特性。玻璃电极由一个玻璃膜和一根玻璃电极组成，玻璃膜内含有一种特殊的玻璃溶胶，当玻璃膜浸泡在溶液中时，H^+ 离子会与玻璃膜表面的玻璃溶胶发生反应，引起电位变化，通过测量电位变化来确定溶液的 pH 值。

电化学法是通过电化学传感器测量溶液中氢离子的浓度。电化学传感器通常由工作电极、参比电极和计算机控制系统组成。工作电极与参比电极之间通过电解质连接，当溶液中的氢离子与工作电极发生氧化还原反应时，产生电流变化，通过测量电流变化可以得到溶液的 pH 值。

光学法是利用染料或指示剂的颜色变化来检测溶液的酸碱性。染料或指示剂在不同 pH 值条件下会发生颜色变化，通过比较溶液的颜色与标准颜色，可以确定溶液的 pH 值。光学法适用于颜色变化显著的溶液，如红色、黄色、蓝色等。

（三）红外光谱分析技术

红外光谱分析技术是一种常用的化学分析方法，用于确定物质的成分和结构。它基于物质对红外光的吸收和散射特性进行分析。红外光谱仪通过向样品中发射红外光，然后测量样品对红外光的吸收和散射情况，根据吸收和散射的谱图来确定物质的成分和结构。

红外光谱分析技术可以用于分析有机物、无机物和生物分子等不同类型的物质。在红外光谱图上，不同波数的吸收峰对应物质中不同的化学键或官能团。通过比对已知物质的红外光谱图和未知物质的红外光谱图，可以确定未知物质的成分和结构。

红外光谱分析技术在许多领域有广泛的应用，包括药物研究、食品检测、环境监测、材料表征等。例如，在药物研究中，红外光谱分析可以用于鉴定药物的纯度和结构，并检测药物中的杂质；在食品检测中，红外光谱分析可以用于检测食品中的营养成分、添加剂和农药残留等；在环境监测中，红外光谱分析可以用于检测大气中的污染物和水中的有机物等。

第六章 机电工程电机与驱动技术

第一节 机电工程电机的分类和特性

一、直流电机特性

(一) 启动力矩大

直流电机在启动时具有较高的起动扭矩。这是因为直流电机的转子是由线圈和磁极组成的,当电流通过线圈时,会在磁场中产生力矩,从而使转子开始转动。此时,电机内部的磁通和电流都处于饱和状态,所以可以提供较大的输出扭矩。

(二) 转速可调

直流电机的转速可以通过调节电源电压或电枢电流来实现无级调节。当电源电压增加或电流增加时,磁通密度也会相应增加,从而使得转速增大。反之,当电源电压或电流减小时,转速也会相应减小。这种特性使得直流电机适用于需要频繁变速的场合,如机械传动系统、电动车辆等。

(三) 控制方便

直流电机的控制电路相对简单,容易实现启停控制和转速控制。常见的控制方法有直流电阻调速、PWM 调速、矢量控制等。通过改变电源电压、调节电枢电流或改变电枢绕组的连接方式,可以实现对电机的控制。此外,直流电机还可以与编码器或传感器配合使用,以实现精确的位置控制和速度控制。

(四) 负载适应能力强

直流电机对负载变化的适应能力强,可以在较宽的负载范围内稳定工作。这是因为直流电机具有较高的起动扭矩和转矩平台,在额定负载下能够提供稳定的输出扭矩。同时,直流电机的转矩特性也相对线性,对于负载的变化能够做出相应的调整,使得电机保持稳定运行。因此,在需要经常承受负载变化的应用中,直流电机表现出较好的适应性和可靠性。

二、交流电机特性

（一）异步电机特性

（1）结构简单：异步电机结构相对简单，由定子和转子组成。定子上的绕组通电产生旋转磁场，使转子受到磁力作用而运动。

（2）可靠性高：异步电机没有刷子和集电环等易损件，因此在使用过程中维护量较小，可靠性较高。

（3）容量大：异步电机的功率范围广，可以满足不同负载需求。根据不同的应用场景和功率要求，可以选择合适的异步电机来满足需求。

（4）启动性能好：异步电机具有较好的启动性能，启动时电流较大，但随着转速增加，电流逐渐减小，达到稳态工作状态。

（二）同步电机特性

（1）高效率：同步电机在额定负载下具有较高的效率，能够有效地转化电能为机械能，减少能源消耗，具有节能环保的特点。

（2）功率因数高：同步电机的功率因数通常在 0.9 以上，这意味着同步电机对电网的影响较小，能够提高电网的稳定性和效率。

（3）需精确转速控制：同步电机的转速与电源频率同步，适用于需要精确转速控制的场合，如电力系统中的发电机组、电动车辆等。

（4）短路电流大：同步电机在短路状态下，由于转子自激励效应，短时间内会产生较大的短路电流，因此需要采取相应的保护措施。

三、无刷直流电机特性

（一）高效率

无刷直流电机相较于传统的有刷直流电机具有高效率的特点。这是因为无刷直流电机在结构上没有刷子和集电环，而传统有刷直流电机则需要通过刷子与集电环之间的摩擦来实现电流的导通。而摩擦会带来能量的损耗，从而降低了电机的效率。而无刷直流电机通过电子控制器来实现转子线圈中电流的导通与断开，无须刷子与集电环的接触，从而大大减小了能量的损耗，提高了电机的效率。

（二）寿命长

由于无刷直流电机没有刷子，因此也不需要经常更换刷子。而传统的有刷直流电机使用过程中，刷子与集电环之间的摩擦会导致刷子磨损严重，需要定期更换刷子以保证电机正常运行。而无刷直流电机无须刷子，因此可以大幅度延长电机的使用寿命，降低了维护成本。

（三）噪音低

无刷直流电机在运行时的噪音较低，适用于对噪音要求较高的场合。这是因为无刷直流电机无须使用刷子与集电环之间的摩擦来实现电流的导通，减小了摩擦引起的噪音。此外，无刷直流电机采用电子控制器对转子线圈进行精确控制，使得电机的转速控制更加稳定，进一步降低了噪音的产生。

（四）电子调速

无刷直流电机可以通过电子调速实现精确的转速控制。由于无刷直流电机采用了电子控制器对转子线圈中的电流进行精确控制，可以灵活地调整电机转速。与传统的有刷直流电机相比，只能通过增加或减少输入电压来改变转速的方法相比，无刷直流电机的转速调节更加精确，可根据实际需要进行精确的转速调整。

四、步进电机特性

（一）结构简单

步进电机结构相对简单，由定子和转子组成，没有刷子和集电环等易损件。这使得步进电机具有较长的使用寿命和较低的维护成本。其结构简单的特点也使得步进电机易于制造和安装，并且体积较小，适用于各种紧凑空间的应用。

（二）精度高

步进电机的角度控制精度高，可以实现较高的定位精度。由于步进电机驱动方式是通过每次输入一个脉冲信号来驱动，因此可以实现非常精确的位置控制。此外，步进电机具有较低的转动误差和回转间隙，可以实现精确的运动控制和定位。

（三）可控性好

步进电机的控制方法简单灵活，通过控制电脉冲的频率和序列可以实现准确的角度控制和运动控制。通过改变电脉冲的频率和序列，可以控制步进电机的转速、转向以及运动状态。这种可控性的优势使得步进电机在各种自动化设备中广泛应用，如数控机床、印刷设备、纺织机械等。

（四）低速运行平稳

步进电机在低速运行时，转速变化较小，运动平稳。由于步进电机是通过逐个步进驱动来实现运动的，因此在低速运行时，其转速变化较小，可以实现平滑且稳定的运动。这使得步进电机适用于一些对运动平稳性要求较高的应用场景，如相机云台、精密测量仪器等。

五、特殊类型电机特性

（一）直线电机

直线电机是一种将电能转化为线性运动的电动机。它与传统的旋转电机相比，具有许多优势。首先，直线电机的响应速度非常快。由于直线电机无须经过转换机构来实现线性运动，因此可以立即响应控制信号，实现高速、高精度的运动。其次，直线电机的精度较高。由于运动部件直接连接在负载上，不存在传统电机中的传动误差和间隙，因此具有更高的定位精度。此外，直线电机的结构紧凑，并且可以实现大范围的行程，适用于各种需要直线运动的场合。

（二）震荡电机

震荡电机是一种用于产生震动或振动的特殊类型电机。它通常采用简单的结构设计，由电机驱动震荡器进行振动，广泛应用于振动筛、振动输送机、振动给料机等领域。相比于传统的旋转电机，震荡电机具有体积小、震动强度大、振动频率可调节等特点。其振动形式可以是直线型、旋转型或复杂的非线性型。震荡电机的操作简单，维护成本低，且能够根据具体需要进行调节，适用于不同领域的振动应用。

（三）超导电机

超导电机是利用超导材料特性工作的电机。超导材料在低温下的电阻为零，能够实现零电阻传输电流，因此超导电机具有高效率、节能等优点。超导电机适用于一些特定的高功率场合，如能源输送系统、医疗核磁共振设备等。由于超导电机的工作需要低温环境，对于低温制冷技术的要求较高，因此在实际应用中存在一定的限制。然而，随着超导材料和制冷技术的不断发展，超导电机的应用前景将更加广阔。超导电机的高效率和节能特性使其在未来能源领域具有重要意义。

第二节 机电工程电机的工作原理和选型

一、电机的工作原理

电机是将电能转换为机械能的设备，其工作原理基于法拉第电磁感应定律。根据这一定律，当导体在磁场中运动时，导体内将产生感应电动势，并由此产生电流。根据电流与磁场之间的相互作用，电机实现了电能到机械能的转换。

直流电机使用直流电源供电，并通过直流电流在磁场中产生力矩来驱动电机旋转。直流电机的主要构成部分包括定子、转子和换向器。当电流通过定子线圈时，产生一个固定的磁场，而转子则是由永久磁体或电磁铁组成。通过换向器控制电流的方向，在磁场的作用下，产生力矩使得转子旋转。

交流电机使用交流电源供电，并通过交流电流在定子线圈中产生旋转磁场来驱动电机旋转。交流电机的主要构成部分包括定子和转子。定子线圈通过交流电流产生一个旋转磁场，而转子则是由永磁体或者绕组组成。由于定子线圈中的交流电流的频率和相位变化，使得转子在磁场的作用下旋转。

二、电机的选型

（一）工作负载的考虑

在选择电机时，首先需要考虑的是所需的工作负载特性。不同的应用和负载类型对电机的要求不同，因此需要根据实际情况选择适合的电机类型和规格。

（1）负载类型：确定负载是连续还是间歇性运行，是恒定负载还是变负载。例如，某些应用需要持续运行的电机，而其他应用可能需要承受周期性的冲击负荷。对于恒定负载，可以选择适合长时间运行的电机；而对于间歇性或冲击负载，需要考虑电机的启动和停止能力以及过载保护功能。

（2）负载大小：确定负载的功率需求，即所需的输出扭矩和转速。根据负载大小选择电机的功率等级，并确保电机能够提供足够的扭矩和转速来满足工作需求。过小的电机可能无法提供足够的动力，而过大的电机则会造成能源浪费和不必要的成本增加。

（3）冲击负载：对于启动和停止时产生的冲击负载，需要考虑电机的起动和制动能力。某些应用可能需要电机具有高起动扭矩能力，以克服启动时的惯性和阻力。此外，还需要确保电机具有良好的制动控制和过载保护功能，以避免负荷冲击和设备损坏。

（二）工作环境的考虑

工作环境对电机的运行和寿命有重要影响，因此需要考虑以下方面。

（1）温度：确定电机所处环境的温度范围，并选择能够在这个范围内正常运行的电机。高温环境可能会导致电机过热，从而降低效率和寿命；而低温环境可能会影响电机的起动能力和润滑效果。

（2）湿度：湿度对电机的绝缘性能和腐蚀影响很大。在潮湿的环境中，应选择具有良好绝缘性能和防腐蚀措施的电机，以确保安全可靠的运行。

（3）振动和冲击：部分应用场景存在振动和冲击，例如在工业生产线上或震动较大的设备中。在这种情况下,需要选择能够抵御振动和冲击的电机,并采取相应的减震和保护措施。

(4)防护等级:根据工作环境的要求,选择适合的电机防护等级。常见的防护等级包括 IP65、IP66 等,用于保护电机免受尘埃、水和其他外部物质的侵入。

(三)动力需求的考虑

根据具体应用需求,确定所需的动力输出参数,包括转速、扭矩和功率。这些参数将直接影响电机的选型。

(1)转速:确定所需的转速范围,即电机在工作过程中所需的转速。不同应用对转速的要求有所不同,例如一些应用需要高速运行的电机,而其他应用可能需要低速高扭矩的电机。根据转速需求选择合适的电机类型,如高速电机、低速电机或调速电机。

(2)扭矩:确定所需的输出扭矩范围,即电机在负载下所需的扭矩。根据负载特性和工作要求选择能够提供足够扭矩的电机,并确保其能够满足启动、加速和运行过程中的扭矩需求。

(3)功率:确定所需的功率输出,即电机在工作过程中所需的功率。根据负载功率需求选择适当的电机功率等级,以确保电机能够提供足够的功率来完成工作任务。

(四)可靠性和维护的考虑

在选择电机时,可靠性和维护需求是关键考虑因素之一。

(1)可靠性:选择具有高可靠性的电机,可以降低故障风险和停机时间,提高生产效率。考虑电机的设计和制造质量、历史表现以及供应商的信誉等因素。

(2)寿命:选择寿命长的电机,可以减少更换和维修频率,降低维护成本。了解电机的预期寿命和可用寿命,并选择适合应用需求的寿命要求。

(3)维护性:选择易于维护的电机,可以简化维护操作和减少停机时间。考虑电机的维护需求、易损件可替换性以及供应商提供的技术支持和服务等因素。

(五)成本效益的考虑

在进行电机选型时,成本效益是重要的考虑因素之一。

(1)价格:根据预算和经济实际情况,选择符合价格范围的电机。比较不同品牌和型号的电机价格,并综合考虑其性能和质量。

(2)能效:选择能效高的电机,可以降低能源消耗和运行成本。查看电机的能效标识和能效等级,评估其节能性能。

(3)使用寿命:选择具有较长使用寿命的电机,可以降低更换频率和维修成本。考虑电机的可靠性和寿命指标,并预估其使用寿命对成本的影响。

（4）性能匹配：确保所选电机的性能与实际需求相匹配。避免过度或不足的选择，以避免不必要的成本和性能损失。

第三节 机电工程电机驱动技术及其应用

一、直流电机驱动技术

直流电机驱动技术是一种常用的电机驱动方式，具有转速调节性能和启动特性良好的优点，适用于对转速要求较高的应用场景。直流电机驱动通常采用可变频率调速（VFD）技术控制。

（一）直流电机驱动系统组成

直流电机驱动系统主要由三个部分组成：电源、功率电子器件和控制电路。

1.电源

电源为直流电机提供电压或电流作为输入。直流电源可以是直流电池、整流器、开关电源等，其输出电压和电流需满足电机的工作要求。

2.功率电子器件

功率电子器件如晶闸管、IGBT（绝缘栅双极型晶体管）等用于调节电压和电流，控制电机的转速和扭矩。这些器件能够通过开关状态的改变，实现对电机输入电压和电流的调节。

3.控制电路

控制电路通过调节功率电子器件的开关状态来控制电机的转速和扭矩。控制电路通常包括电机速度反馈传感器、电流传感器和微处理器等组件，通过测量电机的实际转速和电流信息，进行 PID 控制或其他算法控制来实现对电机的精确控制。

（二）直流电机驱动技术特点

直流电机驱动技术具有以下特点。

（1）转速调节性能：直流电机通过改变输入电压和电流的大小，可以实现电机转速的精确调节，满足不同工况下的需求。通过控制电流大小可以实现电机的转矩控制。

（2）启动特性良好：直流电机驱动系统能够在较低速度下提供较大的起动扭矩，启动稳定性高。这使得直流电机适用于一些对起动要求较高的应用场景，如起重设备、机床等。

（3）灵活性：直流电机驱动系统具有较高的灵活性，可以根据实际需求进行调节和优化。可以通过更换控制策略或调整控制参数等方式，实现不同转速范围的精确控制。

（4）可靠性：直流电机驱动系统经过多年的发展和应用，已经积累了丰富的经验和成熟的技术。其稳定性和可靠性得到广泛验证，可以满足各种工况下的长时间运行需求。

（5）成本较低：与交流电机驱动系统相比，直流电机驱动系统的成本较低。直流电机本身结构简单，制造工艺成熟，容易实现大规模生产，从而降低了产品的制造成本。

（6）高效性：直流电机具有较高的电机效率，能够将输入电能有效转化为机械能输出。同时，直流电机驱动系统采用可变频率调速技术，通过合理控制输入电压和频率，最大限度地提高了电机的工作效率。

二、交流电机驱动技术

（一）交流电机驱动技术的基本原理

交流电机驱动技术主要通过变频调速控制来实现对电机转速的调节。其基本原理如下。

（1）变频器：交流电机驱动系统中的关键设备是变频器，它可以将输入的交流电源转换为可变频率和电压的输出。变频器通过内部的智能电子元件进行电流的精确控制，实现对电机供电的调节。

（2）变频调速：通过改变变频器输出的频率和电压，可以实现对电机转速的调节。一般来说，提高频率会增加电机的转速，而降低频率会减小电机的转速。通过合理调节变频器的输出频率和电压，可以满足不同工况下对电机转速的需求。

（3）控制电路：交流电机驱动系统还包括控制电路，通过对变频器的输出进行调节，控制电机的转速和扭矩。控制电路可以根据设定的参数，实时监测电机的运行状态，并根据需要对电机的供电进行调整，从而实现精确的调速效果。

（二）交流电机驱动技术的优势

（1）高效率：交流电机驱动系统能够根据实际需求精确控制电机的转速，提高能源利用率。传统的电阻式调速和液力耦合器调速等方法会引起能量的浪费，而交流电机驱动技术可以有效减少能量损耗，提高系统的整体效率。

（2）调速范围广：交流电机驱动系统可以在较大的范围内灵活调节转速，适应不同工况的要求。通过变频调速，可以实现对电机转速的精确控制，满等领域对转速调节的需要。

（3）低维护成本：交流电机驱动系统使用寿命长，维护成本低。相比于直流电机驱动系统，交流电机驱动技术不需要定期更换碳刷，减少了维护和更换零部件的频率和成本。

三、步进电机驱动技术

（一）步进电机驱动技术的基本原理

步进电机驱动技术是通过控制脉冲信号来驱动步进电机转动到指定的角度。步进电机的转动角度是根据输入的脉冲信号的频率和数目来确定的。一般情况下，每接收到一个脉冲信号，步进电机就会转动一个固定的角度，这个角度被称为步距角。

步进电机驱动系统由脉冲发生器、驱动电路和电机组成。脉冲发生器负责产生脉冲信号，通常采用计数器或者时钟等设备来控制脉冲的频率和数目。驱动电路将脉冲信号转换为适合步进电机的电流输出，以控制电机转动。电机则根据接收到的脉冲信号进行定向运动。

（二）步进电机驱动技术的优点

（1）高精度位置控制：步进电机驱动技术能够实现高精度的位置控制，通过控制脉冲信号的数目和频率，可以精确地控制步进电机转动的角度，从而实现精准的位置控制。

（2）低速运动：步进电机驱动技术适用于低速运动的场景，因为步进电机的转动速度主要取决于输入的脉冲信号的频率，可以根据需要调整脉冲信号的频率来控制电机的转动速度，可实现较低的转速。

（3）结构简单、体积小：步进电机驱动系统的结构相对较简单，由几个基本组件组成，包括脉冲发生器、驱动电路和电机。这使得步进电机驱动系统的体积较小，便于集成和安装在有限空间中的应用中。

（4）响应快：步进电机具有较快的响应速度，一旦接收到脉冲信号，电机就会立即做出响应。这种快速的响应特性使得步进电机驱动技术适用于需要快速动作和实时响应的应用场景。

（5）易于控制和编程：步进电机驱动技术采用开环控制方式，只需控制脉冲信号的频率和数目即可实现精准的位置控制。这使得步进电机驱动技术在控制和编程上相对简单，易于实现。

四、无刷直流电机（BLDC）驱动技术

（一）无刷直流电机驱动技术的原理和工作方式

无刷直流电机驱动技术是通过内部的电子换相器实现转子磁极的换向，从而驱动电机转动。与传统的有刷直流电机不同，无刷直流电机不需要使用碳刷与转子进行接触，使得电机具有更高的效率和更长的寿命。

无刷直流电机驱动系统由电源、电子换相器和控制电路组成。

(1) 电源：电源提供直流电压作为电机的输入。通常使用电池或者整流器将交流电转换为直流电，以满足电机的工作需求。

(2) 电子换相器：电子换相器根据控制信号来实现对电机磁极的换向。电子换相器通常由多个功率晶体管（MOSFET）或者双极性功率晶体管（BJT）组成。控制电路会根据电机转子位置的反馈信号，控制哪些功率晶体管导通，从而改变电流的流向，使得磁场跟随转子转向，实现无刷直流电机的转动。

(3) 控制电路：控制电路通过调节电子换相器的工作状态来控制电机的转速和方向。常用的控制方法有传感器驱动和传感器less驱动两种。

传感器驱动：传感器驱动需要在电机上安装位置传感器，如霍尔传感器，用于检测电机转子的位置信息，并将位置信息反馈给控制电路。控制电路根据位置信息来控制电子换相器的工作状态，使得电机按照指定的转速和方向运行。

传感器less驱动：传感器less驱动不需要安装位置传感器，它通过观察电动势的变化来确定电机转子的位置。控制电路会根据电动势的变化来推测电机转子的位置，并相应地控制电子换相器的工作状态。

(二) 无刷直流电机驱动技术的优点

(1) 高效率：无刷直流电机驱动技术相比传统的有刷直流电机具有更高的效率。由于无刷直流电机不需要碳刷与转子接触，减少了能量的损耗和摩擦，从而提高了电机的整体效率。

(2) 低噪音：无刷直流电机由于没有碳刷与转子接触，减少了机械摩擦和磨损，因此运行时产生的噪音较低，特别适用于对噪音要求较高的场景。

(3) 长寿命：由于无刷直流电机没有碳刷与转子接触，减少了机械磨损，从而延长了电机的寿命。相比传统的有刷直流电机，无刷直流电机在使用寿命方面更为优越。

(4) 高速响应和精确控制：无刷直流电机驱动技术具有高速响应和精确控制的特点。由于无刷直流电机可以通过精确地控制电子换相器的工作状态来改变转子磁场的方向和大小，因此可以实现更精确的转速控制和运动控制。

五、高性能伺服电机驱动技术

(一) 闭环控制

高性能伺服电机驱动技术采用闭环控制方式，通过将位置反馈信号与目标位置进行比较，实时调整电机的转速和位置，以实现精确的位置控制。闭环控制系统由控制器、放大器和编码器组成。

控制器：控制器是整个系统的核心，负责接收输入的控制信号并进行处理。控制器根据目标位置与实际位置的差异计算出误差，并生成相应的控制信号，将其发送给放大器。

放大器：放大器根据控制信号来调节电机的输出，即电流或电压。放大器将控制信号放大，并将其传送到电机，控制电机的转速和位置。

编码器：编码器是测量电机位置的装置，它将电机转子的实际位置转化为数字信号并反馈给控制器。控制器通过比较编码器反馈信号与目标位置信号的差异，来调整电机的输出，使其尽可能接近目标位置。

（二）高性能特点

高性能伺服电机驱动技术具有以下特点。

高精度性能：通过闭环控制，伺服电机可以实现极高的位置控制精度。编码器的反馈信号可以及时调整电机的输出，使其准确地达到目标位置。

快速响应能力：伺服电机具有快速的动态响应能力，可以迅速地调整自身状态，适应不同的工作需求。这使得伺服电机在需要高速运动和频繁变速的应用场景中表现出色。

抗干扰性能好：伺服电机驱动系统采用闭环控制，可以有效抵抗外界的干扰和扰动，保持电机的稳定运行。例如，当负载发生突变时，系统可以迅速响应并调整电机输出，以保持稳定的位置控制。

负载能力强：伺服电机驱动技术具有较强的负载能力，可以驱动大负载进行精确的位置控制。这使得伺服电机广泛应用于需要对负载进行高精度控制的工业领域。

第四节　变频调速技术在机电系统中的应用

一、空调系统中的应用

（一）传统空调系统的局限性

传统的空调系统采用定频供电方式，即以固定的电源频率为基准来驱动电机。这种方式在控制室内温度时存在一些局限性。

（1）无法实时响应温度变化：由于电机转速固定，无法根据室内温度变化实时调节送风量、压缩机运行速度等，导致不能快速响应温度变化。

（2）能效低下：定频供电方式下，电机转速不可调节，造成部分时间内运行在非最佳转速工况，降低了电机的工作效率，增加了能耗。

（3）控制精度有限：传统空调系统通常使用机械或电子式温控器，控制精度相对较差，难以实现精确的温度和湿度控制。

（二）变频调速技术在空调系统中的应用

变频调速技术通过改变电机供电频率来控制电机转速，解决了传统空调系统的上述问题，并获得以下优势。

（1）快速响应温度变化：采用变频调速技术可以根据室内温度变化实时调节电机转速，快速适应不同的负荷需求。例如，当室内温度升高时，变频控制系统可以自动提高压缩机的转速，增加制冷量，快速降低室内温度。

（2）节能降耗：变频调速技术可以根据实际需求智能地调节电机转速，使电机在最佳工作点运行，提高了电机的工作效率和能耗。通过减少空调系统的过剩供给和运行时间，能够显著降低能耗和运行成本。

（3）精确控制参数：变频调速技术可以与温控器或智能家居系统连接，实现室内温度、湿度等参数的精确控制。通过实时监测和调节电机的转速，可以确保空调系统在预定的温度范围内稳定运行，提高舒适性。

（三）智能化控制和应用

随着物联网和智能家居技术的发展，变频调速技术在空调系统中还可以实现更多智能化的功能。

（1）远程控制：通过将变频调速设备与互联网连接，可以实现远程监控和控制。用户可以通过手机应用或网页界面，随时随地调整空调系统的工作状态，提高操作的便利性。

（2）能耗监测和分析：变频调速设备可以记录和监测空调系统的运行数据，如电机转速、能耗等。通过对这些数据的分析，可以识别出潜在的能效问题，并采取相应措施，降低能耗并优化系统的运行效率。

（3）智能联动控制：变频调速技术可以与其他智能设备进行联动控制，实现更加智能化的空调管理。例如，可以与温度传感器、人体红外传感器等设备连接，根据室内和室外的温度变化自动调节空调系统的工作状态，提供更加个性化和舒适的环境。

二、风机系统中的应用

（一）传统风机系统的局限性

传统的风机系统采用定频供电方式，即以固定的电源频率为基准驱动风机。然而，这种方式存在以下局限性。

（1）能耗浪费：在常规的定频运行模式下，风机会以最高转速工作，无法根据实际需要进行调节。这导致了能耗的浪费，使风机运行效率低下。

（2）噪音和振动：由于风机运行在固定转速下，可能产生过高的噪音和振动，影响使用环境的舒适度。

（3）无法满足不同负载要求：传统风机系统难以适应不同负载条件下的需求，无法灵活调整风量、静压等参数。

（二）变频调速技术在风机系统中的优势

变频调速技术通过改变风机电机的供电频率来调节风机转速，从而解决了传统风机系统的局限性，并带来以下优势。

（1）节能降耗：变频调速技术可以根据实际需求智能地调整风机转速，使其在最佳工作点运行，从而提高风机系统的能效。通过避免过高转速运行和减少负载期间的能耗浪费，可以显著降低能耗和运行成本。

（2）精确控制：变频调速技术可以实现精确的风量和静压控制，根据实际需求进行灵活调节。通过调整风机转速，可以满足不同负载条件下的要求，实现精准的空气流通和舒适的室内环境。

（3）噪音和振动控制：采用变频调速技术可以有效控制风机的转速和负荷，减少噪音和振动的产生。通过合理调节转速，可以降低风机的噪音水平，提升使用环境的舒适度。

（三）智能化控制和应用

随着物联网和智能化技术的发展，变频调速技术在风机系统中还可以实现更多智能化的功能。

（1）远程监控和控制：通过将变频调速设备与互联网连接，可以实现远程监控和控制风机系统。用户可以通过手机应用或网络界面，随时随地监测和调整风机的运行状态，提高操作的便捷性。

（2）自动化调节和联动控制：变频调速技术可以与其他智能设备进行联动控制，实现自动化的风机系统管理。例如，根据室内温度、湿度和空气质量传感器的反馈，自动调节风机转速，保持良好的室内环境质量。

（3）能耗监测和优化：变频调速设备可以记录和监测风机系统的运行数据，如电机转速、能耗等。通过对这些数据的分析，可以识别出潜在的能效问题，并采取相应措施，降低能耗并优化系统的运行效率。

三、泵站系统中的应用

（一）传统泵站系统的局限性

传统的泵站系统采用定频供电方式，即以固定的电源频率为基准来驱动泵。然而，这种方式存在以下局限性。

（1）能耗浪费：在常规的定频运行模式下，泵会以最高转速工作，无法根据实际需要进行调节。这导致了能耗的浪费，使泵站系统运行效率低下。

（2）噪音和振动：由于泵在固定转速下运行，可能产生过高的噪音和振动，影响使用环境的舒适度。

（3）难以满足不同流量和扬程要求：传统泵站系统难以灵活调整流量和压力，无法适应输送介质需求的变化。

（二）变频调速技术在泵站系统中的优势

变频调速技术通过改变泵的供电频率来调整泵的转速，从而解决了传统泵站系统的局限性，并带来以下优势。

（1）节能降耗：变频调速技术可以根据实际需求智能地调整泵的转速，使其在最佳工作点运行，从而提高泵站系统的能效。通过避免过高转速运行和减少负载期间的能耗浪费，可以显著降低能耗和运行成本。

（2）精确控制：变频调速技术可以实现精确的流量和压力控制，根据实际需求进行灵活调节。通过调整泵的转速，可以满足不同流量和扬程要求，实现精准的输送介质控制和运行效率优化。

（3）噪音和振动控制：采用变频调速技术可以有效控制泵的转速和负荷，减少噪音和振动的产生。通过合理调节转速，可以降低泵站系统的噪音水平，提升使用环境的舒适度。

（三）智能化控制和应用

随着物联网和智能化技术的发展，变频调速技术在泵站系统中还可以实现更多智能化的功能。

（1）远程监测与控制：通过将变频调速设备与互联网连接，可以实现远程监测和控制泵站系统。用户可以通过手机应用或网络界面，随时随地监测和调整泵的运行状态，及时发现和解决问题，提高操作的便捷性。

（2）故障诊断与预警：变频调速设备可以监测泵站系统的运行数据，并进行故障诊断和预警。通过实时分析数据，可以及时发现潜在的故障和异常，采取相应措施，避免系统故障和停机时间。

（3）自动化调节与联动控制：变频调速技术可以与其他智能设备进行联动控制，实现自动化的泵站系统管理。例如，根据水位传感器的反馈，自动调节泵的转速，保持合适的水位控制和稳定的供水量。

四、机械设备中的应用

（一）压缩机系统中的应用

在压缩机系统中，变频调速技术可以根据气体需求实时调节压缩机的转速，从而提高压缩效率和能效。

（1）节能降耗：传统的定频供电方式下，压缩机会以最高转速运行，无法根据实际需求进行调节。而采用变频调速技术，可以根据气体需求智能地调整压缩机的转速，使其在最佳工作点运行，减少能耗浪费。

（2）精确控制：通过变频调速技术，可以精确控制压缩机的输出压力和流量。根据实际需求的变化，调整压缩机的转速，实现精准的气体供应，提高生产效率和产品质量。

（3）噪音和振动控制：采用变频调速技术可以有效控制压缩机的转速和负荷，减少噪音和振动的产生。通过合理调节转速，可以降低压缩机的噪音水平，提升使用环境的舒适度。

（二）输送机和卷绕机系统中的应用

在输送机和卷绕机系统中，变频调速技术可以实现物料的精确输送和卷绕，提高生产效率和质量。

（1）精确控制：变频调速技术可以根据需求调节输送机和卷绕机的转速，实现物料的精确输送和卷绕。通过调节转速，可以适应不同物料的输送要求，保证生产过程的稳定性和准确性。

（2）节能降耗：传统的定速运行方式下，输送机和卷绕机可能会以最高速度运行，无法根据实际需要进行调节。而采用变频调速技术，可以根据实际需求智能地调整转速，避免能耗的浪费。

（3）自动化控制：通过与监测仪表和自动化系统连接，变频调速技术可以实现输送机和卷绕机的智能化管理。例如，根据传感器反馈的数据，自动调节转速和张力，实现物料的平稳输送和卷绕。

（三）机床系统中的应用

在机床系统中，变频调速技术可以根据加工要求调节主轴的转速，实现高效精确的加工操作。

（1）精密加工：通过变频调速技术，可以根据不同加工要求调节主轴的转速，实现高精度的切削和加工。根据材料、加工方式和刀具要求等因素，灵活调整主轴转速，提高加工质量和效率。

（2）节能降耗：传统的定速运行方式下，机床主轴会以最高转速运行，无法根据实际需求进行调节。而采用变频调速技术，可以根据加工要求智能地调整转速，减少能耗浪费。

（3）自动化控制：通过与数控系统连接，变频调速技术可以实现机床系统的自动化控制。例如，根据加工程序和工件要求，自动调节主轴转速、进给速度等参数，实现高效的自动化加工操作。

第七章　机电工程液压与气动技术

第一节　机电工程液压传动技术基础

一、液压传动系统的组成和原理

（一）液压泵

液压泵是液压传动系统中的关键组件之一，其主要作用是通过吸入和排出液体来产生压力。常见的液压泵有齿轮泵、叶片泵和柱塞泵等。

（1）齿轮泵：齿轮泵由一个或多个齿轮构成，通过齿轮的转动形成液体的吸入和排出。当齿轮旋转时，液体被吸入到齿轮齿间的空隙中，并随着齿轮的转动被挤压出去，从而产生压力。

（2）叶片泵：叶片泵由一个外部椭圆形壳体和一组旋转的叶片组成。当叶片旋转时，液体被吸入并沿着壳体内表面流动，然后被叶片挤压出去，从而形成压力。

（3）柱塞泵：柱塞泵由多个柱塞和驱动装置组成。当驱动装置运行时，柱塞在柱塞孔中做往复运动，将液体吸入并推出，形成压力。

液压泵的工作原理是通过机械能转化为液体的压力能，将能量传递给液压传动系统中的其他部件。

（二）液压阀

液压阀是液压传动系统中的控制元件，其主要作用是根据需要控制液体的流动方向和压力，并将能量传递给液压缸或液压马达。常见的液压阀有单向阀、溢流阀、节流阀等。

（1）单向阀：单向阀只允许液体在一个方向上流动，阻止反向流动。它可用于防止液压系统中的压力回流，并实现单向能量传递。

（2）溢流阀：溢流阀通过调节液体的流量来控制压力。当系统中的压力超过设定值时，溢流阀打开，使多余的液体流出，从而保持系统的稳定工作状态。

（3）节流阀：节流阀通过限制液体的流量来控制液压系统的速度。它可以实现对液压缸或液压马达的运动速度进行精确控制。

液压阀的工作原理是通过改变液体流动的路径、限制流量或调节阀口开度来控制液压传动系统中液体的压力和流量。

（三）液压缸（马达）

液压缸是液压传动系统中的执行元件，其主要作用是接收液压系统传递的能量，并将液体的压力转化为线性运动或旋转运动。液压缸常用于推拉、举升和转动等机械运动的执行部件。

液压缸的工作原理是通过液压系统提供的压力作用在活塞上，从而产生力和位移。当液压系统中的液体被泵送到液压缸内部时，活塞受到压力推动，从而实现液压缸的运动。

二、液压传动技术的特点

（一）高功率密度

液压传动系统的高功率密度是指在相对较小的装置体积内实现大功率输出的能力。液压传动系统通过液压泵提供的压力，将液压能转化为机械能，从而产生很大的输出力和扭矩。

液压传动系统高功率密度的特点主要体现在以下几个方面。

（1）高压力：液压传动系统利用液体在受力面上产生的压力来传递能量。由于液体无法被压缩，因此在相对较小的面积上施加高压力可以实现大功率输出。液压泵提供的高压力使得液压传动系统能够产生较大的输出力和扭矩。

（2）高流量：液压泵提供的高流量使得液压系统可以快速地传递液体能量。高流量可以确保液压执行元件在短时间内获得足够的液体能量，从而使输出力和扭矩得以实现增加。因此，液压传动系统可以实现高功率输出。

（3）高效率：液压传动系统具有较高的效率。在液压泵将机械能转化为液压能时，损耗相对较小。此外，液压元件之间的能量传递效率也较高，能够有效地将液体能量传递到输出端。高效率的液压传动系统可以将输入功率转化为大功率输出，从而提高功率密度。

由于液压传动系统具有高功率密度的特点，它被广泛应用于需要高功率输出的大型机械设备。例如，起重机械、挖掘机和液压门等。这些设备通常需要产生较大的输出力和扭矩，以完成各种重负荷的工作任务。液压传动技术能够在相对较小的装置体积内提供高功率输出，使得这些大型机械设备具备更强大的工作能力。

（二）平稳性好

（1）液压传动系统的平稳性来源于其工作原理。液压传动系统通过油液的压力和流动来传递能量，相比于机械传动系统的齿轮、皮带等机械连接方式，液压传动系统的能量传递更为平稳。在液压传动系统中，通过控制油液的流量和压力，可以实现对运动的精确控制，从而使得系统运动更加平稳。

（2）平稳的运动有助于减少震动和噪音。由于液压传动系统的平稳性好，可以有效地减少机械部件之间的冲击和振动，在工作过程中产生的噪音也相对较小。这对于一些对噪音要求敏感的场合，如舞台设备、医疗器械等，尤为重要。

（3）液压传动系统的平稳性对工作效率和安全性具有重要影响。平稳的运动可以提高传动效率，减少能量损失。同时，对于一些要求高精度、高稳定性的工作任务，如机床加工、注塑模具等，平稳的运动还可以提高加工质量和产品稳定性，降低出错率，从而提高工作效率和安全性。

（4）平稳的运动可以延长系统寿命。液压传动系统的平稳性好，可以减少机械部件之间的磨损和冲击，降低故障率，从而延长系统的使用寿命。这对于一些成本较高的设备和系统来说，具有重要的经济意义。

（5）平稳的运动有助于提高操作舒适性。在一些需要人机交互的设备上，如工程机械、汽车等，平稳的运动可以提供更加舒适的操控体验，减轻操作人员的疲劳感，提高工作效率。

（三）反应灵敏

1.简介液压传动系统

液压传动系统是一种利用液体作为能量传递媒介的动力传动系统。它通过液压泵将机械能转化为液体能，并通过液压阀控制液体的流动和压力，最终将能量传递给执行机构，实现工作机械的运动。液压传动系统具有许多优点，其中之一便是其反应灵敏性。

2.液压传动系统的快速响应特点

液压传动系统具有快速响应的特点，主要源于液体的压缩性和可压缩性较小。相比之下，气体在压缩和释放能量时具有较大的可压缩性，而液体的可压缩性较小。这意味着当液压系统中的液体受到力的作用时，会发生较小的体积变化，从而使得系统的响应速度相对较快。

3.迅速启停和快速反转能力

液压传动系统的响应速度快，使其能够实现迅速启停和快速反转。当液压系统需要启动或停止时，液压泵能够快速将液体送入或抽出系统，从而实现迅速的启停。此外，通过控制液压阀的开关状态，液压传动系统还能够实现快速反转，即在瞬间改变液体的流动方向，从而实现工作机械的反向运动。

4.适用场合

液压传动技术的快速响应特点使其在一些需要频繁变换运动方向的场合得到广泛应

用。例如，在冲床中，液压传动系统能够根据加工要求快速启动和停止，从而实现高效的冲击加工。在注塑机械中，液压传动系统能够快速实现注射、射胶等工艺操作，提高生产效率。此外，在快速响应的自动化生产线中，液压传动系统能够根据生产节拍实时调整工作状态，保证生产线的稳定运行。

（四）调节性好

1.液压传动系统的可调节性

液压传动系统通过调整液压阀的开关状态，可以实现对系统的力、速度和加速度进行精确控制。液压阀可以根据需求调整液体流量，从而实现对液压传动系统的运动参数进行调节。这种可调节性使得液压传动系统在满足不同工况下的需求时具有很高的灵活性。

2.液压阀的调节功能

液压阀是液压传动系统中的重要组成部分，它们通过控制液体的流动来实现对系统的调节。液压阀可以根据输入信号来控制液体流量的大小和方向，从而调节液压传动系统的输出力和速度。通过调节液压阀的开启程度或关闭时间，可以精确地控制系统的运动特性，满足不同应用场景的需求。

3.调节性对于液压传动系统的重要性

液压传动系统的调节性对于实现精确控制、提高工作效率和保证系统安全性非常重要。例如，在工业生产中，液压传动系统常常需要根据工件的不同尺寸和加工要求来进行调整，以确保加工质量和生产效率。另外，在机械设备中，液压传动系统能够通过调节输出力和速度来适应不同的工作负荷，保证设备的正常运行和安全操作。

4.液压传动系统的灵活性

液压传动技术具有很高的灵活性，可以根据需要进行系统参数的调整。由于液压传动系统的输入信号可以通过电子控制器来实现自动调节，因此可以根据不同的工况和工作要求，进行精确的参数调整。这种灵活性使得液压传动系统在各种应用领域都能够发挥出很好的适应性和性能优势。

5.液压传动系统的优势

与其他传动方式相比，液压传动系统具有以下优势。

（1）可调节性好：通过调整液压阀，可以实现对系统的力、速度和加速度进行精确调节。

（2）承载能力高：液压传动系统可以通过增加液体供给来增加输出力，适用于承载大负荷的工况。

（3）反应速度快：液压传动系统的液体流速快，能够实现快速的动态响应。

（4）可靠性高：液压传动系统的密封件和阀门可靠性高，使用寿命长。

（5）体积小、功率密度高：相同输出功率下，液压传动系统的体积更小，适应于空间有限的设备。

（五）能耗较大

液压传动系统的能耗较大，这是因为液压传动系统需要消耗能量来产生液体压力，并将能量传递给执行机构。然而，在一些大功率和高扭矩的应用中，液压传动技术仍然是一种高效和可靠的选择。通过优化设计和控制策略，可以有效降低能耗并提高能源利用效率。

（1）设备压力损失：液压系统中，由于管路、阀门、接头等部件的摩擦和泄漏，会导致压力损失，从而造成能量浪费。因此，在设计和安装液压系统时，需要合理选择管路和阀门，采用低摩擦材料，并定期检查和维护系统，以减少能量损失。

（2）泄露损失：液压系统中，液压缸和液压阀的密封性能对能耗有重要影响。密封不良会导致液体泄漏，造成能量浪费。因此，在设计和选购液压元件时，应选择质量可靠、密封性好的产品，并进行定期检查和更换密封件，以确保系统的密封性能。

（3）油液损耗：液压传动系统中使用的液压油是能量传递的介质，但在使用过程中，由于油液泄漏、变质和污染等因素，会导致能量损失。因此，需要定期检查和更换液压油，并采取有效的污染控制措施，以减少油液的损耗和能量浪费。

（4）液压泵的效率：液压泵是液压传动系统中的核心元件，其效率直接影响能耗。选择高效率的液压泵，并合理调整泵的工作参数，可以有效降低能耗。此外，采用变量泵和变量马达等节能元件，也可以提高能源利用效率。

（5）控制策略优化：通过合理的控制策略，可以在不影响系统工作效果的前提下，降低能耗。例如，采用流量控制阀和压力控制阀等装置进行流量和压力调节，使系统在需求范围内工作，避免过度能量消耗。

第二节　机电工程液压控制技术原理与应用

一、液压控制技术的原理

（一）原理基础

液压控制技术主要基于以下几个原理。

（1）压力传递原理：根据帕斯卡定律，液体在容器内均匀传递压力。液压控制系统利用这一原理，在液压系统中通过改变液体的压力来实现力的传递和控制。当操纵部件施加力或力矩时，液体将会传递这种力或力矩，使得执行部件产生相应的运动或力。

（2）流量控制原理：通过控制液体的流量大小和流动速度，可以实现对机械系统的速度进行调节。液压控制系统利用阀门和节流装置来调节液体的流量，并通过改变液体的流量来达到对速度的控制。例如，通过调节液压缸的进出口阀门开度，可以改变液体在液压缸两侧的流量差，从而控制活塞的位移，实现对机械系统的位置控制。

（3）力的加乘原理：液压控制系统利用液体不可被压缩的特性，通过改变液体的面积来实现对力的放大或缩小。这一原理使得液压控制系统能够在较小的输入力下产生较大的输出力，从而实现对机械系统的力的控制。

（二）控制元素

液压控制系统包括以下几个基本元素。

（1）液压泵：液压泵将机械能转化为液体能量，并提供液压系统的动力源。液压泵可以根据工作需求选择不同类型，如齿轮泵、柱塞泵、螺杆泵等。

（2）执行元件：执行元件根据液压系统的控制信号，将液体的能量转换为机械能，实现对机械系统的运动控制。常见的执行元件包括液压缸、液压马达等。

（3）控制阀元件：控制阀元件根据控制信号的输入，控制液体的流动方向、流量大小和压力等参数。常见的控制阀元件有单向阀、溢流阀、节流阀、比例阀等，通过组合和调节这些阀元件的工作状态，可以实现对液压系统的精确控制。

（4）油箱：油箱是液压系统中的储存装置，用于储存工作液体，并起到冷却液体、沉淀杂质等作用。油箱通常配备有油位计、过滤器、散热器等附件，以保证液压系统的正常运行。

（5）传感器：传感器用于检测液压系统和机械系统的状态参数，如压力传感器、流量传感器、温度传感器等。传感器将所测得的参数转化为电信号，并通过反馈给控制系统，从而实现对系统运行状态的监测和控制。

二、液压控制技术的应用

（一）力量传递和控制

液压控制技术在力量传递和控制方面具有广泛的应用。通过液压系统，可以将机械能转化为液压能，并利用液体作为传递介质，实现大功率的力量传递和控制。液压传动具有高效、可靠、稳定的特点，因此在工程机械、船舶和农机等领域得到了广泛应用。

首先，以工程机械为例，如挖掘机、装载机等重型机械常常采用液压系统来提供强大的作业力。液压泵将液体压力转化为力量,并通过液压缸驱动执行器进行工作。通过控制液压油流量和压力,可以实现对执行器的力量输出控制,从而完成对土石料的挖掘、装载等作业操作。液压控制系统具有响应速度快、力量调节范围广的优势,可以灵活应对各种作业需求。

此外,液压技术还广泛应用于船舶领域。船舶上的液压系统常用于推进器的调节和转向系统的控制,以保证船只的运行安全和灵活性。液压控制系统可以通过调节液压油的流量和压力,实现对船舶推进器的转速和推力的调节,以适应不同的航行状态和航线变化。此外,液压系统还可用于控制舵机,实现对船只的定向和转弯控制。

在农机领域,液压控制技术也发挥着重要作用。农机常采用液压系统来实现行走、提升、摆动等功能。例如,拖拉机的液压系统可以控制车辆的前进、后退和转弯;农用起重机利用液压系统实现对吊臂的提升、伸缩和旋转控制。液压控制系统具有快速、平稳、可靠的特点,能够高效地完成各种农业机械的作业任务,提高农业生产的效率和质量。

(二)运动控制

液压控制技术在机械系统的运动控制方面具有突出的优势。通过控制液压系统的液压阀和液压缸,可以精确地控制机械系统的运动速度和位置。

在数控机床中,液压系统常用于刀具进给和工作台位置的控制。通过调节液压缸的压力和流量,可以实现刀具的进给速度和刀架位置的精确调控,从而保证工件的加工精度。液压系统能够根据数控程序的指令,快速响应并实现刀具的准确位置控制,从而实现高精度、高效率的加工过程。

液压控制技术在自动化生产线中也扮演着重要的角色。在物料输送方面,液压系统通过控制液压马达或液压缸的运动,可以实现物料的平稳输送和定位。通过调整液压系统的流量和压力,可以控制输送速度和位置,从而确保物料的准确送达目标位置。

在定位方面,液压控制技术可以通过控制液压缸的伸缩来实现物体的精确定位。液压系统具有较高的驱动力和刚性,可以承受较大的载荷并保持较高的位置精度,在自动化生产线中经常用于定位重量较大或需要高精度位置控制的物压控制技术在夹持方面也发挥着重要作用。通过控制液压缸或液压钳的运动,可以实现对工件的稳定夹持。液压系统具有较高的夹持力和调节性能,可以适应不同尺寸和形状的工件,并保证夹紧力的稳定性,防止工件在加工过程中发生位移或变形,确保产品质量。

液压控制技术的应用范围非常广泛,不仅在机械加工领域有着重要地位,还在航空、船舶、汽车、建筑等众多行业中得到广泛应用。随着科技的进步和液压控制技术的不断发展,人们对于运动控制的精度和效率要求越来越高,液压控制技术也将不断提升和创新,为各行各业的发展提供更加可靠和高效的解决方案。

(三)阻尼和缓冲

液压控制技术在机械系统的阻尼和缓冲调节方面具有重要作用。阻尼是指对机械系统中物体运动的抵抗力,而缓冲是指减小或抵消冲击或振动的过程。液压系统可以通过调整液压缸的缓冲阀和减振器等装置,实现对机械设备的运行平稳性和运动品质的控制,为用户提供更加舒适和可靠的工作环境。

在汽车悬挂系统中,液压减振器起到阻尼和缓冲的作用。当车辆行驶过不平坦的路面时,由于液压减振器中流体的阻尼效应,能够吸收和分散车身的震动和冲击力,有效地减少车辆的跳动和摇晃,提供更加舒适平稳的行驶感受。液压减振器根据路况的变化,自动调整阻尼力的大小,保持车身稳定,提高行驶安全性和乘坐舒适性。

除了汽车悬挂系统,液压缓冲技术还广泛应用于各种机械设备的运动控制中。例如,在工业机械中,通过合理设置液压缓冲装置,可以有效地减少机械运动中的冲击和振动。这不仅能够保护机械设备的安全和正常运行,还能提高生产效率和产品质量。

在起重设备中,液压缓冲技术可以实现对载荷的平稳升降,避免因突然升降而产生的冲击力,保护起重设备和货物的安全。此外,液压缓冲技术还应用于舞台机械等领域,通过减小舞台设备升降时的冲击力和振动,确保演出过程的平稳和安全。

(四)自动化控制

液压控制系统是一种将液压技术与电气控制技术结合起来的控制方式,它可以实现对机械设备的自动化控制。液压控制系统由液压元件、传感器和控制器等组成,通过集成这些设备可以对机械系统进行自动监测和控制。

在工业生产线上,液压控制系统广泛应用于自动化机械设备中,用于实现工件的夹持、定位、输送等操作。通常通过电脑编程和传感器的反馈,液压控制系统能够对工件进行自动控制,并对生产流程进行优化。

液压控制系通过调节液压缸的动作和液压阀的开关,可以根据预设的工艺参数和物料需求自动调节,从而实现高效、精确的自动化生产。例如,在自动装配线上,液压控制系统可以根据传感器检测到的工件位置和质量信息,自动调节夹紧力度和工作速度,保证产品质量和生产效率。

液压控制技术具有响应速度快、传动力矩大、控制精度高等特点,可以适用于各种复杂的工况和环境。同时,液压控制系统还能够实现多个执行器的协调工作,提高设备的整体效能。

第三节　机电工程气动传动技术基础

一、气体力学原理

气体力学原理是研究气体在容器内受力和运动规律的学科。它的研究对象是气体，而气体具有可压缩性和弹性等特性。气体在容器内受到压力的作用下会发生压缩变化，当压力消失时则会恢复到原来的状态。这种可压缩性和弹性使气体能够产生压力和动力。

气压是指气体与容器壁之间所产生的作用力。当气体分子在容器内不断碰撞时，它们对容器壁施加了作用力，从而形成了气压。气压的大小与气体分子的平均运动速度有关，通常用帕斯卡（Pa）作为单位进行表示。

气体的压力受到多种因素的影响，包括温度、容积和物质的性质等。根据理想气体状态方程 $PV=nRT$（其中 P 为压力，V 为容积，n 为气体摩尔数，R 为气体常数，T 为温度），我们可以看出，气体的压力与温度成正比，并与容积和物质的性质相关。在气动传动系统中，我们需要根据具体的工作要求选择合适的气体，并控制好温度和容积等因素，以确保系统的正常运行。

气体力学原理在许多领域有着广泛的应用，例如空气动力学、化学工程、能源系统等。通过研究气体的力学性质和运动规律，可以优化系统设计，提高效率，同时也为相关工程问题提供解决方案。

二、压缩空气的产生

压缩空气的产生是气动传动领域中重要的动力源之一。在许多工业和商业领域中，压缩空气系统被广泛应用于供能、驱动设备和工具等方面。下面将详细介绍压缩空气的产生过程。

压缩空气的产生通常通过使用压缩机来完成。压缩机是将大量空气吸入并通过机械设备将其压缩成高压气体的装置。它通过减小空气体积来增加其压力。压缩机的种类有多种，如活塞式压缩机、螺杆式压缩机和离心式压缩机等。

1.活塞式压缩机

活塞式压缩机利用活塞在气缸内做往复运动来实现气体的压缩。当活塞向下移动时，气缸内的气体通过吸气阀进入气缸。随后，当活塞向上移动时，气缸内的气体被压缩。最终，压缩后的空气通过排气阀排出。

2.螺杆式压缩机

螺杆式压缩机由两个螺杆（一个主动螺杆和一个从动螺杆)组成，它们通过转动来实现气体的压缩。当螺杆旋转时，螺杆的螺纹槽将空气从吸气端吸入，并随着螺杆转动逐渐压缩。压缩后的空气通过出气口排出。

3.离心式压缩机

离心式压缩机利用离心力将气体压缩。气体通过进气口进入旋转的离心轮中心，然后被离心轮的旋转力推向离心轮外缘。在这个过程中，气体的速度和压力都增加了。压缩后的空气通过出气口排出。

在压缩空气系统中，通常还会设置储气罐。储气罐的作用是存储压缩空气，并平衡气动系统中的压力波动。当压缩机产生的压缩空气超过需要时，多余的空气会被储存在储气罐中。当系统需要额外空气时，储气罐会释放储存的空气，以维持系统的压力稳定。

需要注意的是，由于压缩空气的产生通常需要较大的能量消耗，因此在日常应用中应合理利用和管理压缩空气系统，提高能源利用效率，降低能源浪费。

三、气动传动系统的组成

（一）压缩机

1.压缩机的原理和分类

压缩机是一种能够将气体压缩成高压气体的装置。它通过吸收大量的气体，然后减小气体的体积，从而增加了气体的密度和压力。

根据工作原理和功率需求的不同，压缩机可以分为以下几种类型：

往复式压缩机：往复式压缩机是一种使用活塞往复运动来实现气体压缩的压缩机。它由一个气缸、一个活塞和一个曲柄机构组成。当活塞向下移动时，气缸内的气体被吸入；当活塞向上移动时，气缸内的气体被压缩。往复式压缩机通常适用于低到中等压力范围内的应用。

螺杆式压缩机：螺杆式压缩机是利用两个相互啮合的螺杆来实现气体压缩的压缩机。其中一个螺杆为主动螺杆，另一个螺杆为从动螺杆。当两个螺杆旋转时，气体被逐渐压缩，并且沿着螺杆的轴向流动。螺杆式压缩机通常适用于中等到高压力范围的应用。

离心式压缩机：离心式压缩机是利用旋转的离心叶轮来实现气体压缩的压缩机。当离心叶轮旋转时，气体被吸入并在离心力的作用下压缩。离心式压缩机通常适用于高压力范围的应用。

2.压缩机的组成部分

压缩机头：压缩机头是压缩机的主要部件，负责将气体进行压缩。它通常由气缸、活塞或螺杆和气体出口组成。不同类型的压缩机头具有不同的结构和工作原理。

电机：电机是提供压缩机动力的部件。它将电能转化为机械能，驱动压缩机头进行工作。电机的功率和转速需根据压缩机的工作要求选择。

冷却系统：由于压缩机在工作过程中会产生热量，冷却系统用于降低压缩机的温度，保持其正常运行温度范围。冷却系统通常包括散热器、冷却水循环等部分。

控制系统：控制系统用于监测和控制压缩机的运行状态。它可以实现启动、停止、调节压力和保护等功能，确保压缩机的稳定和安全运行。

3.压缩机的应用领域

压缩机在各个行业中有广泛的应用，包括但不限于以下领域。

工业制造：压缩机被广泛应用于各种工业制造过程中，如钢铁、化工、石油、电子、汽车等行业。它们用于提供高压气体，驱动气动工具、气动机械、气动输送系统等。

制冷与空调：压缩机也是制冷与空调系统的核心组件之一。它们通过压缩制冷剂将室内的热量转移到室外，从而实现室内温度的控制和调节。

能源与采矿：在能源和采矿领域，压缩机被用于提供高压气体，用于煤矿通风、油气勘探和开采等方面。

医疗设备：在医疗领域，压缩机被应用于吸引、输送和储存氧气等用途，如医院的中央气源系统、呼吸机等。

4.压缩机的选型和运行维护

选型：在选择压缩机时，需要考虑工作压力、气体种类、流量要求、噪音水平、能耗效率等因素。根据具体需求，选择合适的压缩机类型和规格。

运行维护：为了确保压缩机的正常运行和延长使用寿命，需要进行定期的维护和保养。这包括清洁滤芯、检查密封件、润滑系统维护以及定期更换易损件等。

5.压缩机市场前景

随着工业化进程的推进和全球经济的发展，压缩机市场具有广阔的前景。特别是在制造业、能源与环保领域的需求不断增长，压缩机作为关键的能源设备之一，将继续保持稳定的需求。同时，随着技术的不断进步和创新，压缩机的效率和可靠性将得到进一步提升，推动整个行业的发展。

（二）储气罐

储气罐在气动传动系统中扮演着重要的角色。其主要功能是存储压缩空气，平衡系统压力波动,以维持系统的稳定性。储气罐一般采用钢制或铝合金制造,并且内部经过防腐处理,以延长使用寿命。

1.储气罐的作用

平衡系统压力:气动传动系统中的储气罐可以平衡系统压力波动,对系统的运行起到稳定作用。当压缩机停机或负荷突然增加时,储气罐能够提供额外的气体储备,使系统能够平滑运行。

过滤和干燥空气:储气罐通常设有过滤器和排水装置,能够过滤掉空气中的油污、水分和杂质,同时排除系统中积聚的过多湿气,保证气体质量,提高系统的可靠性和稳定性。

2.储气罐的结构和材料

结构:储气罐通常由一个密封的容器和与容器连接的进气口、出气口、安全阀等组成。容器一般为圆筒形,具有一定的容积。

材料:常见的储气罐材料包括钢制和铝合金。钢制储气罐通常采用碳钢或不锈钢制造,具有较高的强度和耐腐蚀性能。铝合金储气罐相对较轻,适用于重量限制较为严格的场合,但其需要进行内部涂层以增强耐腐蚀性。

3.储气罐的工作原理

当压缩机工作时,将压缩空气通过进气口进入储气罐,储存于罐内。当系统需要使用气体时,通过出气口将气体释放至系统中。储气罐内部的压力变化可以通过压力传感器进行监测和控制,以确保系统的稳定运行。

4.储气罐的选择与维护

容积选择:储气罐的容积应根据系统的需求和工作条件来确定。过小的容积会导致系统无法满足大负荷时的气体需求,过大的容积则会增加储气罐的成本和占地面积。

安全性考虑:储气罐应配备安全阀,以避免超压。此外,还应定期检查和维护储气罐,确保其正常运行,包括检查防腐层的完整性、排放积聚的水分或污物等。

防护措施:为了确保储气罐的安全性,应设置合适的防护装置,如防撞板和防爆装置,并遵守相关的安全规范和操作规程。

5.储气罐的应用领域

储气罐广泛应用于各个行业的气动传动系统中,包括制造业、石油化工、能源、建筑、交通运输等领域。常见的应用包括压缩空气供应、气动工具和设备驱动、气动控制系统、液压系统的蓄能装置等。

（三）减压阀

1.减压阀的工作原理

减压阀通过调节阀芯与阀座之间的开度，来控制气体的流量和压力。当高压气体通过减压阀进入系统时，气体会施加在阀芯上的力使其打开，从而使气体通过减压阀流出并降低压力。当系统中的压力达到设定值时，阀芯会被压力平衡，使得阀门关闭，从而停止气体的流动。如此循环调节，可以实现对输出压力的稳定控制。

2.减压阀的结构组成

减压阀一般由调节弹簧、阀芯和阀座等几个主要部件组成。

调节弹簧：用于提供预紧力，通过调节弹簧的紧缩程度可以改变输出压力范围。当压力超过设定值时，弹簧会使阀芯关闭。

阀芯：是减压阀的关键部件，与阀座配合构成密封结构，通过移动阀芯来调整气体的流量和压力。

阀座：与阀芯配合，通过与阀芯的接触来实现气密性，防止气体泄漏。

3.减压阀的安装位置与作用

减压阀通常被安装在气源侧，其作用是保证系统工作过程中的稳定性和可靠性。

稳定性：减压阀能够通过自动调节输出压力，使得系统中的气体压力保持在一定范围内，避免因气压过高或过低而影响系统正常工作。

可靠性：减压阀能够对气体进行有效的控制和调节，确保系统在不同负载条件下都能提供恰当的气体压力，从而保证系统的正常运行和设备的使用寿命。

4.减压阀的应用领域

减压阀广泛应用于气动传动系统中，如工业设备、机械控制系统、液压系统以及供气系统等。在这些领域中，减压阀可以保证气体的稳定流量和压力，从而提高设备的工作效率和精度，同时还能起到保护系统和设备的作用。

5.减压阀的选择与维护

在选择减压阀时，需要考虑系统的工作要求、气体类型和流量等因素。一般来说，应选择具有稳定调节性能、耐高压、耐腐蚀和可靠密封等特点的减压阀。

为了确保减压阀的正常运行，需要进行定期的维护和检修。常见的维护措施包括清洗阀芯和阀座、更换损坏的密封件、调整弹簧预紧力等。同时，还应注意定期检查减压阀的工作状态，如是否有泄漏和卡阻现象，及时采取修复措施。

（四）气动执行器

气动执行器是一种将气动能转化为机械能的关键组件。它在气动传动系统中起着至关重要的作用。常见的气动执行器包括气缸和气动马达。这些设备能够将压缩空气作为动力源，通过其作用将机械部件推动或驱动。

1.气缸

气缸是一种能够产生直线运动的装置。它是气动系统中最常见的执行器之一。气缸由活塞、缸体、密封件和连接杆等部件组成。当气缸接收到压缩空气时，活塞会顺着缸体内的轴向进行推动或拉动，从而产生线性运动。气缸的工作原理可以简单描述为：当通过控制气缸的进气口发送压缩空气时，活塞受到空气的压力推动沿着缸筒轴向运动，完成相应的工作任务。

2.气动马达

气动马达是一种能够产生旋转运动的装置。它常用于将气动能转化为机械能来驱动机械部件旋转。气动马达通常由转子、定子以及驱动部件组成。当气动马达接收到压缩空气时，其内部的转子会受到气流的冲击和推动，从而产生旋转运动。气动马达的输出转速和扭矩可以通过调整压缩空气的流量和压力来控制，以满足不同工作需求。

3.应用领域

气动执行器被广泛应用于工业自动化领域中的各种机械设备和系统中。它们可用于机械加工、流水线输送、机器人等应用中。例如，在生产线上，气缸可用于推动和拉动物体，实现生产过程中的定位、夹持、分拣等操作。气动马达常用于需要高扭矩和高速旋转的设备中，如机床、输送机、包装设备等。

4.优势和特点

气动执行器具有以下几个优势和特点。

快速响应：气动执行器能够迅速响应控制信号，并在短时间内完成工作任务。

大功率输出：压缩空气作为动力源，给予气动执行器较大的功率输出。

可靠性高：气动执行器的结构简单且耐用，能够在恶劣的工作环境下长时间稳定运行。

易于控制：通过调节压缩空气的流量和压力，可以实现对气动执行器的速度、力度等参数的精确控制。

安全性：与电动执行器相比，气动执行器具有较低的火灾和爆炸风险，适用于易燃易爆环境。

5.发展趋势

随着工业自动化程度的不断提高，气动执行器也在不断发展和创新。未来的发展趋势主要包括以下几个方面。

节能优化：研发更高效的气动执行器，减少能源消耗，提高能源利用效率。

智能化控制：应用先进的传感器和控制技术，实现气动执行器的智能化、自动化控制。

尺寸轻量化：开发紧凑型、轻量化的气动执行器，以适应对设备体积和重量要求更高的应用场景。

理论优化：通过数值模拟和优化设计方法，改进气动执行器的结构和运动性能，提高工作效率和精度。

（五）控制元件

控制元件在气动传动系统中具有至关重要的作用。它们是用于控制系统工作状态的关键组成部分，可以通过控制元件实现对气动系统的启停、切换和自动控制等功能。以下是五种常见的控制元件及其作用。

1.手动阀

手动阀是最基础的控制元件之一，通过手动操作来控制气路的通断。这种简单且易于使用的控制元件常用于一些简单的气动传动系统中，可以手动控制气源的开关，使气动执行元件得以工作或停止工作。

2.电磁阀

电磁阀是一种通过控制电磁力来控制气流开关的设备。它通过电磁线圈产生的磁场来控制阀芯的开闭，从而实现对气流的控制。电磁阀具有响应速度快、精确可靠的特点，广泛应用于工业自动化领域中，例如控制气缸的伸缩动感器是用于检测系统各种参数的装置，能够将被测量物理量转化为电信号，从而实现对气动系统的监测和控制。常见的传感器包括压力传感器、温度传感器、流量传感器等。通过传感器提供的实时数据，可以实现对气动系统运行状态的监控和反馈控制。

3.PLC

PLC 是一种集成化的控制设备，通过编程来实现气动系统的复杂控制逻辑。它能够实现多个输入和输出信号之间的逻辑关系，以及与其他设备的通信和协同控制。PLC 广泛应用于工业自动化领域，可以实现复杂的气动系统控制，提高生产效率和质量。

4.控制计算机

控制计算机是指用于控制和管理气动系统的计算机设备，通常是以工控机或嵌入式系统的形式存在。控制计算机具有强大的计算和处理能力，可以通过软件编程实现对气动系统的复杂算法和控制策略。它可以集成多个控制元件的功能，并与其他系统进行数据交互和联动控制。

这些控制元件协同工作，实现对气动系统的精确控制和管理。手动阀和电磁阀可以直接控制气源的开关和气流的开闭；传感器通过实时监测系统参数提供反馈信号；PLC

和控制计算机则能够对传感器信号进行处理和分析,并通过编程实现复杂的控制逻辑和算法。通过这些控制元件的配合,气动传动系统可以实现高效、精确和可靠的运行,广泛应用于工业自动化、机械制造等领域。

第四节 机电工程气动控制技术原理与应用

一、气动控制技术原理

气动控制技术的原理是基于空气压力的控制。它利用气压的变化来实现对执行元件(如气缸)的控制。主要包括以下几个方面。

信号的生成:控制信号通常由电气设备产生,如开关、传感器等。当需要对执行元件进行控制时,这些信号会被发送到气动控制系统。

信号的传递:控制信号经过处理和放大后,会进入气动控制阀。气动控制阀根据控制信号的特性来调节气缸的运动。常见的气动控制阀有单向阀、比例阀、方向控制阀等。

气动力的转换:气动控制阀通过控制气源的通断或调节来改变气缸内部的气压,从而引起活塞的位移。当气源通断时,气缸内的气压发生变化,活塞会被推动,从而实现对机械装置的控制操作。

控制回路的闭环:为了确保控制系统的稳定性和精度,气动控制系统通常会设计成闭环控制,即通过反馈信号来不断调节执行元件的运动状态,使其与期望值相匹配。

二、气动控制技术应用

(一)工业自动化控制

气动控制技术在工业自动化控制方面发挥着重要作用。工业生产中的自动输送线、流水线设备、压力控制系统、包装机械等都离不开气动控制技术的支持。

自动输送线:在工业生产过程中,常常需要将物料从一个位置运输到另一个位置,传统的人工搬运效率低下且容易出错。气动输送系统通过利用压缩空气来驱动输送装置,能够快速、准确地将物料从一个位置输送到另一个位置,提高了生产效率和准确性。

流水线设备:流水线设备的高效运转是工业生产的关键之一。气动控制技术可以用于驱动各个工作站的执行器,实现对流水线上各个工序的自动控制和协调。通过气动控制技术,可以实现工作站的快速切换、产品的定位和定量加工,提高了生产效率和产品质量。

压力控制系统：在许多工业生产过程中，需要对压力进行精确控制。气动控制技术可以通过调节气源的压力来实现对被控对象的精确控制。例如，在压缩机的工作过程中，通过气动控制技术可以实现对气流的压力和流量的准确调节，保证压缩机的正常工作。

包装机械：在包装行业中，常常需要对产品进行封口、包装、装箱等操作。气动控制技术可以应用于包装机械中的各个执行器，如气动缸、气动阀门等，实现对包装过程的自动化控制和协调。通过气动控制技术，可以提高包装的速度和准确性，降低人工成本。

（二）机械装置控制

气动控制技术在机械装置控制方面应用广泛。气动元件具有结构简单、速度快、响应时间短等特点，非常适合用于机械装置的控制操作。

气动钳子：气动钳子是一种利用气动控制技术驱动的钳子，常用于夹持和固定工件。气动钳子采用气动缸作为驱动器，通过控制气源的压力和方向来实现钳子的开合动作。气动钳子具有夹持力大、速度快、操作灵活等优点，广泛应用于自动化装配线、焊接工艺等领域。

气动切割机：气动切割机是利用气动控制技术驱动的切割设备。气动切割机通过控制气源的压力和流量来实现刀具的上下运动和切割物体的切割动作。气动切割机具有切割速度快、切割面平整等优点，广泛应用于金属加工、石材加工、玻璃加工等领域。

气动卸料装置：气动卸料装置是一种利用气动控制技术实现物料卸料的装置。气动卸料装置通过控制气源的压力和方向来控制物料的卸料过程。气动卸料装置具有卸料速度快、卸料均匀等优点，广泛应用于粉状物料的输送和储存过程中。

（三）汽车工程

气动控制技术在汽车工程中的应用主要包括制动系统、气门控制系统、悬挂系统等。

制动系统：汽车制动系统是保证行车安全的重要系统之一。气动控制技术可以应用于制动系统中的制动器、制动阀门等执行器，通过控制气源的压力和流量来实现对制动器的控制。气动控制技术可以提高制动系统的响应速度和可靠性，提高整车的制动性能。

气门控制系统：汽车发动机的气门控制系统是发动机性能的关键之一。气动控制技术在气门控制系统中起到了重要作用，可以通过控制气源的压力和流量来控制气门的开闭。气动控制技术可以实现对气门的精确控制，提高发动机的输出功率和燃油经济性。

悬挂系统：汽车悬挂系统对车辆的行驶稳定性和乘坐舒适性有很大影响。气动控制技术可以应用于悬挂系统中的气弹簧、气缸等执行器，通过控制气源的压力和流量来调节悬挂系统的刚度和阻尼。气动控制技术可以实现对悬挂系统的自动调节，提高车辆的操控性和乘坐舒适性。

（四）建筑工程

气动控制技术在建筑工程中的应用主要体现在空调系统、消防系统、门窗自动控制等方面。

空调系统：气动控制技术可以应用于空调系统中的风门、阀门等执行器，通过控制气源的压力和流量来实现对空调风量、温度和湿度的调节。气动控制技术可以提高空调系统的响应速度和控制精度，实现室内环境的舒适化控制。

消防系统：建筑物的消防系统对于火灾预防和人员安全至关重要。气动控制技术可以应用于消防系统中的阀门、喷头等执行器，通过控制气源的压力和流量来实现消防设备的控制和启动。气动控制技术可以实现消防系统的快速响应和准确控制，保障建筑物的气动控制技术可以应用于建筑物的门窗自动控制系统中，通过控制气源的压力和流量来实现门窗的开闭和自动控制。气动控制技术可以实现对门窗的远程控制和智能化控制，提高建筑物的安全性和舒适度。

第八章 机电工程一体化技术

第一节 机电一体化技术的概念和特点

一、机电一体化技术的概念

机电一体化技术是指将机械工程与电气工程相结合，通过系统集成和智能化控制，实现各种机械设备的自动化和智能化。它是现代工业制造领域的重要技术之一，也是推动制造业转型升级的关键技术之一。

机电一体化技术应用于各个行业，涵盖了多个领域，如机器人技术、自动化设备、智能制造等。它的核心理念是通过整合机械和电气两个方面的优势，实现对生产过程的全面控制和管理，提高生产效率和产品质量。

二、机电一体化技术的特点

（一）高度集成

机电一体化技术通过系统集成，将机械、电气、传感器等多种技术元素融合到一个系统中，实现各个组件的协同工作。这样可以减少设备的复杂度，提高系统的可靠性和稳定性。例如，在制造业中，机电一体化技术可以将机械部分与电气部分紧密结合，使得设备具有更高的性能和效率。

（二）自动化控制

机电一体化技术通过传感器、控制器等装置，实现对设备运行状态的实时监测和自动控制。它可以根据不同的工艺要求，自动调整设备的参数和工作模式，提高生产的稳定性和一致性。例如，在生产线上，机电一体化技术可以实现自动调节设备的速度和位置，以达到最佳生产效果。

（三）智能化管理

机电一体化技术通过数据采集、数据分析等手段，实现对生产过程的智能化管理。它可以运用人工智能、云计算等技术，实时监测生产数据，并根据数据分析结果进行生产调度和优化，提高生产效率和资源利用率。例如，在工业生产中，机电一体化技术可以通过预测维护，及时修复设备故障，减少停工时间和生产成本。

（四）灵活适应

机电一体化技术可以适应不同的生产需求和产品类型。它具有较强的灵活性和可扩展性，可以根据用户需求进行定制化设计和实施。这样可以实现生产线的快速调整和转换，适应市场的变化和个性化需求。例如，在汽车制造领域，机电一体化技术可以实现多样化的车型组装，提高生产效率和灵活性。

（五）节能环保

机电一体化技术通过优化设备结构和控制策略，实现能源的高效利用和废物的减少。它可以采用节能设备和清洁能源，减少对环境的污染和资源的浪费，符合可持续发展的要求。例如，在建筑领域，机电一体化技术可以通过智能照明系统、能源回收等手段，降低建筑物的能耗和碳排放。

（六）提高安全性

机电一体化技术通过数据监测和报警系统，实现对设备运行状态和安全隐患的实时监测和预警。它可以及时发现故障和异常情况，并采取相应的措施，保障生产过程的安全和稳定。例如，在工业生产中，机电一体化技术可以通过安全传感器和自动停机装置，及时检测和防止事故的发生，保护员工的生命财产安全。

第二节　机电一体化系统的设计

一、系统需求分析

（一）系统功能需求分析

1.系统功能需求分析的重要性

系统功能需求分析是机电一体化系统设计中的关键步骤。通过对系统功能的深入分析，可以明确系统应具备的基本功能和特殊功能需求，为后续的设计、开发和测试工作提供详细指导。系统功能需求分析有助于确保系统能够满足用户的实际需求，具备所期望的功能模块，并为系统性能的评估和优化提供依据。

2.基本功能需求的确定

在系统功能需求分析中，首先需要确定系统的基本功能需求。这包括系统的基本控制功能、监测功能、数据处理功能等方面。例如，对于一个机械臂控制系统，基本功能需求可能包括运动控制、姿态调整、末端执行器控制等。通过确立基本功能需求，可以建立系统功能框架，为后续的详细设计提供基础支持。

3.特殊功能需求的识别与分析

除了基本功能需求外，系统功能需求分析还需要识别和分析特殊功能需求。特殊功能需求可能来源于系统的特殊工作环境、应用场景或用户需求。例如，某些机电一体化系统可能需要具备较高的防护等级，以适应恶劣的工作环境。因此，在功能需求分析中需要充分考虑系统的特殊功能需求，确保系统能够在特定条件下稳定可靠地工作。

4.功能需求的优先级和关联性分析

另外，在功能需求分析过程中，需要对各项功能需求进行优先级和关联性分析。不同的功能需求可能存在优先级差异，有些功能需求可能是系统的核心功能，而有些则是辅助功能。通过优先级和关联性分析，可以合理安排功能的实现顺序，并确定各功能之间的关联性，为系统的模块化设计和开发提供有效指导。

5.功能需求变更管理与跟踪

在系统功能需求分析完成后，需要进行功能需求变更管理和跟踪。在系统设计和开发的过程中，可能会出现功能需求的变更和调整，因此需要建立相应的管理机制，及时跟踪和记录功能需求的变更情况，确保系统设计和开发工作能够按照最新的功能需求进行。

（二）性能指标分析

1.精度要求的分析

系统的精度要求是性能指标分析中的重要部分。在机电一体化系统中，可能存在着对位置、姿态、速度等方面的精度要求。通过深入分析和明确各项精度要求，可以为后续的系统设计和控制算法的开发提供重要依据，确保系统能够满足实际工作的精度要求。

2.速度要求的评估与确定

除了精度要求外，系统的速度要求也需要进行全面的评估与确定。系统可能需要在特定场景下具备较高的运动速度，以满足生产效率或响应速度的需求。因此，通过对系统速度要求的评估与确定，可以为系统的动力传动、控制策略和执行器选型等方面提供重要参考。

3.响应时间的分析与优化

系统的响应时间是性能指标分析中的关键参数之一。系统的响应时间直接影响着系统对外部输入信号的处理速度和实时性。通过深入分析系统的响应时间，并进行相应的优化设计，可以提高系统的响应速度和实时性，确保系统能够快速有效地响应外部变化。

4.负载能力的考量与验证

在性能指标分析中，还需要考虑系统的负载能力。系统可能需要在不同负载下稳定可靠地工作，因此需要对系统的负载能力进行充分的考量和验证。通过对系统负载能力的分析与验证，可以确保系统能够在各种工况下都具备稳定可靠的工作能力。

5.稳定性和可靠性的综合分析

在性能指标分析过程中，需要综合考虑系统的稳定性和可靠性。系统的稳定性和可靠性直接关系到系统在长期运行过程中的表现，因此需要对系统的稳定性和可靠性进行全面分析和评估。通过对系统的稳定性和可靠性进行综合分析，可以确保系统具备长期稳定可靠的工作能力。

（三）工作环境分析

1.温度要求的分析

对系统工作环境的分析中，首先需要考虑温度要求。不同的工作环境可能存在着不同的温度范围和变化规律，因此需要对系统在各种温度条件下的工作能力进行充分分析和评估。通过对温度要求的分析，可以确定系统的温度适应能力，并为系统的散热设计、材料选用等方面提供重要参考。

2.湿度要求的评估与验证

在工作环境分析中，还需要考虑系统在不同湿度条件下的工作能力。某些工作场景可能存在着较高的湿度，如潮湿的环境或水下工作环境等。因此，需要对系统的湿度要求进行全面的评估与验证，确保系统具备良好的防潮性能和工作稳定性。

3.振动与冲击的影响分析

除了温度和湿度，系统的工作环境分析还需要考虑振动与冲击的影响。某些工作环境可能存在着较大的振动和冲击，如机械设备运行时的振动、车辆行驶时的颠簸等。因此，需要对系统在振动和冲击环境下的稳定性和可靠性进行深入分析，以确保系统能够在振动和冲击环境下安全稳定地工作。

4.尘土和腐蚀的影响考量

在工作环境分析中还需要考虑尘土和腐蚀对系统的影响。某些工作环境可能存在着较多的尘土和腐蚀物质，如沙漠地区、化工厂等。因此，需要对系统在尘土和腐蚀环境下的耐久性和维护需求进行充分考量，以确保系统能够在恶劣环境下正常工作并具备长期稳定性。

5.安全防护措施的优化与实施

在工作环境分析完成后，需要对系统的安全防护措施进行优化与实施。根据工作环境的特点和要求，需要设计和实施相应的安全防护措施，确保系统能够在安全可靠的工作环境下正常运行，提高系统的稳定性和可靠性。

（四）安全性要求分析

1.紧急停止功能的重要性分析

安全性要求分析中，紧急停止功能是至关重要的一部分。通过对系统在突发情况下进行紧急停止的能力进行分析，可以确保系统在遇到意外情况时能够迅速停止运行，减少事故带来的危险和损失。因此，需要充分考虑和分析系统中紧急停止功能的设计和实施。

2.安全防护装置的设计与应用

在安全性要求分析中，安全防护装置的设计与应用也是至关重要的。通过对工作环境、设备特性和操作流程等方面进行综合分析，可以确定系统所需的安全防护装置类型和配置方式，并将其有效地应用于系统设计中，以最大限度地提高系统的安全性和可靠性。

3.操作人员培训和安全意识教育的重要性

除了设备本身的安全性要求外，还需要考虑操作人员的安全性要求。对操作人员进行相关培训和安全意识教育，使其熟悉系统的安全操作规程和紧急处理程序，可以有效提高系统运行过程中的安全性水平，降低操作风险和事故发生的可能性。

4.风险评估与应对措施的制定

在安全性要求分析中，需要进行风险评估和应对措施的制定。通过对系统运行过程中可能存在的各种安全风险进行全面评估，确定相应的应对措施和预案，以及事故应急处理流程，可以为系统的安全运行提供有力支持。

5.安全监测与反馈机制的建立

在安全性要求分析中需要建立安全监测与反馈机制。通过引入安全监测设备和实时反馈系统，可以对系统运行过程中的安全状态进行实时监测和反馈，并及时采取相应的措施进行调整和处理，以确保系统在运行过程中能够始终保持良好的安全状态。

（五）系统可扩展性分析

1.系统架构的灵活性分析

在系统可扩展性分析中，首先需要考虑系统架构的灵活性。合理的系统架构设计可以为系统的未来扩展提供更多的可能性和选择空间，包括模块化设计、接口规范、组件替换等方面的考量，以确保系统能够在未来的发展过程中便捷地进行功能扩展和性能提升。

2.接口设计的通用性和标准化

系统可扩展性还需要考虑接口设计的通用性和标准化。通过采用通用的接口设计和标准化的通信协议，可以降低系统与新组件、设备或系统的集成难度，提高系统的兼容性和可扩展性，为系统的未来升级和改进提供更灵活的条件。

3.数据存储与处理能力的储备

除了系统架构和接口设计，系统可扩展性还需要考虑数据存储与处理能力的储备。随着工业生产数据量的不断增加，系统需要具备足够的数据存储和处理能力，以支持系统未来的数据扩展和应用需求，包括对数据库、存储设备和处理器等方面的合理规划与设计。

4.软件与硬件的升级路径考量

在系统可扩展性分析中，还需要考虑软件与硬件的升级路径。通过详细考量系统软件及硬件的升级路径和兼容性，可以为系统未来的功能拓展和性能提升提供技术支持，确保系统能够顺利进行升级改进而不影响当前的生产运行。

5.技术预研与新技术应用的布局

在系统可扩展性分析中需要进行技术预研与新技术应用的布局。通过对新技术的前瞻研究和应用布局，可以为系统的未来发展提供技术保障和支持，确保系统能够及时跟进新技术的应用和发展趋势，保持系统的领先优势和竞争力。

二、机械设计

（一）机械结构设计

1.零部件布局与设计原则

在机械结构设计中，零部件的布局是至关重要的一环。合理的零部件布局可以使系统具有更好的运动性能和工作效率。需要考虑零部件之间的相互作用、运动轨迹和受力情况，遵循紧凑、合理、易于维护和维修等设计原则，使得整个机械结构在运行过程中保持稳定可靠。

2.连接方式的选择与设计考量

连接方式对于机械结构的设计也具有重要意义。不同的连接方式会直接影响到机械系统的稳固性、承载能力和运动精度。因此，在设计过程中需要根据实际需求选择合适的连接方式，并进行相关的设计考量，确保连接部件能够满足系统运行的要求，同时尽可能减少零部件之间的摩擦和磨损。

3.支撑结构的设计与优化

除了零部件布局和连接方式，机械结构设计还需要考虑支撑结构的设计与优化。支撑结构的合理设计可以有效提高机械系统的刚度和稳定性，从而保证系统在工作过程中具有良好的抗载能力和使用寿命。需要充分考虑材料选用、结构形式和工艺工艺等方面，以确保支撑结构能够满足系统运行的要求。

4.动力传输系统的设计与匹配

在机械结构设计中,动力传输系统的设计与匹配也是不可忽视的一部分。通过合理设计和匹配传动装置、传感器和执行元件等部件,可以确保系统能够实现所需的工作运动和精准控制,提高系统的运行效率和稳定性,同时减小能源消耗和资源浪费。

5.结构强度与刚度分析

在机械结构设计中,需要进行结构强度与刚度分析。通过对机械结构的受力情况和应变状态进行全面分析和评估,可以确保机械结构在运行过程中不会出现失稳、断裂或变形等问题,保证系统具有良好的结构强度和稳定可靠性。

(二)传动装置设计

1.传动类型的选择与设计考量

在传动装置设计中,首先需要根据系统的功能需求和工作特性选择合适的传动类型。常见的传动类型包括齿轮传动、带传动、链传动等,每种传动类型都有其特点和适用范围。在进行设计时,需要充分考虑传动效率、噪音、承载能力、寿命以及维护保养等因素,确保选用的传动类型能够满足系统的运行要求。

2.传动比的计算与匹配

传动装置设计还需要进行传动比的计算与匹配。传动比的选择直接影响到系统的转速、扭矩和速度调节范围等方面。通过合理计算和匹配传动比,可以确保传动装置能够满足系统的动力传递和转换需求,提高系统的运行效率和稳定性。

3.轴承与密封件的选型与布局

除了传动类型和传动比,传动装置设计还需要考虑轴承与密封件的选型与布局。良好的轴承和密封设计能够有效减小摩擦、降低能耗,延长设备使用寿命并减少维护成本。因此,在设计过程中需要根据传动装置的工作环境和工作条件选择合适的轴承和密封件,并合理布局,以确保传动系统具备良好的稳定性和可靠性。

4.动力传递效率与能耗分析

在传动装置设计中,还需要进行动力传递效率与能耗分析。通过对传动装置的功率损失、传动效率以及能耗进行全面分析和评估,可以优化传动装置的设计,提高传动效率,降低能源消耗,减小资源浪费,从而实现系统的可持续运行。

5.寿命与可靠性考量

在传动装置设计中需要考虑传动部件的寿命与可靠性。通过对传动部件的材料选用、制造工艺、表面处理等方面进行合理设计和考量,可以提高传动装置的使用寿命,增强其可靠性,减少故障率,保证系统的长期稳定运行。

（三）材料选择与工艺设计

1.材料选择的基本原则

在机械设计中，材料选择是至关重要的一环。首先需要根据零部件的功能需求、受力情况和工作环境等因素，确定合适的材料类型。常见的工程材料包括金属材料、塑料、复合材料等，每种材料都有其特点和适用范围。在进行材料选择时，需要充分考虑材料的力学性能、耐磨性、耐腐蚀性、成本以及可加工性等因素，确保选用的材料能够满足零部件的使用要求。

2.材料强度与刚度分析

除了基本原则，还需要进行材料强度与刚度分析。通过对材料的拉伸、压缩、弯曲等力学性能进行评估，可以确定材料的强度和刚度指标，从而为零部件的设计提供依据。合理的材料强度与刚度分析能够确保零部件在工作过程中具有良好的抗载能力和稳定性。

3.加工工艺选择与优化

在工艺设计方面，需要根据选用材料的特性和零部件的形状尺寸，选择合适的加工工艺。不同的材料和零部件可能需要采用不同的加工工艺，如铸造、锻造、数控加工等。通过优化加工工艺，可以有效提高零部件的加工精度、表面质量和生产效率，同时降低制造成本，保证零部件的质量和稳定性。

4.表面处理与防护措施

在工艺设计中还需要考虑表面处理与防护措施。对于一些特殊工作环境下的零部件，可能需要进行表面处理，如镀层、喷涂、氮化等，以增强零部件的耐磨性、耐腐蚀性和表面硬度。同时，还需要设计相应的防护措施，确保零部件在工作过程中不易受到外界环境的影响，延长其使用寿命。

5.环保与可持续设计考量

在材料选择和工艺设计过程中，还需要考虑环保和可持续设计。选择可回收利用的材料和采用节能环保的生产工艺，有助于减少资源浪费和环境污染，符合可持续发展的理念，为机械设计注入新的活力。

（四）结构稳定性分析

1.静态稳定性分析

静态稳定性是机械结构设计中需要重点考量的一个方面。通过对机械结构在外载荷作用下的受力情况进行分析，可以评估结构在静态状态下的稳定性。静态稳定性分析通常包括对受力结构的强度、刚度、变形以及应力分布等方面的考量，以确保结构在外载荷作用下不会出现过大的变形或应力集中，从而保证系统的稳定运行。

2.动态稳定性分析

除了静态稳定性，动态稳定性也是非常重要的一个方面。机械系统在运行过程中可能受到来自振动、涡激共振等动力因素的影响，因此需要对结构在动态工况下的稳定性进行全面分析。动态稳定性分析通常涉及结构的模态分析、频率响应分析等，以评估结构在动态工况下的稳定性和可靠性，避免由于动态载荷引起的失稳现象。

3.材料与几何参数对稳定性的影响

在进行结构稳定性分析时，需要考虑材料特性和几何参数对稳定性的影响。不同的材料和几何参数可能对结构的稳定性产生重要影响，因此需要充分考虑这些因素。例如，材料的弹性模量、屈服强度等参数以及结构的截面形状、长度比等几何参数都会直接影响结构的稳定性表现，需要进行综合分析和评估。

4.有限元分析与模拟计算手段

为了进行结构稳定性分析，常常采用有限元分析、模拟计算等手段。有限元分析能够有效地对结构的受力情况进行仿真，评估结构在外载荷作用下的应力、变形等情况，从而得到结构的稳定性指标。同时，模拟计算也可以通过模拟结构在不同工况下的响应，预测结构在动态稳定性方面的性能表现，为设计提供科学依据。

5.结构设计优化与改进

在结构稳定性分析的基础上，还可以进行结构设计的优化与改进。通过对结构的受力情况、动态响应等方面进行深入分析，可以发现存在的问题和不足，针对性地进行结构设计的优化与改进，提高结构的稳定性和可靠性，确保系统在各种工况下的安全运行。

（五）运动精度考量

1.系统运动精度的重要性

在机械设计中，系统的运动精度是至关重要的一个方面。无论是工业生产中的定位精度、机器人的姿态控制，还是其他机械系统的运动控制，都需要确保系统能够达到所需的位置精度、姿态精度等要求。系统的运动精度直接影响到产品的质量、生产效率以及生产成本，因此需要进行全面考量和严格控制。

2.零部件配合精度的设计要求

为了确保系统的运动精度，首先需要对零部件的配合精度进行严格的设计要求。包括轴承间隙、滑动副配合、传动链条的间隙等各种配合关系的设计与选择。合理的配合设计能够减小零部件之间的摩擦阻力，提高运动精度，同时也能够降低零部件的磨损和损坏，延长系统的使用寿命。

3.传动装置的精度要求

除了零部件的配合精度，传动装置的精度也是影响系统运动精度的重要因素。例如齿轮传动、皮带传动等传动装置的精度会直接影响系统的传动精度。需要对传动装置的参数进行精确计算和选取，确保传动系统在运行过程中具有良好的传动精度和稳定性，从而保证系统的运动精度。

4.控制系统的精度和稳定性

在考量系统的运动精度时，还需要充分考虑到控制系统的精度和稳定性。控制系统的精度和响应速度直接关系到系统的运动精度，需要通过合理的控制算法、高精度的传感器和执行器等手段，确保控制系统能够实现对系统运动的精准控制，满足系统的运动精度要求。

5.设计与加工控制的严格要求

在考量系统的运动精度时，设计与加工控制也是至关重要的一环。需要通过精确的制造工艺、高精度的加工设备以及质量控制手段，确保零部件的尺寸精度和表面质量，从而保证系统的运动精度。同时，还需要对系统的装配过程进行严格控制，避免因装配误差导致系统运动精度下降。

三、电气控制设计

（一）电气传感器设计

1.传感器类型与信号特性选择

在电气传感器设计中，首先需要根据监测对象的特性和系统需求，选择合适的传感器类型和信号特性。例如，可以选择接近开关、压力传感器、温度传感器、光电传感器等不同类型的传感器，以实现对机械运动和工作状态的监测。同时，需要考虑到所需监测参数的范围、精度和采样速率等因素，确保选择的传感器能够满足系统的监测要求。

2.采样精度与信噪比的考量

除了选择适当的传感器类型，还需要考虑到传感器的采样精度和信噪比。采样精度直接决定了传感器获取参数信息的准确性，而信噪比则影响了传感器信号的清晰度和稳定性。因此，在电气传感器设计中，需要通过合理的电路设计和信号处理手段，提高传感器的采样精度以及抑制信号中的干扰噪声，确保传感器输出的信号质量。

3.抗干扰能力与环境适应性考虑

电气传感器设计还需要考虑传感器的抗干扰能力和环境适应性。在工业生产环境中，可能存在各种电磁干扰、振动干扰、温度变化等外部干扰因素，这些干扰可能影响传感器的工作稳定性和准确性。因此，在传感器设计过程中，需要采取有效的措施增强传感器对干扰的抵抗能力，同时考虑传感器在不同环境条件下的可靠性和稳定性。

4.接口标准与数据传输方式设计

在电气传感器设计中，还需要考虑传感器的接口标准和数据传输方式。选择合适的接口标准能够方便传感器与控制系统的连接与通信，而合理的数据传输方式能够确保传感器采集到的信息能够准确、快速地传输给控制系统进行处理。因此，需要根据实际应用场景和系统需求，选择合适的接口标准和数据传输方式，并设计相应的接口电路和通信协议。

5.可靠性与维护性的考虑

在电气传感器设计中，还需要考虑传感器的可靠性和维护性。传感器作为机电一体化系统中的重要组成部分，在长期运行过程中需要具备良好的稳定性和可靠性，同时也需要考虑到传感器的维护和维修问题，以便及时发现并处理传感器的故障和异常情况，确保系统的正常运行。

（二）电气控制器设计

1.控制逻辑的确定

在电气控制器设计中，首先需要确定系统的控制逻辑。这包括根据系统需求和功能要求，确定控制器的工作模式、运行状态切换条件、故障处理策略等内容。通过合理的控制逻辑设计，可以确保控制器能够按照预定的程序对机械系统进行精确控制，实现各种运动轨迹的自动化控制。

2.控制算法的编写

除了控制逻辑，电气控制器设计还包括控制算法的编写。控制算法是将系统的控制逻辑具体转化为计算机可执行的程序，用于实现对机械运动的精确控制和响应。需要根据系统的动力学特性和控制要求，选择合适的控制算法，并进行详细的编程设计，以确保控制器能够实现对系统的精确控制。

3.硬件设备的选型和布局

在电气控制器设计过程中，需要对硬件设备进行选型和布局。这包括选择适用于控制系统的各种传感器、执行器、接口模块、控制器芯片等硬件设备，并进行合理的布局和连接设计。通过合理的硬件设备选型和布局，可以确保控制器具有良好的稳定性和可靠性，同时满足系统的控制要求。

4.通信协议的设计与实现

电气控制器设计还需要考虑到控制器与外部设备之间的通信协议设计与实现。例如，在工业自动化系统中，控制器可能需要与上位机、PLC、人机界面等其他设备进行数据交换和通信，因此需要设计相应的通信协议，并实现相关的通信接口和功能，以确保控制器能够与外部设备正常通信和协作。

5.可编程性与扩展性的考量

在电气控制器设计中，还需要考虑控制器的可编程性和扩展性。随着技术的不断发展和系统需求的变化，控制器可能需要不断进行功能扩展和更新，因此需要选择支持灵活编程和功能扩展的控制器平台，并设计相应的软件架构和接口，以便实现对控制器功能的灵活调整和扩展。

（三）信号采集与处理

1.信号采集电路设计

在电气控制系统设计中，信号的采集是首要环节。根据实际应用需求，需要设计合适的信号采集电路来获取各种传感器产生的模拟信号。这包括选择合适的传感器接口类型、设计前置放大电路以满足采集精度和范围等工作。通过合理的信号采集电路设计，可以确保对传感器信号的准确采集，为后续的信号处理提供高质量的输入。

2.信号滤波与放大处理

采集到的模拟信号可能受到各种干扰因素影响，如噪声、电磁干扰等，因此需要进行信号滤波和放大处理。通过设计合适的滤波电路，可以去除掉传感器信号中的高频噪声成分，提高信号的稳定性；同时，合适的放大电路能够将传感器输出的微弱信号放大至较大范围，以便后续的数字转换和处理。

3.数字信号处理与转换

对于经过滤波和放大处理的模拟信号，需要进行数字化处理以适应现代控制系统的要求。这包括使用模数转换器（ADC）将模拟信号转换为数字信号，并进行相应的数字信号处理。通过合理的数字信号处理算法和技术，可以实现对采集信号的精确测量和实时处理，为控制系统提供准确的反馈信息。

4.噪声抑制与补偿处理

在信号处理过程中，需要考虑对信号中的噪声进行抑制和补偿处理。通过采用合适的信号处理算法和技术，可以有效抑制传感器信号中的噪声成分，提高信号的清晰度和稳定性；同时，针对传感器输出信号可能存在的非线性特性，可以进行相应的补偿处理，以确保信号的准确性和可靠性。

5.实时性与可靠性考虑

在信号采集与处理的设计中，需要兼顾实时性和可靠性的要求。对于某些对实时性要求较高的控制系统,需要设计高速的信号采集和处理方案,以保证系统对实时变化的快速响应;同时,还需要考虑到信号采集与处理系统的稳定性和可靠性,通过合理的硬件与软件设计,确保信号采集系统能够长期稳定运行并满足系统的控制要求。

(四)控制算法设计

1.确定控制目标与系统特性

在进行控制算法设计之前,首先需要确定系统的控制目标和特性。这包括对系统运行状态、动态响应要求以及非线性特性等方面进行全面分析和理解。通过对系统的特性进行深入了解,可以为后续的控制算法设计提供重要的依据和指导。

2.选择合适的控制算法

根据系统的特性和控制需求,需要选择合适的控制算法。常见的控制算法包括 PID 控制、模糊控制、神经网络控制等。针对不同的系统特性和控制要求,可以选用不同的控制算法或者进行组合应用,以实现系统的精确、快速的控制。

3.控制算法的设计与调试

一旦确定了控制算法,需要进行具体的设计与调试工作。这包括对控制算法的数学模型进行建立与优化,以确保控制算法符合系统的实际需求;同时,还需要进行仿真和实验验证,对控制算法进行有效性和稳定性的检验,最终得出满足系统控制要求的最佳算法。

4.考虑非线性特性与鲁棒性

在控制算法设计过程中,需要充分考虑系统的非线性特性,并对其进行有效处理。针对非线性系统,可能需要采用模糊控制、自适应控制等方法,以提高控制系统的鲁棒性和适应性,保证在各种工况下都能够保持良好的控制效果。

5.实时性与稳定性的考量

在控制算法设计过程中,需要兼顾实时性和稳定性的要求。对于某些对实时性要求较高的控制系统,需要设计高速的控制算法,并充分考虑控制延迟和响应速度;同时,还需要充分验证控制算法的稳定性,以确保其对系统运行状态变化的快速响应和稳定控制。

(五)电气安全设计

1.分析电气系统的工作环境与特性

在进行电气安全设计之前,首先需要对电气系统的工作环境和特性进行全面的分析。这包括对系统所处的工作环境条件、电气设备的运行特性,以及可能存在的安全隐患等方面进行详细调查和了解。通过充分了解系统的工作环境与特性,可以为后续的安全设计提供重要依据和指导。

2.设计合适的过载保护装置

针对电气系统可能存在的过载情况，需要设计合适的过载保护装置。这包括使用熔断器、断路器等装置来监测电路的电流负荷，在发生过载时迅速切断电路，以避免设备损坏或者因过载引发的火灾等危险情况。

3.确保有效的短路保护措施

对于电气系统可能存在的短路情况，需要确保有效的短路保护措施。这包括使用熔断器、断路器等装置来快速切断电路，在发生短路时及时切断电源，防止短路电流对设备和人员造成伤害。

4.配备漏电保护装置

此外，为了防止漏电对人身安全造成威胁，需要在电气系统中配备漏电保护装置。漏电保护装置能够监测电路中的漏电情况，并在发生漏电时迅速切断电路，以减小漏电对人员的伤害风险。

5.定期检测和维护

在电气安全设计中，定期的检测和维护也是至关重要的一环。通过定期对电气系统的设备和保护装置进行检测和维护，可以及时发现和排除可能存在的安全隐患，确保电气系统长期稳定安全地运行。

四、系统集成

（一）部件接口与通信方式

1.确定部件接口标准

在系统集成中，首先需要确定各个部件的接口标准。这包括机械部件和电气控制部件的连接方式、接口规格、信号传输协议等方面的设计。通过明确部件的接口标准，可以确保不同部件间能够进行有效的连接和通信，实现信息交换和指令传递。

2.选择合适的通信方式

针对不同的部件之间的通信需求，需要选择合适的通信方式。常见的通信方式包括以太网通信、串行通信（如 RS-232、RS-485）、CAN 总线通信等。根据系统的实际需求，选择合适的通信方式能够有效地实现部件之间的数据交换和指令传递。

3.设计通信协议与数据格式

为了确保部件之间的通信能够顺利进行，还需要设计相应的通信协议和数据格式。通信协议定义了通信双方的通信规范和流程，而合适的数据格式则能够确保数据的正确解析和处理。通过设计良好的通信协议和数据格式，可以实现部件之间的高效通信和数据交换。

4.考虑通信安全性与稳定性

在确定部件接口和通信方式时,还需要充分考虑通信的安全性和稳定性。对于一些对通信安全性要求较高的系统,可能需要采用加密通信、身份验证等安全措施;同时,还需要确保通信的稳定性,通过合理的通信设计和硬件支持,防止通信中断或者数据丢失等问题。

5.确保通信的可扩展性和兼容性

在部件接口与通信方式的设计中,还需要考虑通信的可扩展性和兼容性。随着系统的发展和扩展,可能需要增加新的部件或者更新通信技术,因此需要确保通信设计具有良好的可扩展性和兼容性,以便系统能够灵活适应未来的发展需求。

(二)功能测试与调试

1.制订功能测试计划

在进行功能测试与调试之前,首先需要制订详细的功能测试计划。这包括确定测试的范围、目标和方法,明确每个部件和整体系统需要进行的功能测试内容和流程。通过制定完善的功能测试计划,可以保证功能测试和调试工作有条不紊地进行,从而有效地验证系统的功能性能。

2.针对每个部件进行独立测试

针对系统中的每个部件,需要进行独立的功能测试。这包括对机械部件、电气控制部件等进行各自的功能测试,验证它们是否满足设计要求,并发现可能存在的问题和缺陷。通过独立测试,可以全面了解各个部件的工作状况和性能表现。

3.整体系统集成测试

除了对各个部件进行独立测试,还需要进行整体系统的集成测试。在集成测试中,需要验证各个部件之间的协同工作情况,以及整体系统的功能性能。通过模拟真实工作环境,检验系统在实际运行中的稳定性和可靠性,发现可能存在的集成问题并及时解决。

4.调试与问题排查

在功能测试过程中,难免会出现一些问题和异常情况。因此,需要进行调试与问题排查工作,及时发现并解决可能存在的故障和缺陷。通过有效的调试与问题排查,可以保证系统正常运行,并提高系统的稳定性和可靠性。

5.测试报告与优化建议

在完成功能测试与调试后,需要撰写详细的测试报告,并提出系统优化建议。测试报告应该包括测试结果、问题记录、解决方案以及改进建议,为后续系统优化和改进提供重要参考。通过测试报告和优化建议，可以不断完善系统的功能性能和稳定性。

（三）系统可维护性考量

1.设计模块化结构

在考虑系统的可维护性时，首先需要设计模块化结构。将系统划分为多个独立的模块或组件，每个模块具有清晰的功能和接口，可以独立进行维护和更新。通过模块化的设计，可以降低维护和更换部件的成本，并能够快速定位和解决故障。

2.提供完善的技术文档与标识

为了提高系统的可维护性，需要提供完善的技术文档和标识。这包括各个部件的规格参数、安装说明、维护保养手册等信息，同时对系统中重要部件进行清晰的标识，以便在维护时能够快速找到目标部件并进行操作。

3.预留维护通道和接口

在系统集成设计中，应当预留足够的维护通道和接口，以方便维护人员进行维护和更换工作。合理的布局和设计可以使得维护人员能够便捷地进入系统内部，对部件进行维护和更换，从而降低维护作业的难度和风险。

4.故障自诊断与远程监控

为了提高系统的可维护性，可以引入故障自诊断和远程监控技术。通过设备自身的故障诊断功能和远程监控系统，能够及时发现系统异常并提供详细的故障信息，帮助维护人员快速定位问题并采取相应的维护措施。

5.培训和培养维护人员

在确保系统的可维护性方面，还需要进行维护人员的培训和培养工作。只有经过专业的培训，维护人员才能熟练掌握系统的结构和工作原理，有效进行维护和故障排除工作，从而提高系统的可维护性和延长系统的使用寿命。

（四）系统升级性分析

1.考虑模块化设计与接口标准

为了提高系统的升级性，首先需要考虑模块化设计和接口标准。将系统划分为多个独立的模块或组件，并定义清晰的接口标准，可以使得系统的各个部分能够相对独立地进行升级和更换，从而降低系统升级的复杂度和风险。

2.确保兼容性与可扩展性

在系统集成设计中，需要确保系统具有良好的兼容性和可扩展性。无论是硬件还是软件，都应当考虑未来的技术变化和应用需求，以便能够方便地进行升级和扩展。通过充分考虑系统的兼容性和可扩展性，可以为未来的系统升级提供支持。

3.引入灵活的软件架构

对于系统的软件部分,应当引入灵活的软件架构,以便能够方便地进行软件的升级和定制。采用模块化、松耦合的软件架构,可以使得系统的软件部分能够更加灵活地进行升级和改进,适应不断变化的应用需求。

4.提供固件和软件远程升级功能

为了方便系统的维护和升级,应当提供固件和软件的远程升级功能。通过远程升级,可以避免因为系统升级而需要现场操作,降低了升级的成本和风险,并能够更加及时地响应应用需求的变化。

5.持续跟踪技术发展与用户反馈

在确保系统的升级性方面,需要持续跟踪技术发展和用户反馈。了解新的技术趋势和用户需求,可以为系统的未来升级提供重要参考,保证系统始终能够满足市场需求并保持竞争力。

(五)系统文档与培训

1.编制系统文档

在系统集成完成后,首先需要认真编制系统文档。系统文档应包括系统的结构、功能描述、操作方法、维护保养等内容。通过系统文档,用户和维护人员可以清晰地了解系统的工作原理、操作步骤以及维护方法,为系统的正常使用和维护提供依据。

2.提供详细的操作手册

系统文档中应当提供详细的操作手册,包括系统的启动和关闭流程、常见操作指引、故障排除方法等内容。操作手册应尽可能详尽地描述系统的操作流程和注意事项,帮助用户熟悉系统的操作方法,从而提高系统的有效利用率。

3.包含维护保养手册

除了操作手册,系统文档还应包含维护保养手册,详细记录系统各部件的维护周期、保养方法、注意事项等内容。维护保养手册可以帮助维护人员正确进行系统的日常保养和维护,延长系统的使用寿命,确保系统的正常运行。

4.进行相关培训

除了系统文档,还需要进行相关培训,让操作人员和维护人员熟悉系统的操作流程和注意事项。通过培训,可以使得用户和维护人员能够更加深入地了解系统的工作原理和操作方法,提高其操作技能,最大限度地发挥系统的效益。

5.持续更新与改进

在系统文档和培训方面,需要持续进行更新与改进。随着系统的使用和维护,可能会出现新的情况和问题，因此需要不断完善系统文档和培训内容，保证其及时反映系统的最新状态和实际需求，确保系统文档和培训内容的有效性和可靠性。

五、软件开发

（一）系统需求分析

1.系统功能分析

在系统需求分析阶段，首先需要对系统的功能进行详细分析。这包括确定系统需要实现的具体功能模块、功能间的关联与交互、用户操作流程等内容。通过系统功能分析，可以明确软件开发的具体目标和方向，为后续的设计和开发工作提供清晰的指导。

2.性能要求分析

除了功能分析，系统需求分析还需要对系统的性能要求进行详细分析。这包括系统的响应时间、吞吐量、并发处理能力等方面。通过性能要求分析，可以确保软件在运行时能够满足用户的性能期望，提高系统的稳定性和可靠性。

3.用户界面设计分析

在系统需求分析中，还需要对用户界面设计进行详细分析。这包括确定用户界面的布局、交互方式、信息呈现形式等内容。通过用户界面设计分析，可以确保软件的用户界面符合用户习惯和操作习惯，提高软件的易用性和用户体验。

4.通信要求分析

在系统需求分析中，还需要对系统的通信要求进行详细分析。这包括确定系统与外部设备或系统之间的通信方式、通信协议、数据传输频率等内容。通过通信要求分析，可以确保系统与外部环境的数据交换和通信能够顺利进行，满足系统的整体需求。

5.风险评估和管理

在系统需求分析阶段，需要进行风险评估和管理。通过识别潜在的风险因素，评估其可能带来的影响，并制定相应的风险管理策略，可以降低软件开发过程中的不确定性和风险，保障项目的顺利进行和成功交付。

（二）控制算法设计与编码

1.确定控制需求与目标

在控制算法设计与编码实现之前，首先需要明确系统的控制需求和目标。控制需求可能涉及系统的动态响应、稳定性要求以及精度要求等方面。通过明确控制需求和目标，可以为后续的算法设计提供清晰的指导。

2.控制算法设计

根据系统的控制需求和目标,进行控制算法的设计。这包括确定合适的控制策略、建立数学模型、选择合适的控制器类型等内容。控制算法的设计应考虑系统的动态特性、非线性特性以及外部扰动等因素,以确保系统能够稳定工作并满足实际的控制需求。

3.算法验证与仿真

在设计控制算法后,需要进行算法的验证与仿真。通过仿真软件或平台,对设计的控制算法进行验证,分析其动态响应、稳定性和精度等情况。通过验证与仿真,可以发现算法设计中存在的问题,并进行相应的改进和优化,确保算法的有效性和可靠性。

4.编码实现与调试

经过算法验证与仿真后,将控制算法转化为可执行的程序代码,并进行相应的调试。通过编码实现和调试,可以确保控制算法在实际的软件环境下能够正常运行,并满足系统的控制需求和目标。

5.性能优化与持续改进

在控制算法设计与编码实现阶段,需要进行性能优化与持续改进。通过不断地优化算法的实现方式、提高代码的效率和质量,可以提升系统的控制性能和稳定性,确保系统能够在实际工作中达到预期的控制效果。

(三)用户界面开发与优化

1.用户界面设计

用户界面的开发始于用户界面设计。在这一阶段,需要考虑用户的行为模式、心理习惯和使用习惯,以便设计出符合用户需求的直观友好的界面。要注意布局合理、颜色搭配、字体选择以及交互方式等方面,确保用户可以方便快捷地完成操作。

2.响应式设计与跨平台优化

现代软件通常需要在不同尺寸和分辨率的设备上运行,因此需要进行响应式设计和跨平台优化。确保用户界面能够在各种设备上正常显示,并且保持一致的用户体验,提高系统的灵活性和适用性。

3.用户体验优化

用户界面的优化也涉及用户体验的提升。通过简化操作流程、提供明确的反馈、减少用户的学习成本,可以增强用户对系统的满意度,提高系统的易用性和可接受性。

4.可访问性设计

在用户界面开发过程中,还需要考虑到特殊群体的需求,比如视力障碍者或者身体障碍者。采用合适的颜色对比度、提供文本描述或语音提示等方式,以确保所有用户都能够方便地使用系统，增强系统的包容性和可访问性。

5.用户反馈与持续改进

在用户界面开发与优化的过程中，需要重视用户的反馈，并持续进行改进。通过用户调研、用户测试和用户反馈收集，及时了解用户的需求和意见，以便不断改进用户界面，提升系统的用户体验和用户满意度。

（四）数据处理与存储设计

1.数据处理流程设计

在软件开发中，需要首先设计合理的数据处理流程。这包括数据采集、清洗、转换、分析和输出等环节。通过合理的数据处理流程设计，可以确保系统能够高效地处理各类数据，并为后续的存储和利用奠定基础。

2.存储结构设计

还需要对数据的存储结构进行设计。这包括选择合适的数据库类型、表结构设计、索引优化等方面。通过合理的存储结构设计，可以提高数据的存取效率，确保系统能够高效地管理和利用数据资源。

3.数据安全与一致性考虑

在数据处理与存储设计过程中，需要充分考虑数据的安全性和一致性。采用合适的加密方式、访问控制策略以及备份机制，以确保数据不会遭到未经授权的访问和篡改，同时确保系统在遇到故障时能够快速恢复并保持数据一致。

4.大数据处理与分布式存储

对于大规模数据处理的系统，可能需要考虑大数据处理技术和分布式存储架构。通过合理的大数据处理和分布式存储设计，可以支持系统高效地处理海量数据，并实现横向扩展和高可用性。

5.数据生命周期管理

在数据处理与存储设计中，需要考虑数据的生命周期管理。根据数据的价值和使用频率，合理制定数据的保存、备份和归档策略，以便有效地管理系统中的数据资源，并降低数据管理成本。

（五）通信协议与接口设计

1.通信协议选择

在软件开发中，首先需要考虑与外部设备或系统进行通信所需的通信协议。根据实际需求和外部设备的兼容性，选择合适的通信协议，比如TCP/IP、HTTP、MQTT等。合理选择通信协议可以确保系统能够与外部设备进行有效的数据交换。

2.接口设计与规范

在确定通信协议后，需要进行接口设计与规范制定。这包括定义接口的数据格式、传输方式、参数约定等内容。通过明确的接口设计与规范，可以确保系统与外部设备进行数据交换时能够遵循一致的标准，降低沟通成本和提高互操作性。

3.安全性考虑

在通信协议与接口设计过程中，需要充分考虑通信的安全性。采用合适的加密方式、认证机制和防护策略，以保障通信过程中数据的安全性和完整性，防范可能的攻击和信息泄露。

4.异常处理与容错机制

在通信协议与接口设计中，还需要考虑异常处理和容错机制。对于通信过程中可能出现的超时、断连、丢包等问题，需要设计相应的异常处理机制和容错策略，以确保系统能够在异常情况下保持稳定的通信状态。

5.性能优化与监控

在通信协议与接口设计中，需要关注性能优化与监控。通过合理的设计和优化，提高通信效率和吞吐量，同时建立监控体系，及时发现并解决通信性能方面的问题，确保系统的通信能力达到预期水平。

六、系统测试与调试

（一）系统功能测试

1.测试计划制定

系统功能测试的初期阶段，首先需要进行测试计划制定。确定测试范围、测试目标、测试用例设计等内容，确保功能测试能够全面覆盖系统的各项功能，并明确测试的执行流程和标准。

2.功能测试用例设计

在测试计划制定后，需要进行功能测试用例设计。根据系统功能需求分析，设计相应的功能测试用例，包括输入数据、预期输出、测试步骤等内容。通过合理的功能测试用例设计，可以全面地验证系统的各项功能是否符合设计要求。

3.测试环境搭建

为了进行系统功能测试，需要搭建相应的测试环境。包括硬件环境、软件环境以及测试数据的准备等方面。确保测试环境与实际生产环境尽可能接近，以提高功能测试的可靠性和有效性。

4.测试执行与结果记录

在测试环境搭建完成后,进行功能测试的执行与结果记录。按照测试计划和功能测试用例,逐一对系统的各项功能进行测试,并记录测试结果。发现功能缺陷或不足之处时,及时记录并报告给开发人员,以便进行后续的优化和改进。

5.缺陷修复与再测试

在功能测试过程中,发现的功能缺陷需要及时报告给开发人员进行修复,并进行相应的再测试。确认功能缺陷已经得到解决后,可以进入下一轮的功能测试,直至系统的各项功能都能够正常工作为止。

(二)性能测试与参数调整

1.性能测试计划制定

在进行系统性能测试前,首先需要制定性能测试计划。确定测试的范围、目标、测试场景、性能指标等内容,确保性能测试能够全面覆盖系统的各项性能特征,并明确测试的执行流程和标准。

2.测试环境搭建

为了进行系统性能测试,需要搭建相应的测试环境。包括硬件环境、软件环境以及测试数据的准备等方面。确保测试环境能够模拟实际生产环境中的各种工作负载和压力,以保证性能测试的有效性和可靠性。

3.性能测试执行与数据收集

在测试环境搭建完成后,进行性能测试的执行与数据收集。根据性能测试计划设计相应的测试场景和工作负载,收集系统在不同情况下的性能指标,如响应时间、吞吐量、并发用户数等指标。通过数据收集,了解系统在不同负载情况下的性能表现。

4.参数调整与优化

根据性能测试的结果,在发现系统性能存在瓶颈或不足之处时,需要进行相应的参数调整和优化。这可能涉及系统配置的调整、代码优化、资源分配等方面。通过针对性的参数调整和优化,提高系统的性能表现,并达到满足业务需求的要求。

5.性能评估与报告

在性能测试过程完成后,需要进行性能评估与报告撰写。根据性能测试的结果和参数调整的效果,对系统的性能进行综合评估,并撰写相应的测试报告,总结性能测试的结果和改进措施,为后续的系统优化和调整提供重要参考。

（三）故障诊断与修复

1.故障诊断流程设计

在系统测试与调试过程中，需要制定完善的故障诊断流程。明确故障的报告和记录方式、故障分析的流程、责任人和时限等内容，以确保故障诊断工作能够有条不紊地进行。

2.故障现象收集与分析

一旦出现系统故障，需要及时进行故障现象的收集与分析。通过分析故障出现的时间、环境、相关日志信息等，尽可能还原故障发生的场景，为后续的故障诊断提供有效依据。

3.故障定位与分析

基于故障现象的收集与分析，进行故障的定位与深入分析。通过系统日志、错误码和异常堆栈等信息，找出故障的具体原因和可能影响的范围，为故障修复提供有力支持。

4.故障修复与验证

在确定故障原因后，需要采取相应措施进行故障修复。这可能包括代码修改、配置调整、资源释放等方式。修复完成后，对系统进行验证和测试，确认故障得到有效修复，系统恢复正常运行状态。

5.故障分析报告撰写

在故障诊断与修复工作完成后，需要做好故障分析报告的撰写。总结故障处理的全过程、原因分析和修复方案，并提出改进建议，以减少类似故障再次发生的可能性，并为系统的稳定性提供保障。

（四）系统数据记录与分析

1.数据记录策略制定

在测试与调试过程中，需要制定系统数据记录的策略。确定需要记录的数据类型、采集频率、存储方式以及保留周期等内容，以确保能够全面而有效地记录系统的相关数据。

2.数据采集与存储

根据数据记录策略，进行系统数据的采集与存储工作。这包括系统性能指标、日志信息、错误报告等多方面的数据。通过合理的数据采集策略和存储方式，确保系统数据能够被完整地记录并保存。

3.数据分析与可视化

对采集到的系统数据进行分析和可视化。通过数据分析工具或仪表盘展示，深入了解系统的性能、稳定性以及可能存在的问题。对系统数据进行可视化呈现，有助于工程师直观地了解系统的运行情况。

4.数据分析结果应用

基于数据分析的结果，针对系统可能存在的性能瓶颈、稳定性问题等，提出相应的优化建议和改进方案。通过数据分析的结果应用，可以为系统的进一步优化提供重要依据，提高系统的性能和稳定性。

5.数据分析报告撰写

在数据记录与分析工作完成后，需要撰写相应的数据分析报告。总结数据记录与分析的全过程、分析结果和改进建议，并提出对系统优化的建议，为系统的性能提升和稳定性提供重要参考。

（五）用户培训与验收

1.用户培训计划制订

在系统测试与调试完成后，需要制订用户培训计划。确定培训的内容、形式、对象以及时间安排等，确保培训能够全面覆盖系统的操作流程和功能特点，并满足用户的需求。

2.用户培训实施

根据用户培训计划，进行相应的培训实施工作。包括系统功能介绍、操作演示、常见问题解答等内容。通过培训，使系统操作人员熟悉系统的操作流程和注意事项，提高其对系统的使用熟练度。

3.系统验收准备

同时，为进行系统验收做好准备工作。明确验收标准、验收环境、验收人员等内容，以确保系统验收能够顺利进行，并满足用户对系统的需求和期望。

4.系统验收执行

进行系统验收工作，根据验收标准对系统进行全面的检查和测试。确认系统的各项功能和性能是否符合用户的需求，以及系统是否达到预期效果。通过系统验收，确保系统能够满足用户的实际使用需求。

5.用户培训总结与验收报告

在用户培训与系统验收工作完成后，需要进行总结与报告的撰写。总结用户培训的效果和反馈情况，总结系统验收的结果和意见建议，并撰写相应的用户培训总结和验收报告，为后续系统使用和优化提供重要参考。

第三节　机电一体化技术在工业自动化中的应用案例

一、自动化生产线

（一）自动化生产线概述

自动化生产线是指通过机电一体化技术，将产品的组装、检测和包装等工序实现自动化。这种生产线整合了电气控制系统和机械执行系统，能够高效、精准地完成生产任务，极大地提升了生产效率和产品质量。在汽车制造行业，这项技术被广泛应用于汽车总装线和零部件生产线，实现了生产流程的高度自动化和智能化。

（二）机电一体化技术在汽车总装线中的应用

在汽车制造过程中，汽车总装线是关键的生产环节。机电一体化技术被应用于汽车总装线，使得整个生产过程更加智能高效。自动化生产线通过机电一体化技术实现了从焊接、喷涂到总装的全自动化生产，大大提高了汽车生产的效率和质量，同时降低了生产成本。

（三）机电一体化技术在零部件生产线中的应用

除了汽车总装线，机电一体化技术也被广泛应用于汽车零部件的生产线上。例如，发动机、底盘、车身等零部件的加工和组装都可以通过机电一体化技术实现自动化生产。这不仅提高了零部件生产的效率和质量，还增强了对生产过程的监控和管理，使得整个生产链条更加智能化。

（四）自动化生产线带来的效益和优势

机电一体化技术的应用使得自动化生产线具有诸多显著的效益和优势。首先，自动化生产线能够实现 24 小时连续生产，大幅提升了生产效率。其次，自动化生产线能够降低人为因素对产品质量的影响，提高了产品的一致性和可靠性。此外，自动化生产线还能够减少人力成本和生产周期，提升了企业的竞争力。

（五）未来发展趋势与展望

随着工业 4.0 和智能制造的推进，自动化生产线将呈现出更加智能、柔性的特点。智能传感器、数据分析和人工智能技术的应用将使得自动化生产线具备更强的自适应能力和智能决策能力，从而更好地适应市场变化和产品定制需求。未来，自动化生产线将继续发挥重要作用，为制造业转型升级带来更多可能。

二、智能仓储系统

（一）智能仓储系统概述

智能仓储系统利用机电一体化技术实现货物的自动入库、出库和分拣等操作，以提高仓储物流的效率和准确性。通过自动化设备对货物的识别、存储和搬运，使得仓储管理更加智能化和高效化。在电商行业的快速发展下，智能仓储系统逐渐成为满足日益增长的物流需求的重要手段。

（二）机电一体化技术在智能仓储系统中的应用

机电一体化技术在智能仓储系统中扮演着关键角色。自动化设备包括自动搬运机器人、智能堆垛机、自动分拣系统等，这些设备通过集成的电气控制系统和机械执行系统，实现了对货物的自动处理。例如，通过 RFID 技术，货物可以被准确地定位和追踪；通过自动堆垛机和输送线系统，货物可以实现精准的存储和移动。

（三）智能仓储系统带来的效益和优势

智能仓储系统的应用带来了显著的效益和优势。首先，智能仓储系统大大提高了仓储物流的效率和准确性，降低了人为错误和损耗。其次，系统可以实现 24 小时全天候的自动化操作，提高了仓储作业的连续性和效率。此外，智能仓储系统还提升了仓储管理的智能化水平，为企业提供了更好的数据支持和决策依据。

（四）智能仓储系统在电商行业的应用案例

在电商行业，物流中心是智能仓储系统的主要应用场景之一。众多电商平台借助机电一体化技术，构建了高度自动化的仓储系统，实现了快速、准确的订单处理和货物分拣。这种系统不仅满足了电商业务的高速增长所带来的物流压力，还提升了物流效率，缩短了配送周期，提高了客户满意度。

（五）未来发展趋势与展望

随着工业 4.0 和物联网技术的不断发展，智能仓储系统将呈现出更加智能化、柔性化的特点。智能传感器、大数据分析和人工智能技术的应用将使得智能仓储系统具备更强的自适应能力和智能决策能力，从而更好地适应市场变化和物流需求。未来，智能仓储系统将继续发挥关键作用，为物流行业的数字化转型和智能化升级提供有力支持。

三、机器人应用

（一）工业机器人概述

工业机器人是应用机电一体化技术实现复杂动作的精准控制和协作的自动化装置。工业机器人广泛应用于各种领域，包括装配、焊接、喷涂等工艺。通过替代人工完成重复性、烦琐的工作任务，工业机器人可以提高生产效率和产品质量，同时减小劳动强度和安全风险。

（二）机电一体化技术在工业机器人中的应用

机电一体化技术在工业机器人中扮演着关键角色。通过整合电气控制系统和机械执行系统，工业机器人能够实现多轴运动控制和高精度定位。例如，在焊接工艺中，机器人可以精确地控制焊枪的位置和动作，实现高质量的焊接作业。此外，随着人工智能和视觉识别技术的发展，机电一体化技术也赋予工业机器人更多智能化和自适应能力，使其能够应对不断变化的生产环境和任务需求。

（三）工业机器人带来的效益和优势

工业机器人的应用带来了显著的效益和优势。首先，工业机器人可以实现24小时连续生产，大幅提升了生产效率。其次，机器人的高精度和稳定性保证了产品质量的一致性和可靠性。此外，工业机器人还能减少人力成本，降低生产事故风险，提高了生产安全性和稳定性。

（四）工业机器人在不同行业的应用案例

工业机器人在汽车制造、电子电器、医药等行业都有广泛的应用。在汽车制造领域，工业机器人被用于车身焊接、喷涂和总装等工艺；在电子电器行业，机器人被应用于电子元器件的组装和检测；在医药行业，机器人可以完成精密的药品包装和标注操作。这些应用案例充分展示了工业机器人在自动化生产中的价值和作用。

（五）未来发展趋势与展望

随着人工智能、物联网和大数据技术的不断发展，工业机器人将呈现出更加智能、柔性的特点。智能感知、学习和自适应能力的提升，将使得工业机器人能够更好地适应不断变化的生产需求和环境条件，实现更高效的生产和协作。未来，工业机器人将继续发挥重要作用，为制造业转型升级带来更多可能。

四、自动化物流系统

（一）自动化物流系统概述

自动化物流系统利用机电一体化技术，实现物料的自动输送、分拣和配送等操作，以提高物流运输的效率和精度。这些系统通过整合自动化设备和控制系统，可以适应不同规模和复杂度的物流需求，为各行业的生产提供可靠的物流支持。

（二）机电一体化技术在自动化物流系统中的应用

机电一体化技术在自动化物流系统中发挥着关键作用。自动输送设备、自动分拣系统、智能仓储设施等都依赖于机电一体化技术，以实现物料的准确处理和高效运输。例如，通过集成的传感器和控制系统，自动化物流系统可以实现对货物的实时监控和智能调度，从而保证物流作业的顺畅进行。

（三）自动化物流系统带来的效益和优势

自动化物流系统的应用带来了诸多效益和优势。首先，系统能够大幅提高物流运输的效率和精度，降低了人为错误和损耗，提高了作业的连续性和稳定性。其次，自动化物流系统还能够减少人力成本，降低了劳动强度和安全风险，提升了物流作业的安全性和可靠性。

（四）自动化物流系统在电子产品制造业的应用案例

在电子产品制造业，自动化物流系统发挥着重要作用。例如，在小型电子元器件的生产过程中，自动化物流系统可以实现对零部件的高效分拣、输送和存储，为生产线提供了及时、准确的物料供应。这种系统不仅提高了生产效率，还保证了生产质量和生产计划的顺利执行。

（五）未来发展趋势与展望

随着物联网、大数据和人工智能技术的不断发展，自动化物流系统将呈现更加智能、柔性的特点。智能感知、学习和决策能力的提升将使得自动化物流系统能够更好地适应不断变化的市场需求和物流环境，实现更高效的物流运输和配送。未来，自动化物流系统将继续发挥着重要作用，为各行业的物流运输提供更多可能性和竞争优势。

五、智能监测与调节系统

（一）智能监测与调节系统概述

智能监测与调节系统通过机电一体化技术实现对工业参数的实时监测和调节，从而提高生产过程的稳定性和可靠性。这种系统结合了传感器、执行器和控制系统，能够对生产环境、设备状态和生产过程进行实时监测和精准调节，为各种工业领域的生产提供了重要支持。

（二）机电一体化技术在智能监测与调节系统中的应用

机电一体化技术在智能监测与调节系统中发挥着关键作用。传感器和执行器通过机电一体化技术实现与控制系统的有效连接，实现了对生产环境和设备状态的高效检测和精准控制。例如，温度、压力、流量等工业参数的监测和调节都离不开机电一体化技术的支持。

（三）智能监测与调节系统带来的效益和优势

智能监测与调节系统的应用带来了诸多效益和优势。首先，系统可以实现生产环境和设备状态的实时监测，及时发现并处理问题，提高了生产安全性和稳定性。其次，系统的精准调节功能可以优化生产过程，提高了资源利用效率和产品质量。此外，智能监测与调节系统还有助于降低维护成本，延长设备寿命，提升了生产的可持续性。

（四）智能监测与调节系统在不同工业领域的应用案例

智能监测与调节系统在化工、电力、制造业等各种工业领域都有广泛的应用。在化工行业，系统可以实现对化学反应过程的动态监测和精确控制，确保生产过程的安全性和稳定性；在电力行业，系统可以对发电设备的运行状态进行实时监测和调节，提高了发电效率和安全性；在制造业中，系统可以对生产设备的运行参数进行实时监测和智能调节，提高了生产效率和产品质量。

（五）未来发展趋势与展望

随着物联网、大数据和人工智能技术的不断发展，智能监测与调节系统将朝着更加智能、自适应的方向发展。智能化的算法和决策能力将使得系统能够更好地适应复杂的生产环境和需求，实现更高效的监测和调节。未来，智能监测与调节系统将继续为工业生产提供更多可能性和竞争优势。

第九章　机电工程智能控制技术

第一节　人工智能基础知识介绍

一、人工智能的定义与概述

人工智能（Artificial Intelligence，AI）是一门研究如何使计算机能够模拟和实现人类智能的学科。它涉及构建智能系统、开发智能算法和设计智能应用的理论、方法和技术。人工智能通过模拟人类的认知能力、学习能力和决策能力，实现了计算机在感知、理解、推理、判断和决策等方面的智能化。

人工智能的核心任务如下。

（1）感知与理解：人工智能致力于使计算机能够感知和理解来自外界的信息，包括语音、图像、视频、传感器数据等。在感知过程中，计算机需要通过各种技术和算法对原始数据进行处理和提取，以获取有意义的信息。

（2）推理与推断：人工智能通过逻辑推理和推断技术，使计算机能够根据已知事实和规则进行演绎推理，从而得出新的结论和决策。推理与推断是人工智能中常用的思维方式，通过这种方式，计算机可以具备更高层次的智能。

（3）学习与训练：人工智能通过机器学习、深度学习等技术，使计算机能够从大量数据中自动学习并提取规律和模式。通过训练和优化，计算机可以根据过去的经验和数据进行自主学习，并应用于未知的情境中。

（4）规划与决策：人工智能致力于开发具有规划和决策能力的智能系统。这些系统可以根据目标和约束条件，在复杂环境中生成合理的行动方案，并做出最优决策。规划与决策是人工智能在应用领域中具有重要意义的一项任务。

（5）自然语言处理：人工智能通过自然语言处理技术，使计算机能够理解、分析和生成自然语言。这项技术涉及文本理解、问答系统、机器翻译、语音识别等方面的研究和应用。

人工智能在各个领域都有广泛的应用，包括医疗健康、金融、交通、教育、制造业、农业等。它已经为人类带来了许多便利和改变，同时也带来了一系列的挑战和讨论，如人工智能的道德和伦理问题、隐私和安全问题等。

二、人工智能的发展历程

人工智能的发展一直以来都是一个持续演进的过程。以下是人工智能的发展历程的主要里程碑。

20 世纪 50 年代：人工智能的起源可以追溯到 20 世纪 50 年代，当时艾伦·图灵为了解决"是否机器可以思考"的问题提出了著名的图灵测试。

20 世纪 60 年代：在这个时期，人工智能研究的重点主要是符号主义，即使用逻辑和规则来模拟人类的思维过程。这个时期的代表性成果包括 DENDRAL 系统（用于解决有机化学推理问题）和 ELIZA（用于模拟对话）。

20 世纪 70 年代：在这个时期，人工智能的发展遇到了困难，符号主义的方法在处理复杂的现实世界问题方面遇到了挑战。这导致了对人工智能的一场"寒冬"，资金和兴趣都减少了。

20 世纪 80 年代：在这个时期，通过引入专家系统的概念，人工智能重新获得了关注。专家系统利用领域专家的知识来解决复杂的问题。该方法在医学诊断、财务分析等领域取得了成功。

20 世纪 90 年代：在这个时期，机器学习成为人工智能的一个重要领域。机器学习是指让计算机从数据中获取知识和经验，并利用它们来进行预测和决策。神经网络、遗传算法和支持向量机等机器学习方法得到了广泛应用。

2000 年：随着互联网的发展和数据的爆炸增长，人工智能进入了一个新的阶段。各种大规模的数据集和开放的数据资源促进了人工智能的发展。此外，计算能力的提升也推动了人工智能的快速发展。

20 世纪 10 年代：在这个时期，深度学习成为人工智能的一个重要分支。深度学习利用神经网络模型，通过对大量数据进行训练，实现了在语音识别、图像识别等领域的突破。同时，自然语言处理和计算机视觉也取得了显著的进展。

20 世纪 20 年代：进入 2020 年后，人工智能发展的趋势将更加多样化和全面化。人工智能在医疗保健、自动驾驶、智能物流等领域的应用逐渐成为现实。同时，人工智能与其他技术如区块链、物联网的结合也带来了新的机遇和挑战。

第二节 智能控制技术的发展与应用

一、智能控制技术的概述

智能控制技术是一种利用人工智能（AI）和机器学习等先进技术来实现对系统或设备进行智能化管理和控制的技术。这些技术可以使系统或设备具备自动化、智能化、自适应和优化等功能，有效地提高了生产效率、降低了能源消耗，并改善了生活和工作环境。

智能控制技术的核心是通过采集、分析和处理大量的数据，从中获取有关系统状态和性能的信息，然后基于这些信息做出智能决策和控制操作。人工智能算法和机器学习模型被应用于数据分析和决策过程中，以实现系统的自动控制和优化。

智能控制技术在多个领域有着广泛的应用，如工业生产、交通运输、能源管理、楼宇自动化、智能家居等。在工业生产中，智能控制技术可以优化生产过程，提高产品质量和生产效率，降低资源浪费和能源消耗。在交通运输领域，智能控制技术可以用于交通信号灯优化，智能交通管理和车辆跟踪等，以提高交通流畅度和安全性。在能源管理方面，智能控制技术可以实时监测和控制能源供应和使用，最大限度地减少能源损耗和碳排放。在楼宇自动化和智能家居领域，智能控制技术可以实现对照明、空调、安防等设备的智能控制和管理，提高生活和工作的舒适度和便利性。

随着人工智能和机器学习技术的不断发展与进步，智能控制技术将继续推动各个领域的智能化和自动化水平的提升，为人们创造更加智慧和便利的生活环境。

二、智能控制技术的发展历程

（一）传统控制理论和方法阶段

最初的智能控制技术是建立在传统控制理论和方法之上的。

1.PID 控制

PID 控制是最常用的传统控制方法之一。它通过测量系统的误差，即实际值与期望值之间的差距，并根据比例、积分和微分三个部分的权重进行调节，来控制系统的输出值。具体来说，比例部分根据误差大小来调节输出，积分部分根据误差持续时间来调节输出，微分部分根据误差变化率来调节输出。PID 控制的优点是简单易用、稳定性好，适用于线性系统和快速响应的控制任务。

2.模糊控制

模糊控制是一种处理非线性系统和模糊信息的传统控制方法。它通过将系统的输入和输出模糊化成语言变量,并使用模糊规则库来描述输入和输出之间的关系,从而实现对系统的控制。模糊控制的优点在于可以处理复杂、非线性系统,并且对系统建模的要求相对较低。模糊控制可以通过调整模糊规则库和模糊化过程中的参数来优化控制效果。

3.自适应控制

自适应控制是一种基于传统控制理论和方法的进一步发展。自适应控制通过实时监测系统的动态特性,并根据反馈信息对控制参数进行调整,以适应系统参数的变化和不确定性。自适应控制的优点是可以在系统参数变化较大或难以准确建模时仍然保持较好的控制性能。自适应控制方法包括模型参考自适应控制、直接自适应控制等。

4.预测控制

预测控制是一种基于系统模型的传统控制方法。它通过建立系统的数学模型,并利用该模型进行系统行为的预测,从而根据预测结果来调节控制器的输出。预测控制的优点在于可以对系统进行长期预测,从而更好地应对系统的变化和不确定性。预测控制方法包括模型预测控制、广义预测控制等。

5.最优控制

最优控制是一种基于优化理论的传统控制方法。它通过建立系统的数学模型,并利用最优化算法来寻找使系统性能指标达到最优的控制策略。最优控制的优点在于可以在给定控制目标的前提下,最大限度地提高系统的性能。最优控制方法包括动态规划、最优化算法等。

这些传统控制理论和方法阶段为智能控制技术的发展打下了基础,使得控制系统能够在一定程度上满足控制需求。然而,随着科学技术的不断进步,复杂系统的控制需求也日益增加,传统控制方法面临一定的局限性。因此,更加高级的智能控制技术逐渐发展起来,如模糊神经网络控制、强化学习控制等,以提高控制系统的性能和适应性。

(二)计算机和信息技术应用阶段

1.人工智能在计算机和信息技术应用阶段的作用

人工智能是计算机和信息技术应用阶段的重要组成部分。通过模拟人类智能的思维和决策过程,人工智能技术可以实现对复杂系统的自动分析、学习和推理,从而提高系统的智能化水平和处理能力。

在控制系统中,人工智能技术广泛应用于智能控制、模式识别和优化算法等方面。例如,利用神经网络控制技术,可以将神经网络作为一个非线性模型来描述和控制复杂系统,具有较强的非线性逼近和自适应调节能力。这种控制方法可以应用于各种领域,如工业控制、机器人控制和交通控制等,有效提高了控制系统的性能和稳定性。

另外，人工智能技术在模式识别领域也发挥着重要作用。模式识别是指通过对输入数据进行分析和处理，从中提取出有用的信息和特征，进而判断和识别不同的模式或类别。人工智能技术可以通过机器学习和深度学习等方法，实现对复杂模式的准确识别和分类，应用于图像识别、语音识别、人脸识别等领域。

此外，人工智能技术还可以通过优化算法对控制系统进行优化和改进。遗传算法是一种模拟生物进化的优化算法，通过遗传操作和适应度评估，寻找最优解决方案。在控制系统中，遗传算法可以应用于参数优化、路径规划和系统优化等问题，提高系统的性能和效率。

2.神经网络控制在计算机和信息技术应用阶段的应用

神经网络控制是计算机和信息技术应用阶段的重要技术之一，它利用神经网络来建立和控制复杂系统的模型，并具有较强的非线性逼近和自适应调节能力。

在控制系统中，神经网络控制可以通过建立神经网络模型对系统进行建模和预测，实现对系统的自适应控制。神经网络可以根据系统的输入和输出数据，以及事先训练好的权值和偏置，通过反向传播算法进行学习和调整，从而达到对系统的模拟和控制。

与传统控制方法相比，神经网络控制具有以下优势。

非线性逼近能力：神经网络可以通过多层神经元和各种激活函数的组合，实现对复杂非线性系统的逼近和模拟，更准确地描述和控制系统的动态特性。

自适应调节能力：神经网络可以通过学习和反馈机制，动态地调整网络的权值和偏置，实现对系统参数的自适应调节，适应系统动态变化和不确定性。

鲁棒性和容错性：神经网络具有一定的容错性，能够处理一些噪声和干扰，提高系统的鲁棒性和稳定性。

神经网络控制在工业控制、机器人控制、智能域都得到了广泛应用。例如，在工业控制中，神经网络控制可以应用于电力系统、化工过程和自动化生产线等复杂系统的建模和控制，提高了生产效率和安全性。在机器人控制中，神经网络控制可以实现对机器人的自主导航、路径规划和动作控制，使得机器人能够适应不同环境和任务需求。在智能交通中，神经网络控制可以应用于车辆的自动驾驶、交通流控制和智能交通管理等方面，提高了交通系统的安全性和效率。

3.遗传算法优化在计算机和信息技术应用阶段的应用

遗传算法优化是计算机和信息技术应用阶段的一种重要优化方法，它模拟了生物进化过程，通过遗传操作和适应度评估来寻找最优解决方案。

在控制系统中，遗传算法优化可以应用于参数优化、路径规划和系统优化等问题。

具体而言，它通过以下步骤来优化控制系统。

初始化种群：根据问题的特点和需求，随机生成一批个体（也称为染色体），每个个体代表一个潜在的解决方案。

评估适应度：根据问题的目标函数和约束条件，对每个个体进行适应度评估，评估个体的优劣程度。

选择操作：基于个体的适应度值，选择一定数量的个体作为优良个体，用于下一代的繁衍。

遗传操作：通过交叉、变异和选择等遗传操作，产生下一代个体。交叉操作模拟了生物的基因交换过程，变异操作模拟了基因的突变过程，选择操作保留了适应度较高的个体。

重复执行步骤 2 至步骤 4，直到满足终止条件，如达到最大迭代次数或找到满足要求的最优解。

遗传算法优化在控制系统中具有以下优势。

全局优化能力：遗传算法可以通过搜索整个解空间来寻找全局最优解，而不仅仅是局部最优解。这使得它能够克服传统优化方法中易陷入局部最优的问题，提高优化结果的质量和准确性。

并行化处理：由于遗传算法的并行性质，可以同时评估和操作多个个体，加快了优化过程的速度和效率。

对于复杂问题的适应性：遗传算法适用于具有大量参数和复杂约束条件的优化问题，能够处理高维和非线性问题，如多目标优化、约束优化和混合优化等。

在控制系统中，遗传算法优化可以应用于多个方面。例如，在参数优化中，可以使用遗传算法来寻找控制器的最佳参数配置，从而提高控制系统的性能和稳定性。在路径规划中，可以通过遗传算法来寻找车辆、机器人或航空器的最佳路径，实现有效和高效的导航和控制。在系统优化中，可以利用遗传算法来优化复杂系统的结构、布局或资源分配，以使系统达到最优状态。

（三）智能控制技术与大数据、云计算结合阶段

1.大数据分析和处理技术

大数据分析和处理技术是智能控制技术与大数据、云计算结合阶段的关键技术之一。随着互联网的发展和智能设备的普及，各种传感器和设备不断产生海量的数据。通过采用大数据分析和处理技术，可以从这些数据中挖掘出隐藏在其中的规律和知识，为智能控制系统提供数据支持和决策依据。通过对数据的分析，智能控制系统可以实现对系统

状态、运行情况以及环境变量等的实时监测和分析，提高系统的自适应性和智能化水平。

2.数据学习和优化

智能控制系统在智能控制技术与大数据、云计算结合阶段能够基于丰富的数据进行学习和优化。通过分析历史数据和实时数据，智能控制系统可以自动学习系统的工作特性和性能要求，并根据实际需求进行参数调整和优化。例如，智能控制系统可以通过学习历史数据中的最优控制策略，实现对未来系统状态的预测和调节，从而提高系统的控制精度和效率。

3.云计算和分布式计算技术

云计算和分布式计算技术在智能控制技术与大数据、云计算结合阶段起到了重要的作用。通过将智能控制系统与云平台相结合，可以实现对系统的远程监测、故障诊断和优化调节。云计算技术可以提供强大的计算和存储能力，使得智能控制系统能够处理大规模的数据和复杂的计算任务。同时，分布式计算技术可以实现智能控制系统的分布式部署和协同工作，提高系统的灵活性和可扩展性。通过云平台的支持，用户可以随时随地通过手机或电脑进行系统的监控和管理，为用户提供了更加方便和高效的控制服务。

4.远程监控和管理

智能控制系统在智能控制技术与大数据、云计算结合阶段具备了远程监控和管理的能力。用户可以通过云平台远程监测和管理智能控制系统，实时获取系统的状态和运行情况，并进行远程控制和调节。远程监控和管理不仅提高了系统的可靠性和稳定性，还降低了人工干预的成本和风险。同时，通过大数据分析和处理技术的支持，智能控制系统可以进行故障诊断和优化调节，及时发现并解决系统问题，提高系统的运行效率和性能。

5.方便和高效的控制服务

智能控制技术与大数据、云计算结合的阶段为用户提供了更加方便和高效的控制服务。用户可以通过手机或电脑随时随地监控和管理智能控制系统，无须受时空限制。同时，通过大数据分析和处理技术的支持，智能控制系统可以根据实时数据和历史数据进行智能化决策和优化调节，提高系统的性能和效率。用户可以根据自己的需求和偏好对系统进行个性化设置和调整，实现对系统的精细化控制和优化。

第三节 机器学习算法在机电系统中的应用

机器学习作为人工智能的一个重要分支,近年来在各个领域得到了广泛应用。机电系统作为现代工业领域的重要组成部分,其性能优化、故障诊断与预测维护等问题一直是研究的热点。下面将详细介绍机器学习算法在机电系统中的应用,包括性能优化、故障诊断、预测维护等方面。

一、机器学习算法在机电系统性能优化中的应用

(一) 数据驱动方法

数据驱动方法是一种利用大量实验数据训练模型的方法,它在机电系统性能优化中扮演着重要的角色。通过对机电系统的数据进行采集和分析,可以建立模型并进行预测,从而实现性能的优化。以下是一些常用的数据驱动方法。

(1) 神经网络:神经网络是一种模拟人脑神经元相互连接的数学模型,可以通过大量的训练数据来学习和预测机电系统的性能。神经网络具有良好的非线性拟合能力,可以处理复杂的机电系统优化问题。

(2) 支持向量机:支持向量机是一种常用的分类和回归算法,可以将机电系统的数据映射到高维空间中,寻找最优分隔超平面。支持向量机具有较强的泛化能力和鲁棒性,适用于处理具有复杂非线性关系的机电系统优化问题。

(3) 随机森林:随机森林是一种基于决策树的集成学习方法,通过随机选择特征和样本构建多个决策树,并将它们进行组合来进行预测。随机森林能够有效地处理高维数据和缺失值,适用于机电系统中的特征选择和预测建模。

(二) 优化算法

优化算法是指寻找全局或局部最优解的方法,它在机电系统性能优化中被广泛应用。以下是一些常见的优化算法。

(1) 遗传算法:遗传算法是受到自然进化理论启发的一种优化算法,通过模拟自然界的进化过程来搜索最优解。遗传算法可以应用于求解机电系统中的参数优化、结构优化等问题,具有全局搜索能力和较好的鲁棒性。

(2) 粒子群优化算法:粒子群优化算法是一种模拟鸟群或鱼群行为的优化算法,通过不断地更新粒子的位置和速度来搜索最优解。粒子群优化算法适用于连续空间的优化

问题，可以应用于机电系统的参数优化和结构优化。

（3）深度强化学习：深度强化学习是近年来兴起的一种优化算法，结合了深度学习和强化学习的技术，可以通过智能体与环境的交互来学习最优策略。深度强化学习在机电系统的控制优化、路径规划等问题中有着广泛的应用。

（三）模型建立和训练

在机电系统性能优化中，模型的建立和训练是非常重要的环节。以下是一些关键步骤。

（1）数据采集：首先需要采集机电系统的相关数据，包括传感器数据、操作记录等。数据的质量和多样性对模型的性能有着重要影响。

（2）数据预处理：对采集到的数据进行预处理，包括数据清洗、特征提取、数据归一化等。预处理能够提高模型的训练效果和泛化能力。

（3）模型选择：根据具体的机电系统优化问题，选择适合的数据驱动方法和优化算法构建模型。可以根据问题的复杂度和数据的特点进行选择。

（4）模型训练：使用采集到的数据对选定的模型进行训练。通常采用迭代的方式，通过不断调整模型参数来降低损失函数，使得模型能够更好地拟合数据和预测未知样本。

（四）性能优化与应用

通过机器学习算法在机电系统性能优化中的应用，可以实现以下目标。

（1）参数优化：通过机器学习算法，可以优化机电系统中的各种参数，如控制参数、结构参数等，以提高性能和效率。

（2）结构优化：利用机器学习算法，可以对机电系统的结构进行优化，如优化传感器的布局、优化机械零件的设计等，以提高整体的性能和可靠性。

（3）故障诊断和预测：通过分析机电系统的运行数据和历史故障数据，可以建立故障诊断和预测模型，实现对故障的快速检测和预警，提高系统的可靠性和维护效率。

（4）能源管理：利用机器学习算法，可以对机电系统中的能源进行有效管理，如优化能源的分配、预测能源需求等，以降低能耗和成本。

（五）挑战与展望

在机电系统性能优化中，机器学习算法面临着一些挑战，如数据质量不佳、样本不平衡、模型的可解释性等。未来的发展方向如下。

（1）模型解释与可解释性：研究如何提高机器学习模型的可解释性，使得决策过程更加透明和可信。

（2）多模态数据融合：利用多模态数据融合的方法，提取不同源数据的特征信息，增强机器学习模型的性能和鲁棒性。

（3）算法优化与加速：针对机电系统优化问题的特点，研究相应的算法优化和加速方法，提高模型的训练效率和实时性。

（4）预测与决策支持：进一步研究机器学习算法在机电系统优化中的预测和决策支持能力，使得系统能够自动识别问题并给出解决方案。

二、机器学习算法在机电系统故障诊断中的应用

（一）相关性分析

机电系统故障诊断中，相关性分析是一个常用的方法，通过对机电系统的传感器数据进行相关性分析，可以找到与故障相关的特征。相关性分析可以帮助工程师确定故障的可能原因，并进行进一步的诊断。

在相关性分析中，常用的方法包括相关系数分析和主成分分析。

（1）相关系数分析：相关系数分析是一种衡量两个变量之间相关性强弱的方法。常见的相关系数有 Pearson 相关系数、Spearman 相关系数和 Kendall 相关系数等。通过计算传感器数据之间的相关系数，可以找到与故障相关的传感器数据。例如，如果某个传感器数据与系统故障有较高的正相关性，那么很可能该传感器数据能够帮助诊断系统故障。

（2）主成分分析：主成分分析是一种降维技术，可以将多个相关的传感器数据转化为少数几个无关的主成分。通过主成分分析，可以减少数据维度，提取出与故障相关的主要特征。这样可以更方便地进行故障诊断和监测。主成分分析常用于处理传感器数据较多的情况，可以提高计算效率，并且减少噪声对故障诊断的干扰。

相关性分析在机电系统故障诊断中的应用具有以下优点。

可以快速找到与故障相关的特征，有助于确定故障的可能原因。

可以减少传感器数据维度，提取与故障相关的主要特征，方便进行故障诊断和监测。

可以降低计算复杂度，提高故障诊断的效率。

（二）分类算法

分类算法是一类机器学习算法，可以根据已有的样本数据对新样本进行分类。在机电系统故障诊断中，可以利用分类算法对传感器数据进行分类，从而判断机电系统是否存在故障。常用的分类算法包括决策树、支持向量机、随机森林等。

（1）决策树：决策树是一种基于树结构的分类算法，通过将样本数据划分为不同的子集，生成一棵树来进行分类。决策树算法简单直观，容易解释，适用于处理具有离散或连续属性的数据。在机电系统故障诊断中，可以根据传感器数据的特征构建决策树模

型,通过对新样本进行分类,来判断机电系统是否存在故障。

(2)支持向量机:支持向量机是一种常用的分类算法,它基于统计学习理论和结构风险最小化原则,通过找到一个最优超平面将不同类别的样本分开。支持向量机算法具有较强的泛化能力和鲁棒性,在处理小样本、非线性分类问题时表现出良好的效果。在机电系统故障诊断中,可以利用支持向量机算法对传感器数据进行分类,判断机电系统是否存在故障。

(3)随机森林:随机森林是一种集成学习算法,它通过构建多个决策树,并通过投票或平均的方式来做出最终分类决策。随机森林算法具有较高的准确性和鲁棒性,可以有效地处理高维度、大规模数据。在机电系统故障诊断中,可以利用随机森林算法对传感器数据进行分类,判断机电系统是否存在故障。

分类算法在机电系统故障诊断中的应用具有以下优点。

可以对传感器数据进行自动分类,判断机电系统是否存在故障。

可以根据已有样本数据学习出分类模型,对新样本进行分类,实现故障诊断自动化。

不受传感器数据维度的限制,适用于处理高维度、大规模数据。

三、机器学习算法在机电系统预测维护中的应用

(一)预测模型

机器学习算法可以通过历史数据来构建预测模型,用以预测未来数据并提前发现潜在的故障。常见的预测模型包括时间序列模型和回归模型。

1.时间序列模型

时间序列模型是通过分析数据的趋势和周期性来进行预测的模型。在机电系统中,可以利用时间序列模型来预测各个变量(如温度、压力等)的未来变化趋势,以判断是否存在潜在的故障。常见的时间序列模型有 ARIMA 模型、SARIMA 模型和 VAR 模型等。

ARIMA 模型(自回归积分滑动平均模型)可以用于分析非平稳时间序列数据,并根据其自相关性和滞后差分自相关性进行预测。SARIMA 模型(季节性自回归积分滑动平均模型)在 ARIMA 模型的基础上增加了对季节性因素的处理,适用于季节性时间序列数据的预测。VAR 模型(向量自回归模型)可以同时处理多个变量之间的关系,适用于具有多个相互关联变量的时间序列数据。

2.回归模型

回归模型是通过拟合历史数据的线性或非线性关系来进行预测的模型。在机电系统中,可以利用回归模型建立输入变量和输出变量之间的映射关系,从而预测未来的输出

变量。例如，可以使用多元线性回归模型来预测某个机电设备的寿命，或者使用逻辑回归模型来预测设备的工作状态（正常或故障）。

（二）异常检测

异常检测是通过分析机电系统的数据，寻找与正常工作状态不符的数据点，从而发现潜在的故障。机器学习算法可以应用于异常检测中，如基于统计方法的离群点检测和基于聚类的异常检测等。

1.基于统计方法的离群点检测

基于统计方法的离群点检测是通过统计学原理来判断数据是否为异常的方法。例如，可以使用均值和标准差来定义正常数据的范围，超出这个范围的数据被认为是异常。此外，还可以使用箱线图、z-score 等方法来进行离群点检测。

2.基于聚类的异常检测

基于聚类的异常检测是通过将数据进行聚类，并将与其他数据点较远的点作为异常点来进行检测的方法。例如，可以使用 k-means 算法将数据点分成多个簇，然后将远离簇中心的数据点视为异常点。另外，还可以使用 DBSCAN、LOF 等聚类算法来进行异常检测。

（三）故障诊断

机器学习算法可以应用于机电系统故障诊断中，通过分析历史故障数据和其他相关数据，建立故障与各种因素之间的关系模型，实现对故障的自动诊断。

1.基于决策树的故障诊断

基于决策树的故障诊断是一种通过构建树状结构进行分类的方法，可以将不同的故障类型与其特征进行关联，从而对未知故障进行分类诊断。

2.支持向量机（SVM）的故障诊断

支持向量机是一种通过在高维空间中进行数据分割的方法，可以将不同的故障类型分割开来，实现故障的自动诊断。

（四）维修优化

机器学习算法可以应用于机电系统的维修优化中，通过分析维修历史数据，找出不同维修策略对系统性能和成本的影响，从而实现维修方案的优化和调整。

1.强化学习

强化学习算法可以对机电系统的维修策略进行优化。通过在环境中进行试错和学习，逐步调整维修策略，从而实现对系统性能的优化。

2.进化算法

进化算法如遗传算法和粒子群算法等,可以应用于维修策略的优化。通过模拟进化的过程,找到最佳的维修方案,以实现系统的最优性能。

机器学习算法在机电系统中的应用涵盖了性能优化、故障诊断和预测维护等多个方面。通过数据驱动方法和优化算法可以实现机电系统性能的最优化;相关性分析和分类算法可以帮助进行故障诊断;预测模型和异常检测可以提前发现潜在的故障。这些应用使得机电系统能够更加智能化、高效化地运行,提高生产效率和可靠性,减少故障风险。随着机器学习技术的不断进步,相信其在机电系统中的应用将会得到更大的拓展。

第四节　深度学习算法在机电系统中的应用

随着人工智能的发展,深度学习算法在各个领域都得到了广泛的应用。机电系统作为一种复杂的系统,在自动化控制领域中起着重要的作用,而深度学习算法正能够通过对大数据的学习和分析,提高机电系统在控制和优化方面的性能。下面将详细介绍深度学习算法在机电系统中的应用。

一、故障诊断与预测

(一)深度学习在机电系统故障诊断与预测中的优势

深度学习算法在机电系统故障诊断与预测中具有以下优势。

(1)对大量数据的自动学习和分析能力:深度学习算法通过对大量机电系统数据进行训练和学习,能够从中提取出特征,并建立模型来识别和预测系统中的故障。相比传统的基于规则的方法,深度学习算法不需要手动定义特征或规则,而是通过自动学习数据中的复杂模式,能够更准确地识别和预测故障。

(2)处理非线性关系能力:机电系统中的故障通常具有非线性特征,而深度学习算法具有处理非线性关系的能力。通过多层神经网络的组合和非线性激活函数的引入,深度学习算法可以更好地捕捉到机电系统中复杂的非线性关系,提高故障诊断和预测的准确性。

(3)可以处理高维数据:机电系统中的传感器数据通常为高维数据,传统的机器学习算法在处理高维数据时容易受到维度灾难的困扰,而深度学习算法通过多层网络的组合和权重共享的方式,可以有效地处理高维数据,并提取出有用的特征信息。

（4）具有自适应性：机电系统中的故障可能受到多种因素的影响，如环境变化、负载波动等。深度学习算法具有自适应性的特点，在面对不同环境和工况时可以自动调整模型参数，以适应不同条件下的故障诊断和预测需求。

（5）可以进行端到端的学习和预测：深度学习算法可以进行端到端的学习和预测，即从原始传感器数据开始，经过多个神经网络层的处理和学习，直接输出故障的诊断结果或预测值。这种端到端的学习和预测方法可以简化系统设计和实现，减少特征工程的要求，提高故障诊断和预测的效率。

（二）深度学习在机电系统故障诊断与预测中的关键技术

深度学习在机电系统故障诊断与预测中的关键技术如下。

（1）卷积神经网络（CNN）：卷积神经网络是深度学习中常用的一种网络结构，广泛应用于图像处理领域。在机电系统中，传感器数据通常具有时间序列和空间分布的特征，卷积神经网络可以通过卷积操作来提取数据的时空特征，并用于故障诊断和预测。

（2）长短期记忆网络（LSTM）：长短期记忆网络是一种特殊的循环神经网络，适用于处理时间序列数据。在机电系统中，传感器数据通常具有时间相关性，LSTM可以通过记忆单元和门控机制来捕捉数据的长期依赖关系，从而提高故障诊断和预测的准确性。

（3）自编码器（Autoencoder）：自编码器是一种用于无监督学习的神经网络结构，可以通过学习数据的稀疏表示或降维表示来提取有效的特征。在机电系统中，自编码器可以用于对传感器数据的特征提取，从而减少数据的维度，并用于故障诊断和预测。

（4）迁移学习（Transfer Learning）：迁移学习是一种将已经训练好的模型应用于新任务的方法。在机电系统中，迁移学习可以利用已经在其他相似机电系统中训练好的模型参数，通过微调或特征提取的方式，来加快新系统的故障诊断和预测效果。

（5）不确定性建模（Uncertainty Modeling）：不确定性建模是深度学习中一个重要的研究方向，用于对模型的预测结果进行可靠性评估。在机电系统中，由于数据质量和环境变化等因素的影响，深度学习模型的预测结果可能存在一定的不确定性，不确定性建模可以帮助维修人员更好地理解和利用模型的预测结果。

（三）深度学习在机电系统故障诊断与预测中的应用案例

深度学习在机电系统故障诊断与预测中已经取得了一些实际应用成果，以下是几个应用案例。

（1）发动机故障诊断与预测：利用深度学习算法对飞机发动机传感器数据进行分析，可以实现对发动机故障的诊断和预测。通过监测关键传感器数据（如振动、温度、压力等），深度学习算法可以自动识别并预测发动机的故障类型和发生概率，提前采取维修措施，降低事故的发生和运输成本。

（2）高铁轨道设备状态监测：通过对高铁轨道设备传感器数据进行实时监测和分析，深度学习算法可以实现对轨道设备（如轮对、轨道、连接器等）状态的监测和预测。通过预测设备的寿命和故障概率，维修人员可以合理安排维修和保养策略，提高高铁线路的安全性和可靠性。

（3）电力设备故障诊断与预测：利用深度学习算法对电力设备（如变压器、开关设备等）的传感器数据进行分析，可以实现对设备故障的诊断和预测。通过检测电流、电压、温度等传感器数据，深度学习算法可以自动识别设备的故障模式，并预测故障的发生概率，提前采取维修措施，防止设备故障引发事故或停电。

（四）深度学习在机电系统故障诊断与预测中的挑战和解决方案

深度学习在机电系统故障诊断与预测中仍然面临着一些挑战，以下是几个主要挑战及相应的解决方案。

（1）数据质量问题：机电系统中的传感器数据可能受到噪声、缺失、异常等问题的影响，导致深度学习模型的训练和预测效果下降。解决方案包括数据清洗和异常检测方法，并通过数据增强技术来增加训练样本的多样性。

（2）样本不平衡问题：在机电系统中，正常样本往往远多于故障样本，导致深度学习模型对正常样本更加偏向。解决方案包括采用过采样、欠采样或生成对抗网络等方法来平衡样本分布，或者引入损失函数权重来平衡正常和故障样本的重要性。

（3）可解释性问题：深度学习模型通常是黑盒模型，难以解释其预测结果的原因。在机电系统中，维修人员需要了解模型对故障的判断依据，以便采取适当的维修措施。解决方案包括使用可解释的深度学习模型（如注意力机制）或者结合其他机器学习方法（如决策树）来提高模型的解释性。

（4）实时性问题：在机电系统中，故障诊断和预测通常要求实时响应，但深度学习模型的训练和推理计算复杂度较高。解决方案包括选择轻量化的深度学习模型结构、模型压缩和加速技术，以及使用专门的硬件平台（如GPU、TPU）来提高模型的推理速度。

（五）深度学习在机电系统故障诊断与预测中的前景

深度学习在机电系统故障诊断与预测中具有广阔的应用前景。随着深度学习算法的不断发展和硬件计算能力的提升，可以预见深度学习在机电系统故障诊断与预测领域将取得更多的突破和应用。

(1)更准确的故障诊断和预测:随着深度学习模型的优化和训练数据的可以进一步提高故障诊断和预测的准确性。精准的故障诊断和预测能够帮助维修人员更好地了解机电系统的状态,并及时采取措施,提高系统的可靠性和可用性。

(2)自动化维修决策:深度学习模型可以学习到大量机电系统数据中的经验和规律,可以作为辅助决策系统的一部分,自动化地提供维修策略和决策建议。这将使维修过程更加高效和智能化,降低人力和时间成本。

(3)跨领域知识迁移:深度学习模型在一个机电系统中学习到的知识和经验,可以迁移到其他相似的机电系统中,以加速新系统的故障诊断和预测过程。这种跨领域的知识迁移可以减少数据需求和模型训练的时间,提高算法的可复用性和推广性。

二、控制优化

(一)深度学习在控制优化中的应用概述

深度学习作为一种强大的机器学习方法,近年来在控制系统优化中得到了广泛的应用。传统的控制方法需要建立复杂的数学模型来描述系统的动态特性,并设计相应的控制器来实现对系统的控制和优化。然而,这些方法在面对复杂的机电系统时会面临模型精确性和适应性的挑战。

与传统方法不同,深度学习算法通过学习大量的数据样本中的模式和规律,可以自动构建控制器,并实时调整控制参数,从而提高系统的控制性能。深度学习算法具有强大的非线性建模能力和自适应性,能够处理高维、非线性和复杂的控制问题,逐渐成为控制优化领域的研究热点。

(二)深度学习在控制优化中的关键技术

(1)深度神经网络(Deep Neural Networks,DNN):深度神经网络是深度学习的核心算法,它由多个神经网络层组成,通过层与层之间的连接来提取输入数据的高阶特征表示。在控制优化中,深度神经网络可以作为一个功能强大的非线性函数逼近器,用于建立系统的控制模型。

(2)卷积神经网络(Convolutional Neural Networks,CNN):卷积神经网络主要应用于处理图像和时间序列数据,具有良好的空间局部特征提取能力和平移不变性。在控制优化中,卷积神经网络可以用于处理具有时空关系的机电系统数据,提取关键特征,并实现控制模型的优化。

(3)递归神经网络(Recurrent Neural Networks,RNN):递归神经网络是一类特殊的深度学习模型,其具有时间上的反馈连接,可以对序列数据进行建模和预测。在控制优化中，递归神经网络可以用于处理具有时序特性的机电系统数据，实现对系统动态特性的学习和控制。

（4）强化学习（Reinforcement Learning，RL）：强化学习是一种通过与环境交互学习最优行为的机器学习方法。在控制优化中，强化学习可以用于自动调整控制参数，使系统在与环境交互的过程中获得最优的控制策略。

（三）深度学习在控制优化中的应用案例

（1）智能机器人控制：利用深度学习算法，可以通过对机器人运动轨迹和环境数据的学习，自动生成最优控制策略，实现机器人在复杂环境下的高效控制和路径规划。

（2）能源系统优化：深度学习可以应用于能源系统中的负荷预测、发电机控制和能源调度等问题，通过学习能源系统的历史数据和变化趋势，实现对能源系统的智能优化和调节。

（3）工业过程控制：深度学习可以应用于工业过程中的控制优化问题，例如化工过程中的温度、压力和流量控制等。通过学习复杂的工艺数据，深度学习可以自动构建控制模型，并实时调整控制参数，提高工业过程的稳定性和效率。

（4）智能交通系统：深度学习可以应用于交通系统中的信号控制、车辆路径规划和智能驾驶等问题，通过学习交通数据的模式和规律，实现对交通系统的智能优化和管理。

（四）深度学习在控制优化中的挑战与解决方案

（1）样本数据稀缺：深度学习算法通常需要大量的样本数据进行训练，而在控制优化中，获取大规模的样本数据可能会面临困难。解决方案可以是采用数据增强技术来扩充样本数据，或者利用仿真平台生成合成数据。

（2）模型解释性：深度学习算法在控制优化中的模型往往是黑盒模型，难以解释其决策过程和工作原理。解决方案可以是结合其他机器学习方法来提高模型的可解释性，或者利用可视化技术来观察模型的内部工作情况。

（3）实时性要求：控制优化往往需要在实时环境下进行决策和调整，而深度学习算法的复杂计算和训练过程可能导致实时性能不足。解决方案可以是使用轻量级的神经网络模型，或者通过硬件加速等技术提高深度学习算法的实时性能。

随着深度学习算法的不断发展和改进，控制优化领域将迎来更多创新和突破。未来的研究方向包括进一步提高深度学习算法的效率和实时性，提升模型的解释性，探索深度学习与传统控制方法的结合，以及开发适用于特定领域的深度学习算法和技术。深度学习在控制优化中的应用前景广阔，有望为机电系统的智能控制和优化提供更加强大的工具和方法。

三、能耗优化

（一）能耗优化的意义和挑战

能耗优化是指通过降低机电系统的能耗，提高能源利用效率，以实现节能减排、降低运营成本和减少环境污染的目标。能源消耗对于社会经济发展至关重要，但过高的能耗不仅对环境造成严重影响，还增加了能源供应的压力。因此，能耗优化具有重要的经济、环境和社会意义。

然而，能耗优化也面临着一些挑战。首先，机电系统本身具有复杂性和非线性特点，能源消耗的规律和趋势不易被准确建模。其次，机电系统中存在大量的变量和参数，如设备状态、工作负荷、温度等，需要综合考虑才能进行优化调整。此外，机电系统往往处于动态变化的工作环境中，能耗优化需要实时监测和调整，难度较高。

（二）深度学习在能耗优化中的应用

为了解决上述挑战，深度学习算法在能耗优化中得到了广泛应用。深度学习算法通过学习机电系统的能耗数据和运行状态，可以实现以下几个方面的应用。

（1）能耗预测：深度学习算法可以通过对历史能耗数据的分析和建模，预测未来的能源消耗趋势。这有助于合理安排能源供应计划，提前进行节能调整，降低能耗峰值。

（2）模型优化：深度学习算法可以通过对机电系统的建模与优化，找到能耗浪费的关键点，提供相应的调整策略。例如，可以通过优化设备的工作参数、调整系统的运行策略等方式，降低能源损耗，提高能源利用效率。

（3）异常检测：深度学习算法可以通过学习机电系统的正常运行模式，检测出异常能耗行为。一旦检测到异常能耗，可以及时采取措施进行调整和修复，以减少能耗损失。

（4）能效评估：深度学习算法可以通过对机电系统的能耗数据进行分析，评估系统的能效水平。在评估结果的基础上，可以制定改进方案，提高机电系统的能源利用效率。

（三）深度学习算法在能耗优化中的实施步骤

深度学习算法在能耗优化中的实施步骤如下。

（1）数据采集：收集机电系统的能耗数据和运行状态数据，包括设备能耗、温度、湿度、工作负荷等。

（2）数据预采集到的数据进行清洗、去噪和归一化处理，以提高深度学习算法的训练效果。

（3）模型选择：选择适合机电系统能耗优化的深度学习模型，如多层感知器（MLP）、卷积神经网络（CNN）或循环神经网络（RNN）等。

（4）模型训练：使用预处理后的数据对选择的模型进行训练，通过迭代优化参数，使模型能够正确学习能耗数据与运行状态之间的关系。

（5）模型评估：使用测试集对训练好的模型进行评估，检验其在未知数据上的预测能力和准确性。

（6）能耗优化：根据深度学习模型的预测结果，找到能耗浪费点，并制定相应的调整策略。可以采取在线实时调整或离线优化方式进行能耗优化。

（7）监测与反馈：实施能耗优化策略后，对机电系统的能耗进行实时监测，并进行反馈和调整，以确保优化效果的稳定和持续。

（四）深度学习算法在能耗优化中的应用案例

深度学习算法在能耗优化中已经取得了一些成功的应用案例。以下是其中几个典型的案例。

（1）数据中心能耗优化：通过利用深度学习算法对数据中心的能耗数据进行分析和建模，实现动态的能耗调整，从而降低数据中心的能源消耗。

（2）工业生产线能耗优化：通过深度学习算法对工业生产线的设备状态和能耗数据进行建模，优化设备的运行参数和工作策略，实现能源的有效利用。

（3）基于物联网的智慧家居能耗优化：通过将深度学习算法应用于智能家居系统中，分析用户的用电习惯和行为模式，优化家电设备的运行策略，降低家庭能耗。

（五）未来发展方向和趋势

随着深度学习技术的不断发展，能耗优化领域也将迎来更多的创新和进步。未来的发展方向和趋势如下。

（1）结合物联网：将深度学习算法与物联网技术相结合，实现能耗数据的实时采集和分析，并通过智能设备实时调整和优化能源消耗。

（2）增强学习：引入增强学习算法，让机电系统能够主动学习和调整能耗优化策略，以适应复杂多变的工作环境。

（3）能源共享与交易：借助区块链技术，建立可信、安全的能源交易平台，促进机电系统之间的能源共享和优化。

（4）综合优化：将深度学习算法与其他优化方法相结合，如遗传算法、模糊逻辑等，实现机电系统能耗的综合优化。

四、预测维护

（一）预测维护的概述

维护是机电系统运行中不可或缺的环节，对于确保设备长期稳定运行和延长设备寿命至关重要。传统的维护方法往往以定期维护或事后维修为主，存在着效率低下、成本高昂的问题。而深度学习算法在预测维护方面的应用，通过对机电系统历史运行数据的学习和分析，能够提供更准确的设备寿命预测和故障概率预测，并以此为基础为维护提供具体建议，从而提高维护效率和减少维护成本。

（二）深度学习在预测维护中的应用

深度学习算法是一种基于人工神经网络的机器学习方法，能够通过大量数据进行训练，从而学习到复杂的特征和模式。在预测维护方面，深度学习算法可以利用机电系统的历史运行数据作为输入，通过训练来建立模型，然后对当前的运行状态进行预测。

首先，深度学习算法可以通过对传感器数据的分析，提取出与设备运行状态相关的特征。例如，对于某台机械设备来说，可以通过分析传感器数据中的振动、温度、压力等参数，来判断设备是否存在异常。通过深度学习算法训练模型，可以学习到这些特征与设备寿命和故障概率之间的关系，从而实现对设备运行状态的预测。

其次，深度学习算法可以识别设备的故障迹象。在机电系统运行中，往往存在一些微小的变化或者不明显的故障迹象，传统方法很难察觉。但是深度学习算法可以通过学习历史数据中的模式和规律，提前预测出这些潜在的故障迹象，并向维护人员发出警告。这样可以在故障发生之前采取相应的维护措施，避免更大的损失和停机时间。

最后，深度学习算法可以为维护提供具体的建议。通过对设备历史运行数据的学习，深度学习算法可以计算出设备的寿命和故障概率，并根据这些结果制定相应的维护计划。例如，对于即将寿命结束的设备，可以提前进行更换或维修；对于故障概率较高的设备，可以提前预订备件以备不时之需。这样可以最大限度地减少因设备故障而导致的停机和维修成本，提高系统的可靠性和可用性。

（三）深度学习在预测维护中的优势

相比传统的维护方法，深度学习在预测维护中具有以下几个优势。

（1）高准确性：深度学习算法通过大规模数据的学习和分析，可以学习到更为复杂的特征和模式，从而实现更准确的设备寿命和故障概率预测。

（2）实时性：深度学习算法可以实时地对设备运行状态进行监测和预测，及时发现潜在的故障迹象，提前采取相应的维护措施，避免因故障导致的停机时间和生产损失。

（3）自动化：深度学习算法能够自动化地对设备运行状态进行分析和预测，提供维护建议，减少人工干预和主观判断的误差。

（4）可迭代性：深度学习算法可以不断地进行训练和改进，随着时间的推移，可以逐渐提高预测准确性和维护效果。

（四）深度学习在预测维护中的应用案例

深度学习在预测维护中已经取得了一些令人瞩目的成果。例如，在风力发电机组的维护中，深度学习算法可以通过对风力机组传感器数据的分析，预测叶片的损耗和结冰情况，从而制定相应的维护计划。在电力系统的维护中，深度学习算法可以通过对电力设备的历史运行数据进行学习，预测设备的寿命和故障概率，提供相应的维护建议。

此外，在工业生产线的维护中，深度学习算法可以通过对机械设备的振动、温度等传感器数据的学习，识别出设备的异常状态和潜在的故障迹象，为维护人员提供相应的警告和建议。

深度学习在预测维护方面的应用前景广阔。随着传感器技术和大数据的不断发展，深度学习算法可以处理更多、更复杂的数据，进一步提升预测维护的准确性和效率。未来，我们可以期待深度学习在机电系统中预测维护的更广泛应用，为工业生产提供更高效、可靠的支持。

五、其他应用

（一）深度学习在机电设备的质量检测和产品质量控制中的应用

深度学习算法能够通过学习大量的图像和传感器数据，实现对机电设备的质量检测和产品质量控制。具体而言，深度学习模型可以通过学习样本中的特征，从而准确地识别出产品的缺陷和质量问题。

在机电设备制造过程中，传感器会产生大量的数据，这些数据包含了机电设备的各种性能参数。使用深度学习算法能够对这些数据进行学习和分析，从而提取出有用的特征信息。例如，在汽车制造领域，可以使用深度学习算法对汽车的外观进行检测，识别出可能存在的瑕疵或损坏。类似地，对于电子产品的制造过程，深度学习算法可以通过学习样本中的电路图和传感器数据，来识别出可能存在的产品缺陷。

此外，在质量控制方面，深度学习算法还可以帮助制造商在生产线上实时监测产品的质量。深度学习模型可以通过学习大量的图像和传感器数据，快速准确地识别出产品的质量问题，从而能够及时采取措施进行修复或返工。这样可以极大地提高产品的质量和生产效率，降低不良品率，节约时间和人力成本。

（二）深度学习在机电系统的智能化管理中的应用

深度学习算法能够通过对各种数据的学习和分析，实现对机电系统的智能化管理。机电系统通常包括了各种传感器和执行机构，涉及的数据种类繁多，深度学习算法可以通过学习这些数据，提供系统运行状态的监测、分析和预测，帮助决策者做出科学合理的决策。

例如,在工业生产过程中,深度学习算法可以通过学习大量的传感器数据,对设备的工作状态进行监测和分析。通过对设备的故障预测和维护计划的制定,可以有效地减少设备的停机时间和维修费用。另外,深度学习模型还可以通过学习生产实时数据,帮助企业实现精确生产计划的制定,提高生产效率和产品质量。

此外,深度学习算法还可以在机电系统的能源管理中发挥作用。通过学习大量的能源消耗数据和设备运行状态数据,深度学习模型可以对能源的使用情况进行精确预测和优化调控,提高能源利用率,降低能源成本。这对于节能减排和可持续发展具有重要意义。

(三)深度学习在机电系统的优化决策中的应用

在机电系统的运营和管理中,往往需要做出一系列的优化决策,以提高系统的性能和效率。深度学习算法可以通过学习各种数据,为决策者提供支持和指导,帮助其做出科学合理的决策。

例如,在物流领域,深度学习算法可以通过学习大量的历史数据和实时数据,对物流运输线路进行优化。通过预测货物的运输需求和交通状况,深度学习模型可以制定最优的运输路线和调度计划,减少运输时间和成本,提高物流效率。

此外,在供应链管理方面,深度学习算法可以通过学习大量的供应链数据和市场趋势数据,为企业做出供应链优化决策。深度学习模型可以预测市场需求和供应链风险,制定最优的库存管理策略和订单处理方案,以减少库存成本和提高客户满意度。

第十章　机电工程系统设计与优化

第一节　机电系统设计流程和方法

一、机电系统设计的基本概念和原理

（一）结构设计

机电系统的结构设计是指确定机械结构的类型、形式和尺寸，以满足系统的要求。在结构设计过程中，需要考虑以下几个方面。

（1）系统功能需求：根据机电系统的功能要求，确定系统所需的机械结构类型，如传动系统、转动机构、定位机构等。

（2）运动学分析：通过运动学分析，确定机械结构的运动规律，包括角度、速度、加速度等参数，以满足系统的运动要求。

（3）结构材料选择：根据机电系统的工作环境和负载要求，选择适当的结构材料，如金属、塑料、复合材料等。

（4）结构强度分析：进行结构强度分析，确保机械结构能够承受正常工作状态下的负载和振动，并具有足够的安全余量。

（5）结构优化设计：通过结构优化设计，提高机械结构的刚度、稳定性和工作效率，降低系统的重量和能耗。

（二）电气设计

机电系统的电气设计是指选择适当的电气元件，设计电气回路和控制系统。在电气设计过程中，需要考虑以下几个方面。

（1）电气元件选择：根据系统的电源要求、工作电压和电流要求，选择适当的电气元件，如电机、传感器、开关、继电器等。

（2）电气回路设计：设计电气回路，包括电源、负载和控制元件之间的连接方式和电气参数，确保电气系统的稳定运行。

（3）电气安全设计：采取必要的安全措施，如保护装置、过载保护、漏电保护等，确保电气系统的安全可靠性。

（4）电气接地设计：合理设计电气系统的接地方式，确保系统的地电位稳定，并防止电磁干扰和电气事故的发生。

（5）电气控制系统设计：设计控制算法、逻辑电路和程序，实现对机械运动的精确控制和监测，以满足系统的工作要求。

（三）动力设计

机电系统的动力设计是指确定系统所需的动力源，如电机、发动机等，并进行匹配设计。在动力设计过程中，需要考虑以下几个方面。

（1）动力源选择：根据机电系统的工作要求和功率需求，选择适当的动力源，如交流电机、直流电机、燃气发动机等。

（2）动力参数计算：根据系统的负载特性和预定工作条件，计算动力源的功率、扭矩、转速等参数，并确定合适的动力匹配方案。

（3）传动系统设计：设计传动系统，将动力源的输出转换成机械运动，包括传动装置、传动比计算和传动元件选型。

（4）能耗与效率分析：进行能耗与效率分析，优化动力系统的结构和工作方式，提高系统的能源利用效率。

（5）故障诊断与维护设计：考虑到动力系统的故障诊断与维护需求，设计相应的监测装置和维护手段，确保系统的可靠运行和延长使用寿命。

（四）控制设计

机电系统的控制设计是指设计控制算法、逻辑电路和传感器等，使系统能够准确地执行预定的任务。在控制设计过程中，需要考虑以下几个方面。

（1）控制算法设计：根据系统的功能要求，设计合适的控制算法，包括开环控制、闭环控制和自适应控制等，以实现对机械运动的精确控制。

（2）控制系统硬件设计：选择合适的控制器、执行器和传感器等硬件设备，并设计相应的电路和接口，以实现与机械系统的数据交换和控制信号的输出。

（3）控制系统软件设计：编写控制程序或使用可编程控制器（PLC）进行程序设计，实现机械运动的自动控制和参数调节。

（4）控制系统稳定性分析：通过控制系统的稳定性分析，优化控制参数和控制策略，确保系统的稳定性和可靠性。

（5）控制系统调试与优化：对控制系统进行调试和优化，验证控制效果，满足系统的性能指标和工作要求。

（五）系统集成

机电系统的系统集成是将机械、电气和控制部分有机地结合在一起，形成完整的机电系统。在系统集成过程中，需要考虑以下几个方面。

（1）接口设计与连接：设计各子系统之间的接口和连接方式，保证信号的传递和能量的输送，确保子系统之间的协同工作。

（2）数据交换与通信设计：设计数据交换和通信方式，实现各子系统之间的信息交互和协同控制，包括数据传输协议和通信接口的选择与设计。

（3）故障检测与安全保护：设计故障检测装置和安全保护装置，监测系统的工作状态，及时发现故障并采取相应的保护措施，确保系统的安全运行。

（4）整体性能测试与优化：对整个机电系统进行综合性能测试和调试，优化系统的工作效率、精度和可靠性，满足系统的设计指标和用户需求。

（5）系统维护与更新：建立系统的维护管理体系，定期进行巡检和保养，并根据系统的需求进行更新和改进，提高系统的使用寿命和性能。

二、机电系统设计的流程和步骤

机电系统设计的一般流程包括以下几个步骤。

（一）需求分析

在机电系统设计的流程中，需求分析是首要的一步。它的目标是明确系统的功能、性能和工作环境等需求，以确定设计的目标。具体步骤如下。

（1）收集和整理需求：与用户和相关部门进行沟通，了解用户对机电系统的需求，并将其整理成清晰明确的需求文档。

（2）确定功能需求：根据用户需求，明确机电系统需要实现的各项功能。

（3）分析性能需求：根据实际使用环境和工作条件，确定机电系统的性能指标，例如速度、精度、承载能力等。

（4）确定工作环境需求：考虑机电系统所处的工作环境，包括温度、湿度、防尘、防水等特殊要求。

（二）方案设计

在需求分析的基础上，进行方案设计，提出各种可能的设计方案，并进行初步评估和选择。具体步骤如下。

（1）创新思考：团队成员进行头脑风暴，提出各种可能的设计方案，包括不同的结构、控制方式等。

（2）评估和选择：对各个设计方案进行初步评估，考虑技术可行性、经济性、可靠性等因素，选择最具潜力的方案。

（三）技术方案选择和评估

在方案设计的基础上，对各种设计方案进行详细评估，包括技术可行性、经济性、可靠性等方面，以选择最佳的技术方案。具体步骤如下。

（1）技术可行性评估：对每个设计方案进行技术可行性评估，考虑技术难度、所需资源等因素。

（2）经济性评估：对每个设计方案进行经济性评估，考虑制造成本、运营成本、维护成本等因素。

（3）可靠性评估：对每个设计方案进行可靠性评估，考虑系统寿命、故障率、维修难度等因素。

（4）最佳方案选择：根据评估结果，选择最佳的技术方案，并进一步优化。

（四）参数设计和优化

在选择了技术方案后，需要确定各个组成部分的参数，进行设计优化，以满足系统的性能指标。具体步骤如下。

（1）参数确定：根据技术方案，确定各个组成部分的参数，包括尺寸、材料、工作参数等。

（2）设计优化：利用设计软件或数值模拟方法，对系统进行优化，以提高系统的性能和效率。

（五）模拟仿真和验证

在进行详细设计之前，进行系统的模拟仿真，并与实际情况进行比较验证，以验证设计的可行性和性能。具体步骤如下。

（1）建立仿真模型：利用计算机辅助工程（CAE）软件，建立机电系统的仿真模型。

（2）进行仿真分析：根据系统的设计和参数，进行各种仿真分析，例如运动学分析、动力学分析等。

（3）与实际情况比较验证：将模拟仿真结果与实际情况进行比较验证，判断设计是否满足要求，是否需要进行修改和改进。

（六）详细设计

经过上述步骤的准备工作后，进行各个组成部分的详细设计，包括结构设计、电气设计、动力设计、控制设计等。具体步骤如下。

（1）结构设计：根据系统需求和参数设计，进行机械结构的设计，包括零部件的选择、装配方式的确定等。

（2）电气设计：根据系统需求和参数设计，进行电气部分的设计，包括电机选择、电路设计等。

（3）动力设计：根据系统需求和参数设计，进行动力传输部分的设计，包括传动装置的选择、额定功率的确定等。

（4）控制设计：根据系统需求和参数设计，进行控制部分的设计，包括传感器的选择、控制算法的设计等。

（七）制造和装配

在完成详细设计后，按照设计图纸进行制造和装配，形成完整的机电系统。具体步骤如下。

（1）材料采购：根据设计需求，采购所需的材料和零部件。

（2）制造加工：对所需的零部件进行机械加工、焊接、装配等制造过程。

（3）装配调试：按照设计图纸进行装配，对装配完成的机电系统进行调试，检查各个组件之间的协调性和运行情况。

（八）调试和测试

在完成制造和装配后，对安装完成的系统进行调试和测试，确保其正常运行。具体步骤如下。

（1）连接测试：对机电系统的各个组件进行连接测试，检查电气和机械连接是否正确。

（2）功能测试：对机电系统的各项功能进行测试，确保系统能够按照设计要求正常工作。

（3）性能测试：对机电系统的性能指标进行测试，如速度、精度、承载能力等。

（4）故障排除：如果在测试过程中发现问题或故障，进行排除和修复。

（九）运行和维护

在调试和测试通过后，将机电系统投入正式运行，并进行定期维护和检修，保证其长期稳定工作。具体步骤如下。

（1）运行监控：监控机电系统的运行状态，确保其正常工作。

（2）维护保养：定期对机电系统进行保养和检修，包括清洁、润滑、紧固等。

（3）故障处理：及时处理机电系统的故障，确保系统的可靠性和稳定性。

（4）更新改进：根据运行情况和用户反馈，进行系统的更新和改进，提高性能和可靠性。

三、机电系统设计中的需求分析和功能分解

（一）需求分析

1.功能需求

在机电系统设计中，功能需求是最基本的要求。需要明确系统所需实现的功能，包括基本功能和扩展功能。基本功能是系统必须具备的核心功能，而扩展功能则是额外增加的附加功能，用于提升系统的性能或便利性。功能需求的确定需要考虑系统的使用目的和用户的实际需求，可以通过需求调研、用户访谈等方式获取。

2.性能需求

性能需求是指系统在工作过程中所需达到的性能指标。这些性能指标可以包括精度、速度、可靠性、响应时间等。不同的机电系统对性能的要求会有所不同。在确定性能需求时，需要考虑系统的使用环境、工作负载以及用户期望的性能水平。

3.工作环境需求

机电系统在设计过程中，需要考虑系统工作的环境条件对系统性能的影响。例如，温度、湿度、振动等因素都可能对系统产生影响。因此，需要确定系统在各种环境条件下的工作要求，以确保系统能够正常运行并具备所需的稳定性。

4.可用性需求

可用性需求是指系统对用户的易用性和维护性等方面的要求。系统的易用性包括用户界面的友好性、操作的简便性等，而维护性则包括系统的可维护性和可拓展性等。通过考虑这些可用性需求，可以提高用户的满意度，降低系统的维护成本。

5.安全需求

安全需求是机电系统设计中非常重要的一项需求。确保系统在工作过程中能够保证人员和设备的安全是设计者的首要任务。安全需求包括对系统的结构设计、控制策略以及安全保护装置等方面的要求，以防止事故的发生，并保护人员和设备的安全。

（二）功能分解

功能分解是将整个系统分解为若干个功能单元，每个功能单元实现系统的一个或多个功能。通过功能分解，可以对系统进行逐层细化和详细设计。功能分解的方法包括自顶向下和自底向上两种方式。

1.自顶向下分解

自顶向下分解是从系统整体出发，逐步将系统分解为子系统、模块、部件等。在这个过程中，需要将系统的功能进行层次化的划分，将复杂的系统分解为若干个相对简单

的子系统或模块。这种方法适用于已有整体设计框架,并且需要进一步详细设计各个功能单元的情况。

2.自底向上分解

自底向上分解是从系统的具体部件或功能出发,逐步将部件或功能进行组合和整合,形成完整的系统。这种方法适用于从零开始设计系统,并且需要逐步组装各个部件或功能的情况。通过自底向上的分解,可以确保各个功能单元之间的协调和一致性。

在功能分解的过程中,需要考虑各个功能单元之间的接口和交互作用,以确保功能的正确实现和系统的整体性能。同时,还需要考虑系统的可靠性、稳定性和可维护性等方面的要求,以提高系统的性能和可用性。

四、机电系统设计中的技术方案选择和评估

(一)制定评估指标

在技术方案选择和评估过程中,首先需要确定评估的指标体系。评估指标应该与设计需求相匹配,并覆盖技术、经济、可靠性、可维护性等多个方面。常见的评估指标包括技术指标、经济指标、环境指标、安全指标等。通过明确评估指标,可以为后续的技术方案筛选和评估提供指导。

(二)收集信息

在进行技术方案选择之前,需要收集与各种技术方案相关的信息。这包括技术文献、市场调研、供应商信息等。通过收集信息,可以了解各种技术方案的特点、优缺点以及目前的应用情况。同时,还可以了解相关技术的发展趋势和最新进展,为技术方案的选择提供参考依据。

(三)方案筛选

根据评估指标,初步筛选出若干合适的技术方案。在方案筛选时,需要综合考虑各项指标的要求,并对方案进行初步的比较。可以利用决策矩阵、关联图等方法来进行方案筛选,以找出最具优势的候选方案。

(四)技术评估

对每个候选方案进行技术评估,主要包括技术可行性分析和性能分析。技术可行性分析主要考虑技术方案是否满足设计需求,包括功能实现、技术难度、技术可靠性等方面。性能分析则关注技术方案在具体工作条件下的性能表现,如效率、稳定性、适应性等。

(五)经济评估

对候选方案进行经济评估,主要考虑投资成本、运营成本、回报周期等经济指标。

投资成本包括设备采购成本、工程建设成本等；运营成本包括能耗、维护费用、人员培训等；回报周期则反映了项目的投资回收速度和效益。经济评估可以使用财务指标，如净现值、投资回收期等进行分析，以确定各个方案的经济可行性。

（六）风险评估

评估候选方案的风险程度是一个重要的环节。风险评估可以包括技术风险、市场风险、供应链风险等。对候选方案的风险进行评估有助于提前发现潜在问题，并采取相应的措施进行规避或降低风险。

（七）综合评估

综合考虑技术、经济、风险等因素，选择最优的技术方案。在综合评估中，可以根据不同的权重给出各个评估指标的重要性，然后将各个方案的得分进行加权求和或使用模糊综合评判方法进行评估，最终确定最佳技术方案。

在实际的机电系统设计中，技术方案的选择和评估是一个复杂而重要的过程。需要全面考虑各种因素，并结合实际情况进行权衡和决策。通过科学的方法和有效的工具，可以提高技术方案选择的准确性和可靠性，为机电系统设计的成功实施提供保障。

五、机电系统设计中的参数设计和优化

（一）建立数学模型

在机电系统设计中，建立准确的数学模型对于参数设计和优化至关重要。根据系统的工作原理和特点，可以运用物理学原理、控制理论、流体力学等方法建立数学模型。例如，在液压系统设计中，可以利用连续性方程、动量方程以及能量方程建立系统的数学模型；而在电气系统设计中，可以利用电路方程、电磁场方程等建立电路模型。

（二）设定参数范围

确定各个参数的取值范围是参数设计和优化的前提条件之一。在设定参数范围时，需要考虑制造工艺、材料性能、安全性要求等因素。例如，在机械系统设计中，需要考虑到材料的强度、刚度等特性，以及加工工艺的限制；而在电气系统设计中，需要考虑电源电压、电流等参数的合理范围。

（三）初始设计

初始设计是根据经验和设计要求选择合适的初始参数。设计人员可以根据自身经验和已有的设计案例，选择合适的初始参数作为设计的起点。初始设计的目标是满足基本的设计要求，并提供一个优化的方向。

(四）仿真分析

仿真分析是利用计算机辅助工程（CAE）软件进行参数的仿真分析，并评估系统性能。通过建立数学模型和设定参数范围，可以将系统的工作条件输入仿真软件，对系统的性能进行定量分析。例如，在流体力学仿真中，可以通过改变某些参数，分析系统的流量、压力分布等；在热传导仿真中，可以优化材料的导热系数、几何形状等参数，以提高热传导效率。

（五）参数优化

参数优化是通过改变参数取值，优化设计，以提高系统性能。在参数优化过程中，可以运用数值优化算法，如遗传算法、粒子群优化算法等，对系统的性能指标进行多次迭代优化。在每次迭代过程中，根据系统的性能评估结果，调整参数的取值，逐步接近最优解。

（六）敏感性分析

敏感性分析是分析各个参数对系统性能的敏感程度，确定参数的重要性和优先级。通过敏感性分析，可以了解各个参数对系统性能的影响程度，为参数优化提供依据。例如，在风电场设计中，可以分析风速、叶片长度、塔筒高度等参数对发电量的敏感程度，确定哪些参数对提高发电效率更为关键。

（七）参数验证

参数验证是验证参数优化后的设计方案，确保其满足设计要求。在参数优化完成后，需要对优化后的设计方案进行验证和测试。验证可以通过实验室测试、样机测试或者实际运行检测等方式进行。通过参数验证，可以验证优化后设计方案的有效性，并修正和改进设计方案。

通过参数设计和优化，可以提高机电系统的性能指标，满足用户需求，并降低系统的成本和风险。参数设计和优化是一个复杂且耗时的过程，需要综合考虑多个因素，运用科学的方法和工具进行分析和优化。只有在充分理解系统特点的基础上，才能设计出最优的机电系统。

第二节 面向性能优化的设计方法

一、机电系统性能指标的定义和评估

机电系统性能指标是评估系统整体运行性能的重要依据。在面向性能优化的设计中，

首先需要明确系统性能指标的定义，并采用科学合理的方法进行评估。

对于机电系统而言，常见的性能指标包括能源效率、动力输出、响应速度、运行稳定性等。每个指标都对系统的不同方面进行评估，因此需要根据系统特点和设计目标来选择适当的性能指标。

对于能源效率指标，可以通过测量系统的能源消耗和实际输出功率之间的比值来评估。动力输出指标主要衡量系统的输出能力，可以通过测量传输系统的输出功率来评估。响应速度指标则关注系统的响应时间和稳定性，可以通过测量系统在不同负载条件下的响应时间来评估。运行稳定性指标则通过测量系统在长时间运行过程中各项参数的波动情况来评估。

在对性能指标进行评估时，需要考虑到系统的实际工况和环境条件，并结合相关标准和规范进行分析。同时，还需要注意指标的可操作性和可衡量性，确保评估结果的科学性和准确性。

二、面向性能优化的设计目标和要求

面向性能优化的设计目标是通过改进系统结构、优化参数配置等方式，提高机电系统的性能表现，以满足实际工作需求和提高工作效率。

在制定设计目标时，需要明确系统的关键性能指标，并根据实际需求确定合理的性能改进目标。设计目标应具备可行性和可实现性，同时也需要注重系统的整体性能提升，而非单一指标的追求。

面向性能优化的设计要求主要包括以下几个方面。

（一）功能要求

提高输出功率：在性能优化的设计中，重点考虑如何提高系统的功率输出能力，以满足实际工作需求。可以通过优化电路设计、改进机械结构等方式来增加系统的输出功率。

降低能耗：在追求更好性能表现的同时，需要注意系统的能源消耗。通过优化电路设计、降低能耗的元器件选用等方式，减少系统的能源消耗，提高能源利用效率。

（二）可靠性要求

稳定可靠性：系统在长时间运行中，应保持稳定可靠的工作状态，避免故障和停机现象。为此，需对系统的关键组件进行可靠性评估和优化，确保其能够长期稳定运行。

故障预防与处理：在面向性能优化的设计中，也要考虑到故障的预防和处理。可以采用备份机制、故障检测与诊断技术、故障恢复机制等手段，提高系统的容错能力和抗干扰能力。

（三）响应速度要求

负载变化响应：系统在面对负载变化时，要求具备较快的响应速度，确保及时有效地适应新的工作状态。可以通过优化控制算法、提高传感器采样频率等方式来提高系统的响应速度。

实时性能：对于需要实时响应的系统，要求设计具备低延迟和高实时性能。这要求在性能优化的设计中，重点优化关键路径，缩短信号传输时间，提高系统的实时处理能力。

（四）经济性要求

制造成本：在性能优化的设计过程中，需综合考虑制造成本。可以通过精简结构、降低材料成本、优化生产工艺等方式，降低系统的制造成本。

运行维护成本：除了制造成本外，还需关注系统的运行维护成本。在设计过程中，可考虑降低设备的维护难度，提高设备的可维护性，以降低运行维护成本。

（五）整体性能提升

综合效益：性能优化的设计目标不仅仅是单一指标的追求，还需要综合考虑系统的各种性能指标和需求。在设计过程中，要找到平衡点，以整体性能提升为目标，兼顾各项指标的优化。

可行性和可实现性：设计目标应具备可行性和可实现性，考虑到技术和资源限制，确保设计方案能够在现有条件下实际实施。

三、机电系统性能优化的设计策略

机电系统性能优化的设计策略主要包括以下几个方面。

（一）系统分析

在机电系统性能优化的设计方法和策略中，首先需要进行系统分析。通过对机电系统的结构和工作原理进行深入分析，找出系统性能瓶颈和存在问题的关键点。这可以通过对系统的物理原理、能量传递方式、工作流程等进行研究和分析来实现。系统分析的目的是确定系统存在的问题和改进空间，为后续的优化设计提供依据。

（二）参数优化

参数优化是机电系统性能优化的核心环节之一。通过对系统参数的合理选择和优化，可以改善系统的性能表现。参数优化可以通过理论计算、数值模拟等方法来实现。首先，需要建立机电系统的数学模型，包括各个部件的参数和特性。然后，通过模型计算或者仿真，对不同参数组合下的系统性能进行评估，找出最优的参数配置方案。

（三）结构改进

针对机电系统存在的结构问题，可以通过改进设计方案和优化部件布局等方式来提高系统的性能表现。结构改进包括对系统的机械结构、传动机构、电气连接方式等进行优化和改进。例如，通过改进部件的材料选择、尺寸设计和连接方式，减小传动损失，提高系统的工作效率和稳定性。

（四）控制策略优化

机电系统的控制策略对系统的性能起着至关重要的作用。优化控制策略可以使机电系统更加智能化和高效化。控制策略优化包括对系统的传感器、执行器和控制器等进行改进和优化，以提高系统的响应速度、精度和稳定性。比如，采用先进的控制算法和策略，如模糊控制、PID 控制、自适应控制等，来优化系统的控制性能。

（五）制造质量管理

为了确保机电系统的性能优化设计能够真正体现在实际生产中，在整个制造过程中需要加强对机电系统的质量管理。这包括从原材料的选择和采购、零部件的制造和装配、检验和测试等环节，都需要严格把控质量。只有确保每个组件和部件的质量达到要求，才能有效避免因制造质量问题导致系统性能下降。

四、机电系统性能优化的模型建立和求解

在机电系统性能优化的过程中，建立合适的模型是十分重要的。通过建立系统的数学模型，可以对系统进行分析和求解，为性能优化提供理论支持。

机电系统的模型建立主要包括以下几个步骤。

（一）系统建模

在机电系统性的过程中，首先需要根据系统的结构和工作原理，建立系统的数学模型。建模的目标是描述系统的关键特性和行为规律，为后续的分析和优化提供理论依据。

对于机电系统，可以采用力学、热力学等相关原理和方法进行建模。常见的建模方法包括物理模型、动态模型和状态空间模型等。

物理模型是根据系统的物理特性和运动规律建立的数学方程组。例如，对于机械系统，可以利用牛顿第二定律、能量守恒定律等来描述力、速度、位移等物理量之间的关系。对于电气系统，则可以利用电路理论和电气元件的特性方程来描述电流、电压、功率等之间的关系。

动态模型是描述系统随时间变化的数学模型，考虑系统的惯性、时滞等因素。例如，对于控制系统，可以利用微分方程或差分方程来描述系统的动态响应。对于热传导系统，

可以采用热传导方程描述温度场的变化。

状态空间模型是一种将系统状态表示为向量形式的数学模型。通过引入状态变量和状态方程，可以将系统的动态行为表示为状态方程的解。状态空间模型适用于线性系统和非线性系统的建模，是控制系统和优化算法中常用的模型形式。

（二）参数确定

建立系统模型后，需要确定模型中的参数值。参数的确定对于模型的准确性和可靠性至关重要。参数可以通过实验测量、经验数据等方式来获取。

实验测量是一种常用的参数确定方法，通过对系统进行实验观测，获取系统的实际参数值。实验应该设计合理，测量准确，覆盖系统全局的工作状态。

经验数据是通过历史数据或类似系统的运行经验得到的参数值。这些数据可以从相关文献、专家咨询等渠道获取。在使用经验数据时，需要注意数据的适用性和可靠性。

另外，对于某些系统，参数可能难以直接测量或获取。这时可以采用参数辨识的方法，通过系统辨识算法来估计参数值。参数辨识是根据系统的输入输出数据，利用系统辨识算法对系统的未知参数进行估计。常见的参数辨识方法包括极大似然估计、最小二乘法等。

（三）求解方法选择

根据系统的特点和优化目标，选择合适的数值计算方法或优化算法，对系统模型进行求解。

数值计算方法是对差分方程、微分方程等数学模型进行数值求解的方法。常见的数值计算方法包括欧拉法、龙格-库塔法、有限元法、有限差分法等。根据系统的特点和求解要求选择合适的数值计算方法，确保求解结果的精度和稳定性。

优化算法是针对性能优化问题设计的算法。根据系统的优化目标和约束条件，选择适当的优化算法进行求解。常见的优化算法包括梯度下降法、遗传算法、粒子群优化算法等。优化算法的选择应考虑算法的收敛性、计算效率和全局搜索能力。

（四）结果验证

在完成系统模型的求解后，需要将求解结果与实际运行数据进行比较和验证，以确保模型的准确性和可靠性。

结果验证可以通过与实际观测数据进行比较来评估模型的拟合程度。如果模型与实际数据吻合较好，说明模型具有较高的准确性。如果模型与实际数据存在较大差异，可能需要重新调整参数或改进模型结构。

此外，结果验证还可以通过模型的检验和验证来进行。检验是指利用已知的性能指标和理论分析对模型进行验证，判断模型是否满足设计要求。验证则是通过实际测试和试验对模型进行验证，验证模型的准确性和可靠性。

机电系统性能优化的模型建立和求解是一个复杂而关键的过程。通过系统建模、参数确定、求解方法选择和结果验证等步骤，可以建立准确可靠的数学模型，并通过求解和验证来优化系统性能。在建模和求解过程中，应根据系统的实际情况和要求选择合适的方法和算法，确保模型的准确性和可靠性。同时，模型的建立和求解应与实际运行数据相结合，以验证模型的有效性和适用性。

五、机电系统性能优化的仿真和实验验证

在进行机电系统性能优化设计时，常常需要借助仿真和实验手段对设计方案进行验证和评估。

仿真验证主要利用计算机软件对机电系统进行模拟和计算，通过改变参数和优化算法，得到不同设计方案的性能预测结果。仿真可以在系统设计的早期阶段就进行，提前发现问题和优化方案。

实验验证则是通过实际搭建系统原型，在实验室或实际工作环境中进行性能测试和评估。实验可以直接获取系统的真实运行数据，验证设计方案的有效性和可行性。

仿真和实验验证相辅相成，共同为机电系统性能优化提供支持。通过仿真和实验验证，可以不断改进设计方案，优化系统性能，最终得到满足要求并经过验证的最优设计方案。

六、机电系统性能优化的结果分析和评估

在机电系统性能优化设计完成后，需要对设计结果进行分析和评估。这是确定设计方案可行性和有效性的关键步骤。

结果分析主要包括对系统性能指标达标情况的评估，对不同设计方案的性能进行对比和分析。通过对结果的分析，可以发现系统的优点和不足之处，为进一步优化提供参考。

结果评估则是对设计方案的可行性和经济性进行综合评价。评估主要从技术角度、经济角度和可行性角度进行，综合考虑各项因素，评估设计方案的整体性能。

结果分析和评估是机电系统性能优化设计的最后步骤，通过对结果的分析和评估，可以更加全面地了解设计方案的优劣，并做出相应的改进和调整。

第三节 机电系统的可靠性设计与评估

一、机电系统可靠性设计的基本原理和方法

（一）设计简化

设计简化是机电系统可靠性设计的基本原则之一。通过简化系统结构和减少部件数量，可以降低系统的复杂度，从而减少故障点和故障模式，提高系统的可靠性。设计简化可以通过以下几个方面来实现。

（1）简化结构：在机电系统设计中，可以尽量减少复杂的结构，避免过多的连接件和接口。简化结构可以降低故障的概率，提高系统的可靠性。

（2）减少部件数量：在机电系统设计中，可以通过优化设计、选择性能更好的部件或组件，减少部件的数量，从而降低系统的故障率。同时，减少部件数量也有利于维修和故障排除。

（3）提高系统的可靠性：在机电系统设计中，可以采用模块化设计思想，将系统划分为若干个独立的模块，每个模块具备一定的功能，相互之间通过接口进行连接。这样可以提高系统的可靠性，当一个模块发生故障时，只需要更换该模块即可，而不需要对整个系统进行更改或维修。

（4）优化系统布局：在机电系统设计中，可以合理安排部件和系统的布局，避免过于拥挤和堆砌，尽量保持空间的宽敞和通风。合理的系统布局可以降低部件之间的干扰和相互作用，减少故障的发生。

（二）冗余设计

冗余设计是提高机电系统可靠性的重要方法之一。在关键部件或系统中引入冗余元素，即增加备用部件或系统，当一个部件或系统发生故障时，可以切换到备用部件或系统，从而提高系统的可靠性。冗余设计可以通过以下几种方式来实现。

（1）备用部件冗余：在机电系统设计中，可以引入备用部件，当主要部件故障时，可以切换到备用部件，保持系统的正常运行。备用部件可以是完全相同的，也可以是功能相似但性能稍差的。备用部件可以在系统运行过程中进行自检，以确保其可用性。

（2）系统冗余：在机电系统设计中，可以设计多个相同或类似的子系统，每个子系统都具有完成相同任务的能力。当一个子系统发生故障时，可以切换到其他正常工作的子系统，保持系统的正常运行。系统冗余可以通过冗余结构和通信链路来实现。

（3）增量冗余：在机电系统设计中，可以为关键部件或子系统提供额外的备用功能。这样，当主要功能无法正常工作时，可以切换到备用功能，保持系统的正常运行。增量冗余可以通过软件或硬件手段来实现。

（4）隔离冗余：在机电系统设计中，可以将不同功能的部件或子系统相互隔离，避免彼此之间的干扰和相互影响。当一个部件或子系统故障时，可以切换到其他正常工作的部件或子系统，保持系统的正常运行。

（三）健壮设计

健壮设计是机电系统可靠性设计的重要原则之一。通过选择合适的材料、设计合理的结构和采用合适的工艺，使机电系统能够在恶劣的环境条件下正常工作，提高系统的抗干扰能力和可靠性。健壮设计可以从以下几个方面来考虑和实施。

（1）材料选择：在机电系统设计中，应选择具有良好耐久性和抗腐蚀性的材料，以保证系统在恶劣的环境条件下长期稳定运行。同时，材料的选择应考虑到其可靠性和成本因素。

（2）结构设计：在机电系统设计中，应采用合理的结构设计，使系统具有良好的抗震、抗振动和抗冲击能力。结构设计应充分考虑到机械强度、刚度和稳定性等因素，以保证系统在各种工作条件下能够正常工作。

（3）工艺选择：在机电系统设计中，应选择合适的工艺和制造方法，确保系统的质量和可靠性。工艺选择应考虑到生产效率、成本和产品质量等方面的因素。

（4）环境适应性设计：在机电系统设计中，应考虑系统所处的环境条件，如温度、湿度、气候等因素。设计应采用合适的防护和密封措施，以提高系统的抗干扰能力和可靠性。

（四）可靠性评估

可靠性评估是机电系统可靠性设计的重要方法之一。通过可靠性工程的方法，对机电系统进行全面的可靠性评估，包括故障率预测、失效模式与效应分析、可靠性增强等，为系统设计提供科学的依据。可靠性评估可以从以下几个方面进行。

（1）故障率预测：通过对系统各个组件的故障率数据进行统计和分析，可以预测系统的整体故障率。故障率预测是评估系统可靠性的基础，可以为系统设计提供重要的参考数据。

（2）失效模式与效应分析：通过对系统的失效模式进行分析和研究，可以了解各种故障模式的发生机制和影响范围，进而采取相应的措施来防止或减少故障的发生。失效模式与效应分析也可以为系统设计和维修提供重要的指导。

（3）可靠性增强：通过对系统设计的优化和改进，可以提高系统的可靠性。可靠性增强可以包括改进部件和系统的结构、优化工艺和材料选择等。可靠性增强的目标是提高系统的可靠性水平，降低故障率。

（4）可靠性测试：在机电系统设计完成后，还需要进行可靠性测试，以验证设计的可靠性和性能。可靠性测试可以通过实验室测试、模拟测试和现场测试等方法来进行，以评估系统的可靠性和性能。

（五）维修性设计

维修性设计是机电系统可靠性设计的重要原则之一。在设计过程中考虑到维修和故障诊断的需求，合理安排部件和系统的布局、选择可拆卸连接方式等，以提高维修效率和降低维修成本，同时也有利于提高系统的可靠性。维修性设计可以从以下几个方面来考虑和实施。

（1）组件可替换性：在机电系统设计中，应考虑部件和组件的可替换性。即使一个部件发生故障，也可以方便地更换新的部件，而不需要对整个系统进行更改或维修。

（2）组件标识和编码：在机电系统设计中，应为每个部件和组件进行标识和编码，以便快速定位和识别故障点。标识和编码可以简化维修过程，提高维修效率。

（3）维修空间和通道设计：在机电系统设计中，应充分考虑到维修的需求，合理安排部件和系统的布局，留出足够的维修空间和通道。维修空间和通道设计应满足人员工作的需求，并且方便维修人员进行维修和检修。

（4）维修手册和故障诊断：在机电系统设计中，应编写详细的维修手册，包括故障诊断流程、维修步骤和注意事项等。维修手册可以为维修人员提供指导和支持，提高维修效率和质量。

二、可靠性设计的概率统计分析和可靠性评估

可靠性设计的概率统计分析是指通过对机电系统各个组成部分的故障数据进行搜集和分析，得出系统的失效率、平均无故障时间（MTTF）等可靠性参数，从而对机电系统的可靠性进行评估和预测。

（一）故障数据搜集

可靠性设计的概率统计分析首先需要进行故障数据的搜集。通过对已存在的机电系统进行数据搜集，记录故障发生的时间、故障原因、修复时间等相关信息，建立系统的故障数据库。数据搜集可以通过以下方式进行。

维护记录：定期维护和保养机电系统时，应记录维护过程中出现的故障情况，包括故障原因和修复时间。这些记录可以提供很多有用的数据用于后续的统计分析。

维修报告：对于已经发生的故障，维修人员通常会填写维修报告，其中包含了故障的详细信息和修复情况。通过收集这些维修报告，可以获取更加详尽的故障数据。

不良事件报告：对于严重的故障或事故事件，应该编制不良事件报告，详细描述故障发生的原因、影响和后果，并提供对应的修复措施。这些报告能提供有关系统故障的重要信息。

（二）概率统计分析

在故障数据搜集完成后，可以使用统计分析的方法来计算机电系统的失效率、故障频次分布等概率统计参数。常用的概率统计分析方法如下。

失效率计算：失效率是指在特定时间内系统发生故障的概率。可以通过对故障发生次数和运行时间的统计分析，计算出系统的失效率。失效率的计算可以根据不同的失效模式进行，如常见的可靠性分析方法有指数分布、韦伯分布等。

故障频次分布：故障频次分布描述了在一定时间范围内系统发生故障的频率分布情况。可以通过对故障发生次数进行统计分析，绘制故障频次分布曲线。通过观察故障频次分布曲线，可以了解系统故障的集中程度和趋势。

平均无故障时间（MTTF）计算：平均无故障时间是指系统在正常运行一段时间后，发生故障的平均时间间隔。可以通过对故障发生时间间隔的统计分析，计算出系统的平均无故障时间。

（三）可靠性评估

基于概率统计分析的结果，可以对机电系统的可靠性进行评估。可靠性评估的目标是识别系统的潜在风险和改进方向，常用的方法如下。

失效模式与效应分析（FMEA）：FMEA 是一种系统性的分析方法，通过对系统的失效模式、原因、后果进行评估，识别潜在故障及其严重程度。可以根据 FMEA 的结果制定相应的改进措施，提高系统的可靠性。

故障树分析（FTA）：FTA 是一种定量分析方法，通过构建故障树来揭示系统发生故障的可能路径和概率。通过 FTA 分析，可以确定导致系统故障的关键事件，并制定相应的预防策略。

故障模式与影响分析（FMECA）：FMECA 是一种结合了 FMEA 和 FTA 的方法，通过对系统的故障模式、原因、后果以及故障发生的概率进行综合分析，评估系统的可靠性并提出改进措施。

通过可靠性评估，可以全面了解机电系统的可靠性水平，为改善系统设计、减少故障率提供科学依据。

（四）改进措施

通过对机电系统的可靠性评估，可以确定系统存在的问题和潜在风险，并提出相应的改进措施。改进措施的重点如下。

设备选型：选择更加可靠和适用的设备和零部件，具有更长的无故障时间和更低的失效率。

维护策略：建立合理的维护计划和周期，包括定期检查、预防性维护和故障排除等，保持设备状态良好，减少故障的发生。

故障预测与监测：使用先进的故障预测和监测技术，及时检测设备的异常情况，提前采取维修或更换措施，避免故障的发生或扩大。

人员培训：提供专业的培训和技术支持，确保操作人员具备正确的操作方法和维修技能，减少人为操作失误带来的风险。

（五）持续改进

可靠性设计是一个持续的过程，需要不断进行分析、评估和改进。在系统投入使用后，应定期对系统进行可靠性监测和评估，收集故障数据，并根据数据分析的结果进行改进措施的制定。同时，还需要与供应商、技术人员和用户等各方合作，共同推动机电系统可靠性的不断提高。

三、机电系统故障模式与效应分析（FMEA）

机电系统故障模式与效应分析（Analysis，FMEA）是一种常用的可靠性工程方法，旨在通过对机电系统的部件、子系统或整个系统进行分析，识别潜在的故障模式及其可能导致的效应，并制定相应的预防措施和修正措施。

（一）故障模式识别

在 FMEA 中，故障模式识别是首要的步骤。它需要对机电系统的各个部件进行分析，并识别可能发生的故障模式。这些故障模式可以包括设备故障、部件失效以及系统功能中断等。通过对每个部件的功能和工作环境进行深入理解，可以准确地识别出潜在的故障模式。

例如，在一台机电系统中，某电动机的故障模式可能包括绕组短路、轴承失效、过载等。另外，其他部件如传感器、控制器等也可能存在各自的故障模式。

（二）故障效应分析

故障效应分析是对每个故障模式进行分析，评估其可能带来的效应。这些效应可以包括安全风险、生产中断、质量问题等。通过分析故障模式的效应，可以评估其对机电系统可靠性的影响程度。

对于上述电动机绕组短路的故障模式，可能导致电机无法正常运转，从而造成生产中断。另外，在短路过程中，电流可能会超过额定值，导致发热，可能引发火灾等安全风险。

（三）风险评估

基于故障模式的分析结果，可以对机电系统的风险进行评估。这包括确定故障模式和效应的重要性，以便采取相应的预防和修正措施。

在 FMEA 中，可以使用风险优先数（Risk Priority Number，RPN）来评估风险。RPN 是根据故障模式的概率、严重性和探测能力来计算的一个指标。较高的 RPN 值表示潜在的较高风险。

例如，在评估电动机绕组短路的风险时，可以考虑该故障模式的概率、对系统可靠性的影响和该故障模式是否容易被探测到。通过计算 RPN 值，可以确定是否需要采取进一步的预防和修正措施。

（四）预防和修正措施

在 FMEA 中，根据故障模式的重要性，可以采取相应的预防和修正措施来降低风险。

对于故障模式识别中确定的重要故障模式，可以采取预防性措施来尽可能地减少其发生概率。例如，对于电动机绕组短路故障模式，可以定期进行绝缘检测和维护，以确保绕组的工作安全。

对于已经发生的故障模式，可以采取修正措施来减轻其效应。例如，对于电动机绕组短路故障导致的生产中断，可以设计备用电机或实施快速更换措施，以便及时恢复生产。

四、机电系统可靠性增强的设计技术和措施

（一）冗余设计

增加备用部件或系统，以实现在主要部件或系统发生故障时的切换，保证系统的连续性。

冗余设计是提高机电系统可靠性的重要手段之一。通过增加备用部件或系统，当主要部件或系统发生故障时，可以及时切换到备用部件或系统，确保系统的连续性。常见的冗余设计如下。

（1）冗余部件设计：在关键部位增加备用部件，如冗余电源、冗余传感器、冗余控制器等。当主要部件发生故障时，备用部件可以立即接替工作，保持系统正常运行。

（2）冗余系统设计：将系统划分为多个相互独立但具有相同功能的子系统，每个子系统都能够独立完成系统的任务。当某个子系统发生故障时，其他正常工作的子系统可以接管其工作，确保整个系统的正常运行。

（3）冗余通信设计：在通信系统中引入冗余设计，即使用多条独立的通信线路进行数据传输。当其中一条通信线路发生故障时，系统可以自动切换到其他正常的通信线路，避免通信中断。

（4）冗余存储设计：在数据存储系统中采用冗余设计，如磁盘阵列技术（RAID），通过将数据同时存储在多个磁盘上，实现数据的冗余存储和容错能力，当其中一个磁盘发生故障时，可以从其他磁盘中恢复数据。

（二）设计简化

简化系统结构，减少部件数量和连接点，降低故障发生的概率。

设计简化是提高机电系统可靠性的重要原则之一。简化系统结构可以降低系统的复杂度，减少部件数量和连接点，从而降低故障发生的概率。设计简化的具体措施如下。

（1）减少部件数量：在设计过程中，应尽量减少冗余部件和不必要的部件，只保留必需的功能模块，以降低部件的故障率。

（2）减少连接点：连接点是系统中容易出现故障的地方，因此应尽量减少连接点的数量，采用更简洁、可靠的连接方式，如焊接或固定连接，避免使用易变形或易松动的连接件。

（3）简化控制逻辑：对于控制系统，应尽量简化控制逻辑，减少逻辑判断和控制器的复杂性，降低故障发生的概率。

（4）降低系统复杂度：在设计过程中，应尽量避免过多的功能和复杂的操作方式，以降低系统的复杂度，提高系统的可靠性和稳定性。

（三）故障诊断与预测

引入故障检测和诊断技术，及时发现潜在故障，并进行预测和修复，避免故障扩大影响。

故障诊断与预测是提高机电系统可靠性的重要手段之一。通过引入故障检测和诊断技术，可以及时发现潜在故障，并进行预测和修复，避免故障扩大影响。具体措施如下。

（1）引入传感器技术：在系统中布置适当的传感器，监测关键参数和状态信息，及时检测故障信号，实现对系统运行状态的实时监测。

（2）引入故障检测技术：采用故障检测算法和方法，对传感器获取的数据进行分析和处理，判断系统是否存在故障，并定位故障位置。

（3）引入故障诊断技术：结合故障检测结果和系统模型，通过推理、判断等方法，对故障进行进一步的诊断和分析，确定故障原因，并给出相应的修复建议。

（4）引入故障预测技术：通过对系统运行数据的分析和建模，预测未来可能发生的故障，提前采取维护和修复措施，避免故障对系统造成更大的损失。

（四）可拆卸连接方式

采用可拆卸连接方式，方便维护和更换故障部件，提高维修效率和降低停机时间。

可拆卸连接方式是提高机电系统可靠性和维修效率的重要手段之一。通过采用可拆卸连接方式，可以方便地进行维护和更换故障部件，提高维修效率和降低停机时间。常见的可拆卸连接方式如下。

（1）插拔连接：采用插头和插座方式进行连接，通过插拔操作即可实现连接和断开，如插座、连接器等。

（2）螺纹连接：采用螺纹方式进行连接，通过旋转螺纹件实现连接和断开，如螺钉、螺栓等。

（3）快速连接：采用快速连接器进行连接，通过按压、推拉等方式即可实现快速连接和断开，如快速接头、快速卡扣等。

（4）滑动连接：采用滑动方式进行连接，通过滑动件的相对运动实现连接和断开，如滑轨、导轨等。

（五）抗干扰设计

在设计过程中考虑到环境因素和外界干扰，采取相应的措施，提高系统的抗干扰能力。

抗干扰设计是提高机电系统可靠性的重要手段之一。由于机电系统常常工作在恶劣的环境条件下，容易受到各种环境因素和外界干扰的影响，因此在设计过程中应考虑到这些因素，并采取相应的措施，提高系统的抗干扰能力。具体措施如下。

（1）屏蔽设计：对于对电磁辐射敏感的部件和线路，可以采用屏蔽材料或屏蔽结构进行屏蔽，减少其受到的外界干扰。

（2）过滤设计：对于电源线路和信号线路，可以引入滤波器等装置，滤除来自电网和其他干扰源的噪声和干扰信号。

（3）接地设计：正确的接地设计可以有效地排除系统中的静电和干扰信号，提高系统的抗干扰能力。

（4）环境适应性设计：根据机电系统所处的环境条件，选用符合要求的材料和元件，提高系统的适应能力和稳定性。

五、机电系统可靠性验证和验证方法

（一）可靠性验证的概述

机电系统可靠性验证是指通过实际测试和验证，验证系统设计的可靠性是否达到预期要求。在机电系统的设计过程中，可靠性验证是非常重要的环节，它能够全面评估系统在各种工况下的可靠性表现，并为进一步的修正和改进提供依据。可靠性验证主要包括可靠性测试、可靠性评估和故障模拟与分析三个方面。

（二）可靠性测试

可靠性测试是对机电系统进行全面的可靠性验证的过程。主要包括性能测试、负载测试和环境试验等。性能测试是通过对系统的各项功能进行测试，验证系统在正常工作状态下的性能表现。负载测试是通过对系统施加不同负载条件，评估系统在不同负载情况下的可靠性。环境试验是将系统置于各种不同的环境条件下，测试系统在不同环境条件下的可靠性。

性能测试应包括系统运行速度、响应时间、准确性等方面的测试，以确保系统在各种使用情况下都能够正常运行并满足设计要求。负载测试应模拟系统在正常使用情况下的实际负载，通过对系统进行长时间运行测试，评估系统在不同负载条件下的可靠性表现。环境试验应模拟系统可能遇到的各种环境条件，如温度、湿度、震动等，通过对系统在不同环境条件下的测试，验证系统在各种环境下的可靠性。

（三）可靠性评估

可靠性评估是通过对测试结果的分析和比对，评估机电系统的可靠性是否达到设计要求，并进行相应的修正和改进。在可靠性评估过程中，需要对测试结果进行准确的统计分析，以确定系统的可靠性参数，如故障率、失效概率等。同时，还需要将测试结果与设计要求进行比对，以判断系统的可靠性是否满足设计要求。

在可靠性评估中，还需要考虑系统的维修和维护成本。通过对系统故障的模式和影响进行分析，可以评估系统的可维修性和可维护性。在评估结果中，还可提供相应的修正和改进建议，以提高系统的可靠性。

（四）故障模拟与分析

故障模拟与分析是通过故障模拟和分析的方法，模拟和分析系统可能遇到的各种故障情况，评估系统在故障情况下的可靠性表现。通过故障模拟，可以模拟出系统可能面临的各种故障情况,并通过对模拟故障情况下系统的测试,评估系统的可靠性。

故障分析是对故障进行深入的分析和研究,以确定故障的根本原因和可能的解决方案。通过故障分析,可以提出相应的改进措施,以减少系统故障的发生,提高系统的可靠性。

机电系统可靠性验证通过实际测试和验证,评估系统设计的可靠性是否达到预期要求。可靠性验证包括可靠性测试、可靠性评估和故障模拟与分析三个方面。可靠性测试通过对系统进行全面的测试,验证系统在各种工况下的可靠性表现。可靠性评估通过对测试结果的分析和比对,评估系统的可靠性是否满足设计要求。故障模拟与分析通过模拟和分析系统可能遇到的各种故障情况,评估系统在故障情况下的可靠性表现。通过机电系统可靠性验证,可以为系统设计的修正和改进提供依据,提高系统的可靠性和稳定性。

六、机电系统可靠性设计的结果分析和评估

(一)结果分析

在机电系统可靠性设计完成后,应对设计结果进行分析,以评估系统的可靠性状况和潜在风险。具体而言,可以采用以下几种方法进行结果分析。

(1)故障模式分析:通过对系统的每个组件进行故障模式分析,确定各个组件可能出现的故障模式和相应的原因。这有助于识别潜在的故障点,并为后续的改进措施提供参考。

(2)故障树分析:利用故障树分析方法,建立系统的故障树模型,通过分析故障树得到的结果,确定造成系统故障的最基本的事件和事件之间的逻辑关系。这有助于了解系统故障的起因和传播路径,从而找出提高系统可靠性的关键环节。

(3)失效模式与效应分析:通过对系统的各个部件进行失效模式与效应分析(FMEA),确定各个部件的失效模式及其对系统功能的影响。这可以帮助评估系统在不同失效模式下的可靠性表现,并制定有效的预防和修复措施。

通过以上分析方法,可以全面了解机电系统的可靠性状况,确定系统中存在的潜在风险,并为后续的评估和改进提供基础。

(二)评估指标

在对机电系统的可靠性进行评估时,可以采用不同的指标进行定量分析和比较。以下是一些常用的评估指标。

(1)失效率:失效率是指单位时间内系统发生故障的频率。可以通过统计系统故障次数和运行时间来计算失效率,即失效次数除以总运行时间。失效率的大小反映了系统

的可靠性水平，失效率越低，系统的可靠性越高。

（2）平均无故障时间（MTTF）：MTTF是指系统在正常工作状态下能够连续运行的平均时间。可以通过统计系统的故障时间和故障次数来计算MTTF。MTTF越长，说明系统发生故障的概率越小，可靠性越高。

（3）可用性：可用性是指系统在给定时间内能够正常工作的概率。可用性可以用系统的正常运行时间与总时间之比来表示。可用性越高，系统的可靠性越好。

以上指标可以结合具体情况进行计算和分析，从而对机电系统的可靠性进行评估和比较。

（三）改进措施

根据结果分析和评估的结果，可以提出相应的改进措施和建议，以提高机电系统的可靠性和性能。以下是一些可能的改进方向。

（1）优化设计：在设计阶段注重可靠性要求，采用合适的设计方法和工艺，确保系统在设计寿命内能够正常运行。例如，选择高可靠性的元器件和材料，设计冗余系统等。

（2）强化测试：加强对机电系统的测试，通过模拟实际工作条件和极限工况进行测试，验证系统的可靠性和性能。测试包括性能测试、失效模式测试、环境适应性测试等，以发现潜在问题并及时解决。

（3）建立维护计划：制定详细的维护计划和标准，确保系统设备按照规定周期进行维护和检修，及时发现和排除故障点，以保证系统长期稳定运行。

（4）持续改进：建立可靠性数据统计和分析体系，定期对系统的可靠性指标进行监测和评估，通过持续改进措施，不断提高机电系统的可靠性和性能水平。

通过以上改进措施，可以针对机电系统中存在的问题和风险点，提出相应的解决方案和工程措施，从而进一步提高机电系统的可靠性和运行效果。

（四）结果评估

根据对机电系统的结果分析和评估指标的计算，可以对机电系统的可靠性进行定量评估和比较。评估过程可以包括以下几个步骤。

（1）收集数据：收集机电系统的各项性能数据和故障数据，包括运行时间、故障次数、维修时间等。

（2）计算指标：利用所收集到的数据，计算机电系统的失效率、MTTF、可用性等指标，以反映系统的可靠性水平。

（3）结果分析：分析计算结果，与设计要求和标准进行比较，评估系统的可靠性是否满足要求。同时，根据分析结果，确定系统中存在的问题和改进的空间。

通过以上评估过程，可以全面了解机电系统的可靠性水平，确定其是否满足设计要求，并为后续的改进和优化提供决策依据。

机电系统的可靠性设计完成后，对设计结果进行分析和评估是非常重要的一步。通过结果分析，可以识别系统的故障模式、故障树和失效模式与效应，并评估系统的可靠性状况和潜在风险。通过评估指标的计算和分析，可以对机电系统的可靠性进行定量评估和比较。基于结果分析和评估，可以提出相应的改进措施和建议，以提高机电系统的可靠性和性能。最后，通过结果评估，可以对机电系统的可靠性水平进行总结和评价，为后续的优化工作提供指导。

第四节 机电系统的节能优化设计

一、节能优化设计的基本原理和方法

节能优化设计是指通过改进机电系统的结构、工艺、控制策略等方面来降低能耗，提高能源利用效率的设计过程。其基本原理和方法如下。

（一）系统分析和诊断

节能优化设计的第一步是对机电系统进行系统分析和诊断。通过了解机电系统的能耗分布、能耗特点及存在的问题，可以确定系统的薄弱环节和潜在的节能空间。在这个阶段，可以采用以下方法来进行分析和诊断。

（1）能耗数据收集：收集机电系统的运行数据，包括各个设备和部件的能耗信息、运行时间、负荷变化等。可以使用能耗监测仪器和传感器进行数据采集。

（2）能耗分析：对采集到的能耗数据进行分析，了解机电系统的能耗分布情况，找出能耗较高的设备和系统部分。可以使用能耗分析软件或者自行开发的算法来进行分析。

（3）系统评估：对机电系统进行评估，包括对系统的能耗效率、能源利用率、工作参数等方面进行评估。可以通过对系统进行能量平衡分析、效率分析等方法来评估系统的性能。

（4）问题诊断：根据能耗分析和系统评估的结果，找出机电系统存在的问题和薄弱环节。可以通过设备巡检、设备运行日志、故障分析等方法进行问题诊断。

（二）能耗评估和目标设定

在系统分析和诊断的基础上，需要对机电系统的能耗进行评估，并设定节能目标和优化指标。这可以通过以下步骤来完成。

（1）能耗测量：对机电系统的能耗进行测量和分析，包括整个系统的总能耗、不同设备和部件的能耗等。可以使用能耗监测仪器和传感器进行能耗测量。

（2）能耗分析：对能耗数据进行分析，了解每个设备和部件的能耗特点和能源利用状况。可以使用能耗分析软件或者自行开发的算法进行分析。

（3）节能目标设定：根据能耗分析的结果和节能潜力，确定节能目标和优化指标。可以考虑减少总能耗、提高设备能效等方面的目标。

（4）优化指标设定：设定评价机电系统性能的指标，如能源利用率、效率提升比等，作为评价节能优化设计效果的依据。

（三）系统优化设计

在能耗评估和目标设定的基础上，进行机电系统的优化设计，以降低能耗、提高能源利用效率。在系统优化设计中，可以从以下方面入手。

（1）结构优化：通过改进机电系统的结构参数、布局等，减少能源损失和不必要的能耗。可以采用先进的设计方法和技术，如流体力学模拟、热力学分析等。

（2）控制优化：优化机电系统的控制策略，提高系统的运行效率和能源利用率。可以采用先进的控制算法和自动化技术，如模型预测控制、智能控制等。

（3）工艺优化：改进机电系统的工艺流程，降低能耗和能源损失。可以优化设备的工作参数、改进生产工艺等，以提高系统的能效。

（4）设备优化：对机电系统中的具体设备进行优化，提高设备的能效和性能。可以选择更高效的设备替代老旧设备，或者对现有设备进行升级改造。

（四）综合评价和决策支持

在系统优化设计完成后，需要进行综合评价和决策支持，以确保节能优化设计的有效实施。这包括以下方面。

（1）经济性评价：对节能优化设计方案进行经济性评价，包括投资回收期、成本效益分析等。通过考虑投资成本和节能效益，评估方案的经济可行性。

（2）可行性评价：综合考虑技术可行性、设备可行性等因素，评估节能优化设计方案的可行性。包括对技术成熟度、设备供应情况等进行评估。

（3）环境影响评价：评估节能优化设计方案对环境的影响，包括减少污染物排放、降低环境风险等。可以通过环境评估方法和指标进行评价。

（4）决策支持：提供决策支持工具和方法，帮助决策者综合考虑各种评价因素，做出相应的决策。可以采用多目标优化方法、决策支持系统等。

（五）实施和监测

在综合评价和决策支持的基础上，实施节能优化设计方案，并进行监测和评估，以确保节能效果的实现。这包括以下过程。

（1）设计方案实施：根据优化设计方案，进行相应的改造和调整。可以包括设备更换、控制系统升级、工艺改进等。

（2）监测和评估：对实施后的机电系统进行监测和评估，了解节能效果和性能改善情况。可以采用能耗监测仪器、传感器等进行实时监测。

（3）效果验证：对节能效果进行验证，与预期的节能目标和优化指标进行对比。可以通过能耗数据分析、能源利用率计算等方法进行效果验证。

（4）持续改进：根据监测和评估结果，进行持续改进和优化。可以针对存在的问题进行调整和改进，以实现更好的节能效果。

节能优化设计是一个系统工程，需要从系统分析和诊断开始，经过能耗评估和目标设定，进行系统优化设计，综合评价和决策支持，并最终实施和监测。通过科学合理的设计过程，可以降低能耗、提高能源利用效率，达到节能的目的。

二、机电系统节能分析和评估

机电系统节能分析和评估是指对机电系统的能耗进行定量分析和评估，以了解系统的能耗特点，并为节能优化设计提供依据。具体步骤如下。

（一）能耗测量

能耗测量是机电系统节能分析和评估的第一步，通过对机电系统各个部分的能耗进行测量，包括电能、热能和机械能等。这样可以准确获取机电系统的能耗数据，为后续的能耗分析和评估提供依据。

能耗测量需要选择适当的测量方法和仪器设备。对于电能的测量，可以使用电能表、电能监测仪等设备；对于热能的测量，可以使用热量表、热能仪表等设备；对于机械能的测量，可以使用转速计、功率表等设备。通过对机电系统各个部分的能耗进行测量，可以得到准确的能耗数据。

（二）能耗分析

能耗分析是对测得的能耗数据进行统计和分析的过程，旨在了解机电系统的能耗分布和消耗规律。通过能耗分析，可以发现机电系统能耗的主要来源和高耗能环节，为后续的能耗优化设计提供依据。

能耗分析可以采用多种方法和工具，如能耗统计分析软件、能耗流程图等。在能耗分析中，需要对能耗数据进行分类、计算和比较，以得到各个部分的能耗比例和能耗变化趋势。通过对能耗数据的详细分析，可以找出潜在的能耗节约措施。

（三）能耗模型建立

能耗模型建立是根据能耗数据，建立机电系统的能耗模型，包括能耗方程和能耗特性等。能耗模型是描述机电系统能耗与相关因素之间关系的数学模型，可以用于预测和优化机电系统的能耗。

能耗模型建立需要根据实际情况选择适当的模型类型和参数。常见的能耗模型包括线性模型、非线性模型和神经网络模型等。通过建立能耗模型，可以研究机电系统的能耗特性和影响因素，并进行能耗预测和优化设计。

（四）能耗评估

能耗评估是综合考虑机电系统的能耗特点、能源利用效率等指标，对机电系统的能耗进行评估。能耗评估的目的是评估机电系统的能耗水平和节能潜力，并提出相应的改进建议。

能耗评估需要根据能耗数据和能耗模型进行定量分析。评估指标包括能耗总量、单位产出能耗、能源利用率等。通过能耗评估，可以了解机电系统的能耗情况，发现能耗高的部分和环节，并提出相应的改进措施。

（五）能耗指标确定

根据能耗评估的结果，确定机电系统的节能指标和优化目标，为后续的设计提供依据。能耗指标是对机电系统能耗性能的量化要求，可以用于评估和监控机电系统的能耗水平。

能耗指标通常包括能源消耗强度、能源利用效率等。根据能耗评估的结果，可以制定合理的能耗指标和优化目标，为实施节能措施提供明确的方向。同时，能耗指标的确定还要考虑到机电系统的实际情况和可行性。

通过以上的步骤，机电系统的能耗分析和评估可以提供有效的参考和指导，为节能优化设计提供依据，实现机电系统的能源节约和环境保护。

三、机电系统节能设计的策略和技术

机电系统节能设计的策略和技术是指在改进机电系统结构、控制和工艺等方面，降低能耗、提高能源利用效率的方法和技术手段。以下是常见的策略和技术。

（一）结构优化

机电系统的结构优化是指通过改变系统的组成部分和布局方式，减少能源损失和无效能耗，提高能源利用效率。具体策略和技术如下。

选择合适的能量传输方式：根据系统需求和能源特性，选择合适的能量传输方式，如电力传输、气体传输或液体传输，以降低能耗和能源损失。

减少传动链路的摩擦损失：采用高效的轴承和润滑材料，减少机械传动链路的摩擦损失，并进行定期维护和润滑，确保传动效率。

优化热传导和热辐射条件：通过改进散热结构、增加散热面积或增加散热器数量等方式，提高热传导和热辐射效率，减少能量损失。

（二）控制优化

机电系统的控制策略优化是指应用先进的控制技术和方法，优化系统的运行方式，减小能耗和资源消耗。常见的控制优化策略和技术如下。

模型预测控制（Model Predictive Control，MPC）：基于数学模型和系统约束条件，通过预测系统未来状态和性能，优化控制输入，实现系统能耗的最小化。

自适应控制：根据系统动态变化和工作负荷的不确定性，自动调整控制参数和策略，使系统在不同工况下保持高效能耗。

频率调节和负载平衡：根据负荷变化的实时需求，调整系统运行的频率和负载分配，避免能量浪费和负载失衡。

（三）工艺改进

机电系统的工艺改进是指优化系统的工艺流程和操作方式，减少能耗和资源消耗，提高能源利用效率。常见的工艺改进策略和技术如下。

系统集成与优化：将原本独立运行的子系统进行整合和优化，实现资源共享和能量互补，提高系统的整体效能。

节能运行管理：制定科学合理的运行计划和管理制度，对系统进行全过程的监控与管理，及时发现和处理能效问题，提高能源利用效率。

技术创新与改造：引入新的工艺技术和设备，提高生产工艺的能效水平；对老旧设备进行改造或替换，降低能耗。

（四）节能设备应用

足够考虑在机电系统设计和选择设备时，采用节能型设备和高效率设备，以替代能耗较高的设备，降低能耗。具体策略和技术如下。

高效电机和变频器：选用高效率的电动机和变频器，提高系统的转换效率和控制精度。

低能耗照明设备：采用 LED 等低能耗、长寿命的照明设备，减少照明能耗和维护成本。

高效换热设备：使用高效的换热器和热交换装置，提高热能的传递效率，减少能源损失。

节能传感器和自动化控制系统：应用先进的传感器和自动化控制系统，及时感知和调整系统工作状态，实现最佳的能耗管理和控制。

（五）废热利用

机电系统中产生的废热是一种可再生的能源资源，通过回收和利用废热，可以提高能源的综合利用效率。常见的废热利用策略和技术如下。

热回收系统：利用换热器、蒸汽发生器等设备，将废热转化为可利用的热能，如加热水、蒸汽等，用于其他工艺或供热。

废热发电：采用废热发电技术，将废热转化为电能，提供给系统自身使用或外部供电。

废热利用循环系统：通过回收废热，循环利用于系统自身或其他相关设备的供热、供冷，提高能源的利用效率。

四、机电系统节能设计的模型建立和求解

机电系统节能设计的模型建立和求解是指通过建立数学模型，描述机电系统的能耗特性和能量传递过程，通过数学方法求解最优的设计方案。具体步骤如下。

（一）模型建立

机电系统节能设计的第一步是建立能耗模型，以描述机电系统的能耗特性和能量传递过程。常用的建模方法包括物理模型、统计模型和系统动力学模型等。

物理模型：物理模型基于机电系统的物理原理和能源转换过程，通过建立方程描述能耗与设计变量之间的关系。例如，对于照明系统的节能设计，可以建立照明功率与光照强度、灯具数目和照明时间等因素之间的关系。

统计模型：统计模型是基于历史数据和统计方法构建的模型，用于描述机电系统的能耗规律。通过对历史数据的分析和建模，可以预测不同设计变量对能耗的影响，并帮助确定最优设计方案。

系统动力学模型：系统动力学模型是一种用于描述动态系统行为的模型，将机电系统看作一个复杂的动态系统，并分析其能耗随时间的变化规律。通过建立系统动力学模型，可以揭示机电系统的内在机制，为节能设计提供指导。

（二）目标函数确定

在机电系统节能设计中，需要根据节能目标和优化指标确定目标函数，以描述能耗与设计变量之间的关系。目标函数的选择应综合考虑节能效果、经济性和可行性等因素。

节能目标：节能目标可以是降低机电系统总能耗、减少特定设备的能耗、提高系统能源利用率等。通过明确节能目标，可以为目标函数的确定提供指导。

优化指标：常用的优化指标包括能耗最小化、能源利用效率最大化、成本最小化等。根据具体情况选择适当的优化指标，并将其转化为目标函数的形式。

（三）约束条件设置

机电系统节能设计需要考虑各种约束条件，如物理约束、技术限制和经济性约束等。约束条件的设置旨在确保设计方案的可行性和实用性。

物理约束：物理约束包括设备的工作参数范围、技术要求和安全标准等。例如，对于空调系统的节能设计，需考虑室温范围、湿度要求和空调设备的额定工作参数等。

技术限制：技术限制考虑了机电系统的工程实施和操作限制。例如，对于照明系统的节能设计，需考虑灯具的功率范围、光照强度要求和照明时间等实际操作限制。

经济性约束：经济性约束主要考虑设计方案的经济成本和投资回报。例如，对于节能改造项目的设计，需考虑投资成本、运维费用和能源成本等经济因素。

（四）求解方法选择

机电系统节能设计的求解方法通常采用数学优化方法，如线性规划、整数规划等，以求得最优的设计方案。选择合适的求解方法是确保设计方案优化的关键。

线性规划：线性规划适用于目标函数和约束条件均为线性的情况。通过线性规划方法，可以在满足各种约束条件的前提下，使目标函数达到最优值。

整数规划：整数规划适用于设计变量为离散型变量或需要满足整数条件的情况。通过整数规划方法，可以限制设计变量的取值范围，得到整数约束下的最优设计方案。

非线性规划：非线性规划适用于目标函数或约束条件中存在非线性关系的情况。通过非线性规划方法，可以处理更加复杂的能耗模型和约束条件，得到更精确的最优设计方案。

（五）结果分析和优化

通过求解得到的最优设计方案，需要进行结果分析和优化，以进一步提高节能效果和可行性，并验证设计方案的有效性。

结果分析：对求解得到的最优设计方案进行分析，了解设计变量的取值和能耗优化效果。通过结果分析，可以发现设计中的问题和改进空间。

优化调整：根据结果分析的反馈，对设计方案进行调整和优化。优化的目标是进一步提高节能效果、降低成本或提高系统可行性，以适应实际需求和限制条件。

通过以上步骤的执行，可以建立机电系统节能设计的数学模型，并通过数学方法求解最优的设计方案，以实现节能目标和优化指标。

五、机电系统节能设计的仿真和实验验证

机电系统节能设计的仿真和实验验证是指通过计算机仿真和实验测试手段，对节能设计方案进行验证和评估。具体步骤如下。

（一）设计方案转化

首先，需要将机电系统的节能设计方案转化为可以进行计算机仿真或实验测试的具体操作步骤。这就要求对设计方案进行详细的规划和分解，确定所需的输入参数和控制策略，并将其转化为算法或模型的形式。

（二）仿真模型构建

（1）在进行仿真模型构建之前，需要先对机电系统的结构、工作原理、控制参数等进行全面的了解和分析。根据设计方案确定的节能目标和要求，建立机电系统的仿真模型。

（2）仿真模型可以包括各个子系统的建模，如电力系统、动力系统、传感器系统等，同时还要考虑到它们之间的相互作用和耦合效应。

（3）在建立仿真模型时，需要根据实际情况选择合适的仿真软件或工具，并定义相关的输入输出变量、模型参数和约束条件。

（三）仿真和实验操作

（1）在完成仿真模型的构建后，可以开始进行计算机仿真或实验测试。仿真操作可以通过仿真软件进行，在仿真软件中设置所需的输入参数和控制策略，模拟机电系统的运行并获取相关数据。

（2）实验操作则需要搭建相应的实验平台和测试设备，按照设计方案和实验计划进行实验测试，获取机电系统在实际运行中的性能数据。

（3）仿真和实验操作过程中，要确保数据的准确性和可靠性，尽量排除干扰因素，保证测试结果的真实性。

（四）数据分析和对比

（1）在获得仿真或实验数据后，需要对数据进行综合分析和对比。可以通过统计学方法、图表分析等手段，评估设计方案的节能效果和可行性。

（2）对于仿真数据，可以从多个方面进行分析，如系统能耗、效率、性能指标等，与设计目标进行对比，并找出存在的问题和改进的空间。

（3）对于实验数据，要考虑到实际环境的影响因素，对数据进行合理的处理和修正，以获得准确的结果。同时，还可以将实验数据与仿真数据进行比较，验证仿真模型的准确性和可靠性。

（五）优化迭代

（1）根据数据分析的结果，可以对设计方案进行相应的调整和优化。可以通过改变输入参数、调整控制策略、优化系统结构等方式，进一步提高节能效果和系统性能。

（2）优化迭代过程需要进行多次的仿真和实验操作，不断比较分析不同设计方案的性能差异，并选择最优的设计方案。

（3）随着不断地优化迭代，可以逐步提高机电系统的节能性能和可靠性，实现更好的节能效果。

六、机电系统节能设计的结果分析和评估

机电系统节能设计的结果分析和评估是指对优化设计方案实施后的节能效果进行分析和评估，以验证设计的有效性和可行性。具体步骤如下。

（一）数据收集和整理

在机电系统节能设计的结果分析和评估中，首先需要对实施节能设计方案后的系统运行数据进行收集和整理。这包括收集系统在实施节能设计方案前后的能耗数据、温度数据、工作时间等信息，并将其整理成可供后续分析使用的形式。数据的准确性和完整性对于评估节能效果的准确性至关重要。

（二）节能效果分析

节能效果分析是对设计方案实施后的能耗数据进行定量分析，以验证节能设计的有效性。首先需要将实出节能的百分比或具体数值。通过对比分析，可以评估设计方案的节能效果，并确定是否达到了预期的节能目标。

（三）经济性评估

经济性评估是对设计方案的经济效益进行评估。通过成本效益分析、投资回报期等方法，可以对设计方案的经济性进行综合评估。在成本效益分析中，需要考虑实施节能设计方案的成本，包括设备更新、改造成本、维护费用等，以及由于节能带来的能耗降低所带来的成本节省。投资回报期则是评估节能设计方案所需投资回收所需的时间。通过经济性评估，可以综合考虑节能效果和成本，评估设计方案的经济可行性。

（四）环境影响评估

在机电系统节能设计的结果分析和评估中，还需要对设计方案的环境影响进行评估。这包括评估设计方案对环境的影响程度、减少的碳排放量、减少的能源消耗量等。通过环境影响评估，可以评估设计方案的环境效益和可持续性，为决策提供参考。

(五)可行性评估

在完成节能效果分析、经济性评估和环境影响评估后,需要综合考虑这些因素,对设计方案的可行性进行评估。可行性评估时需要综合考虑节能效果、经济性和环境影响等因素,并权衡各项指标之间的关系。通过可行性评估,可以判断设计方案是否能够在实际应用中达到预期效果,从而为后续的决策提供依据。

通过以上的步骤,对机电系统节能设计的结果进行分析和评估,可以验证设计的有效性和可行性,为进一步优化和改进提供指导。

第十一章　机电工程维修与故障排除技术

第一节　机电设备的故障检测与诊断

一、基础知识与概念

（一）机电设备故障的定义和分类

机电设备故障是指机械和电气系统中出现的与正常运行状态不符的异常情况。根据故障的性质和原因，可以将机电设备故障分为以下几类。

机械故障：包括轴承损坏、齿轮磨损、传动带断裂等机械部件的故障。

电气故障：包括电路短路、线路断开、电机绕组损坏等与电气部分相关的故障。

传感器故障：包括测量传感器失效、信号传输故障等与传感器相关的故障。

控制系统故障：包括控制系统软件故障、信号传输故障等与控制系统相关的故障。

（二）故障检测与诊断的目的和重要性

故障检测与诊断的目的是通过监测和分析设备的运行状态，及时发现故障，并准确判断故障类型和原因，以便采取相应的维修和保养措施，降低设备故障对工艺生产的影响，并提高设备的可靠性和运行效率。故障检测与诊断的重要性体现在以下几个方面。

降低维修成本：及时发现故障，可以避免设备因故障停止运行导致的生产中断，减少维修所需的时间和成本。

提高设备可用性：通过预防性维护和故障诊断，可以及时处理潜在故障，降低故障发生的概率，提高设备的可用性和稳定性。

增强安全性：故障检测与诊断可以帮助预防设备故障引发的安全事故，保障工作人员和设备的安全。

优化维修计划：通过故障诊断可以准确判断故障类型和原因，为维修人员提供指导，合理安排维修计划，减少不必要的维修工作。

（三）故障检测与诊断的基本原理

故障检测与诊断的基本原理是通过监测设备运行过程中的信号参数或状态参数，将其与正常运行时的基准值进行比较和分析，判断设备是否存在故障，并进一步识别故障类型和原因。其基本原理包括以下几个方面。

监测参数获取：通过传感器、检测仪器等监测设备运行过程中的各种信号参数，如振动、温度、电流、压力等。

信号处理与特征提取：对采集到的监测数据进行滤波、去噪、特征提取等处理，以便于后续的故障诊断分析。

故障模式建立：根据设备运行状态和故障样本数据，建立故障模式，即不同故障类型下的特征组合规律。

故障诊断算法应用：利用故障模式和机器学习算法，对监测数据进行分类、识别和判断，实现故障类型和原因的诊断。

二、故障检测技术

（一）传感器与检测仪器的选择与应用

在机电设备故障检测中，选择适合的传感器和检测仪器对于获取准确的监测数据非常重要。具体选择要考虑以下几个因素。

（1）测量对象：根据需要监测的参数类型和范围，选择适合的传感器。例如，对于振动检测，可以选择振动传感器；对于温度检测，可以选择温度传感器；对于电流检测，可以选择电流传感器。

（2）测量环境：根据实际工作环境的要求，选择具有防护性能的传感器和检测仪器，以确保其可靠性和稳定性。例如，在恶劣的工作环境下，可以选择具有防水、防尘等功能的传感器和检测仪器。

（3）测量精度：根据故障检测的需求，选择具有较高测量精度的传感器和检测仪器，以获得更准确的监测数据。不同的故障类型对测量精度的要求不同，因此要根据具体情况选择适合的传感器和检测仪器。

（二）数据采集与信号处理方法

数据采集是指通过传感器将机电设备运行过程中产生的信号转化为数字信号，并存储在计算机或其他存储设备上。信号处理是指对采集到的数据进行滤波、去噪、放大、特征提取等处理，以提取有用信息并减少噪声干扰。

常用的数据采集方法包括模拟信号采集和数字信号采集。模拟信号采集是将传感器输出的模拟信号经过模数转换器转化为数字信号；数字信号采集则直接采集传感器输出的数字信号。

常用的信号处理方法包括滑动平均、小波变换、频谱分析等。滑动平均可以平滑信号，减少噪声干扰；小波变换可以将信号分解为不同频率的子信号，进一步分析信号的特征；频谱分析可以将信号转化为频域表示，分析信号的频谱特征。

（三）振动分析与故障诊断技术

振动分析是一种重要的故障检测技术，通过监测设备的振动信号，可以判断设备是否存在故障，并进一步确定故障类型和原因。

常用的振动分析方法包括时域分析、频域分析和时频域分析等。时域分析通过分析振动信号的时间变化特性，如振动波形、振动幅值等，来判断设备的运行状态；频域分析通过将振动信号转化为频域表示，如功率谱密度、频谱图等，来分析振动信号的频率分布情况；时频域分析则综合考虑了时域和频域信息，可以更全面地了解振动信号的特征。

（四）热像仪应用于故障检测

热像仪是一种可以将被测对象的红外辐射转化为热图图像的设备。它可以用于检测设备在运行过程中的温度分布情况，进而判断设备是否存在故障。

通过热像仪可以检测到电气系统中的电流不平衡、接触不良等问题，以及机械系统中的轴承过热、润滑不良等问题。通过对热图图像的分析，可以确定设备的热点位置，进一步判断设备是否存在故障，并采取相应的维修措施。

（五）声音分析与故障诊断技术

声音分析是一种利用声音信号进行故障检测和诊断的技术。通过监测设备发出的声音信号，并对其进行特征提取和分析，可以判断设备是否存在故障，并进一步确定故障类型和原因。

常用的声音分析方法包括频谱分析、时频分析和模式识别等。频谱分析通过将声音信号转化为频域表示，来分析声音信号的频率分布情况；时频分析则综合考虑了时域和频域信息，可以更全面地了解声音信号的特征；模式识别则通过比较声音信号的特征参数和已知故障模式的数据库，来判断设备是否存在故障，并识别故障类型和原因。

三、故障诊断技术

（一）运行状态监测技术

运行状态监测技术是指通过实时监测设备的各种参数和状态，对设备的运行状况进行评估和预测。通过监测设备的运行状态，可以及时发现设备的异常情况和潜在故障，采取相应的维修和保养措施，提高设备的可靠性和可用性。

常用的运行状态监测技术包括设备健康度评估、状态监测指标分析和预警等。

（1）设备健康度评估：通过对设备的各种参数进行采集和监测，建立设备健康度模型，对设备的运行状况进行评估。设备健康度评估可以通过指标化的方式 quantitatively 表征设备的健康状况，并进行状态评估和等级划分。

（2）状态监测指标分析：根据设备的工作原理和特点，选择合适的监测指标进行实时采集和分析。常见的状态监测指标包括温度、振动、电流、电压、压力等。通过对这些指标的实时监测和分析，可以获取设备当前的运行状态信息，判断设备是否存在异常或潜在故障。

（3）预警：基于设备的历史数据和运行状态监测指标，利用统计学和模型分析方法进行预测和预警。通过对设备的运行数据进行趋势分析和异常检测，可以提前发现设备可能出现的故障，及时采取措施进行修复或预防。

（二）故障模式与特征识别方法

故障模式与特征识别是通过对设备故障样本数据进行分析，提取故障模式和特征，建立故障分类模型，以实现故障的自动识别和判断。故障模式与特征识别是故障诊断领域的核心技术之一。

常用的故障模式与特征识别方法包括统计特征分析、频谱分析、小波分析和时域特征分析等。

（1）统计特征分析：通过对设备故障样本数据进行统计特征分析，如均值、方差、峰度和偏度等，来描述设备的故障特征。通过比较不同故障模式下的统计特征，可以确定故障的类型和程度。

（2）频谱分析：将设备故障信号转换到频域，通过分析频谱图来识别故障模式和特征。常用的频谱分析方法包括傅里叶变换、功率谱密度估计和相关函数分析等。

（3）小波分析：利用小波变换对设备故障信号进行时频分析，提取故障特征。小波分析可以同时提供时域和频域信息，有利于发现故障信号中的瞬态和局部特征。

（4）时域特征分析：对设备故障信号在时间域上进行特征提取和分析，如峰值、脉冲宽度、协方差和自相关函数等。时域特征分析可以反映设备故障信号的变化趋势和振动特征。

（三）基于机器学习的故障诊断方法

基于机器学习的故障诊断方法是利用机器学习算法对设备故障数据进行训练和学习，建立故障分类模型，并通过模型对新的故障数据进行判断和诊断。基于机器学习的故障诊断方法可以自动地对设备进行故障检测和诊断，减少人工干预和提高诊断准确性。

常用的基于机器学习的故障诊断方法包括支持向量机、神经网络、决策树和随机森林等。

（1）支持向量机（SVM）：基于统计学习理论，通过将故障数据映射到高维特征空间，寻找最优的分割超平面来进行故障分类。SVM具有良好的泛化能力和鲁棒性，在处理小样本和非线性问题上表现较好。

（2）神经网络：基于人工神经网络模型，通过训练网络权值和阈值，建立故障分类模型。神经网络可以学习和表示非线性关系，适合处理复杂的故障诊断问题。

（3）决策树：通过构建树状结构来表示设备故障分类过程，利用属性选择准则进行节点划分。决策树模型具有易解释性和可视化特点，在故障诊断过程中可以辅助决策。

（4）随机森林：基于集成学习思想，通过构建多个决策树的组合，利用投票或平均的方式进行故障分类。随机森林模型具有较高的准确性和鲁棒性，适用于处理大规模数据和高维特征的情况。

（四）统计分析与故障诊断方法

统计分析与故障诊断方法是基于统计学原理，对设备故障数据进行分析和处理，以判断设备是否存在故障，并进一步确定故障类型和原因。统计分析与故障诊断方法可以通过概率、假设检验和回归分析等方法来进行故障诊断。

常用的统计分析与故障诊断方法包括假设检验、方差分析和回归分析等。

（1）假设检验：通过建立假设和选择适当的统计检验方法，对设备的故障数据进行假设检验，判断设备是否存在故障。常用的假设检验方法包括t检验、卡方检验和方差分析等。

（2）方差分析：通过对设备故障数据进行方差分析，判断不同因素对设备故障的影响程度。方差分析可以用于确定故障的主要原因和关键因素，进一步指导设备的维修和改进措施。

（3）回归分析：建立故障数据与相关因素之间的数学模型，通过回归分析来确定故障的影响因素和预测未来的故障情况。回归分析可以帮助识别设备的故障机理和故障特征，为维修和保养提供依据。

（五）分布式故障诊断系统的设计与应用

分布式故障诊断系统是将故障检测与诊断技术应用于大规模复杂机电设备系统中，通过多个分布式传感器和数据处理单元对系统进行实时监测和诊断。分布式故障诊断系统的设计与应用涉及传感器布置、数据传输和集中处理等方面的技术。

分布式故障诊断系统的设计包括以下几个方面。

（1）传感器布置：根据设备的结构和工作特点，合理选择传感器的布置位置。传感器的布置应能够覆盖设备的关键部位和故障敏感区域，收集到全面而准确的设备运行数据。

（2）数据传输：设计高效可靠的数据传输网络，将传感器采集到的数据传输到集中处理单元。数据传输要考虑实时性和带宽需求，确保数据能够及时传输和处理。

（3）集中处理：在集中处理单元中，对传感器采集到的数据进行实时处理和分析。集中处理单元应具备强大的计算和存储能力，能够高效地进行数据处理和故障诊断。

分布式故障诊断系统的应用主要包括以下几个方面。

（1）故障检测：通过对设备的传感器数据进行实时监测和分析，及时发现设备的故障情况。当系统检测到设备存在异常时，可以提供相应的警报和预警信息。

（2）故障诊断：根据传感器数据和故障模式识别方法，对设备的故障进行自动诊断和判断。诊断结果可以帮助维修人员准确地定位故障原因，提供相应的修复方案。

（3）故障预测：通过对历史数据的分析和建模，预测设备未来可能出现的故障情况。故障预测可以帮助制定有效的维修计划，避免设备故障对生产和运营造成的损失。

第二节 故障排除与维修技术

一、故障排除流程与方法

（一）故障排除的基本原则

系统化：故障排除应按照一定的流程进行，确保不遗漏任何可能的故障原因。系统化的故障排除可以提高效率，减少盲目尝试和猜测。

逐步缩小范围：从整体到局部逐步缩小故障范围，确定具体故障位置。通过逐步排查，可以快速定位故障点，并避免浪费时间和资源在不必要的排查上。

确证性验证：在排查过程中，需要通过实际验证来确认是否存在故障，并排除误判的可能。只有通过验证，才能确保所采取的解决方案是正确的。

记录与总结：在排除故障过程中，及时记录相关信息，并总结经验，以便日后参考。记录和总结有助于追溯和复盘故障，提高下次排查类似问题时的效率和准确性。

（二）故障排除流程与步骤

收集故障信息：与用户沟通，了解故障现象和背景信息，获取系统日志和报错信息。

收集足够的故障信息对排查故障是非常重要的。

初步判断与分类：根据故障现象初步判断故障类型，将故障分类并进行归类。通过对故障现象的分析，有助于快速确定故障的大致范围。

制定故障排除计划：根据故障类型及排除经验，制定故障排查方案。根据初步判断和分类结果，制订具体的排查计划，明确每个步骤和所需的工具、资源。

逐步缩小故障范围：按照排查计划，逐步缩小故障范围，确定具体故障位置。通过有序地排查和排除，缩小故障的可能范围，最终定位具体故障点。

确证性验证：通过适当的测试手段，验证故障是否存在，并进行排除。针对初步定位的故障点，进行实际测试和验证，确认故障并排除。

修复与验证：对确定的故障进行修复，并进行验证，确保故障得到解决。在修复故障后，需要进行额外的验证，确保修复方案有效。

记录与总结：记录故障排查过程、结果和解决方案，并进行总结与归档。对整个故障排查过程进行记录和总结，有助于后续的经验积累和借鉴。

（三）故障排除中常见的技术手段与方法

观察法：仔细观察故障现象、提示信息或异常现象，分析故障原因。通过对故障现象的观察和分析，找出可能的故障原因。

测量法：使用相关测试工具或仪器对各个环节进行测量，确定是否符合规范。通过对系统参数、信号等进行测量，判断是否存在异常。

替换法：通过逐步替换故障部件或设备，确定故障位置。通过逐一替换可能故障的组件，逐步缩小故障范围，最终定位故障点。

运行参数监测法：通过对系统参数进行实时监测，找出异常参数并分析原因。监测关键参数的变化情况，通过比对正常值，找出异常的参数。

软硬件调试法：对故障软件或硬件进行调试，定位问题。通过对软硬件的调试，检查功能是否正常，诊断故障所在。

文献查询法：参考相关技术文献、资料，查找类似故障的解决方法。通过查询相关文献和资料，了解类似问题的解决方案，提供参考。

二、维修技术与操作规范

（一）维修工具与设备的选择与使用

选择合适的工具：根据维修任务的性质和要求，选择适合的工具，包括维修工具、测试仪器等。在选择工具时，需要考虑工具的适用范围、精度要求、可靠性、操作难易度等因素。应当根据维修任务的特点，选择能够满足要求的工具。

掌握正确使用方法：了解工具和设备的使用方法，并严格按照操作规程进行操作。在使用工具之前，维修人员应当详细阅读使用说明书，并接受必要的培训，确保正确使用工具。同时，在操作过程中要遵循规范操作步骤，避免错误使用导致损坏或事故发生。

保持工具设备的良好状态：定期检查和维护工具设备，确保其正常运行。维修人员应当定期对工具设备进行检查，包括清洁、润滑、校准、更换磨损部件等。如发现异常或损坏，应及时修理或更换，确保工具设备的正常使用。

个人防护措施：在使用工具和设备时，注意个人防护，如佩戴防护眼镜、手套等。维修工作可能存在一定的安全风险，例如机械伤害、电击风险等。因此，维修人员在操作过程中应当佩戴符合要求的个人防护装备，以保护自身安全。

（二）维修过程中的安全措施与注意事项

遵守标准操作程序：按照标准操作程序进行维修，不违规操作。标准操作程序是确保维修工作安全和质量的基础，维修人员应当熟悉并遵守相关程序，不得随意调整或违反规定。

保持工作区域整洁：维修现场保持整洁，避免杂物和危险品的存在。维修现场的杂乱和危险品的存在可能增加事故的风险，维修人员应当保持现场整洁，并清除可能存在的危险品，确保工作区域的安全。

正确使用个人防护装备：在维修过程中，必要时佩戴防护眼镜、手套等。个人防护装备是维修工作中的重要保护措施，维修人员应当根据实际情况，合理选择和正确使用个人防护装备，以减少事故发生的可能性。

遵守电气安全规范：对于电气设备的维修，务必切断电源，避免触电事故。电气维修工作涉及高电压和电流，存在触电风险。维修人员在进行电气维修时，必须切断电源，并按照电气安全规范进行操作，确保维修过程的安全。

合理使用工具：正确使用工具，并保持其良好状态，避免工具损坏造成危险。使用工具时，维修人员应当遵循正确的使用方法，避免过度使用或错误使用导致工具损坏，从而减少事故风险。

（三）维修记录与报告的编写与管理

内容翔实准确：记录维修过程中的关键信息、故障现象、排除方法和结果，并确保准确无误。维修记录应当包括维修的日期、时间、地点，维修任务的描述，使用的工具和设备，维修过程中的关键步骤和操作，故障现象的描述，排除方法和结果等详细信息。记录内容应当准确无误，以便后续的分析和查阅。

规范格式统一：维修记录和报告应有统一的格式和标准，易于查阅和分析。维修记录和报告应当按照统一的模板或格式进行编写，以确保整洁、清晰和易于查阅。同时，应当确保记录和报告的内容规范，包括使用统一的术语和描述方式等。

及时归档保存：维修记录和报告应妥善保存，方便以后参考和查阅。维修记录和报告应当及时归档，并采取适当的保存方式，如电子存档或纸质存档等。保存的目的是为了后续的分析和参考，维修人员应当确保记录和报告的完整性和可读性。

定期回顾总结：定期回顾维修记录和报告，总结经验，发现问题，并制定改进措施。维修记录和报告是宝贵的经验积累资料，维修人员应当定期回顾记录和报告，总结维修过程中的经验教训，发现存在的问题，并制定改进措施，以提高维修工作的质量和效率。

三、故障排除与维修实例分析

（一）典型故障案例的分析与解决方法

在实际的故障排除与维修过程中，我们常遇到一些典型的故障案例。针对这些案例，我们可以采取以下步骤进行分析与解决。

了解故障现象和背景信息：首先，与用户进行沟通，获取相关信息，包括故障发生的时间、环境等。这有助于我们了解故障的具体情况，为后续的故障分析提供依据。

初步判断故障类型：根据用户提供的故障现象，我们可以初步判断故障的类型，例如硬件故障、软件故障、通信故障等。这有助于我们在后续的故障处理过程中快速定位问题。

逐步缩小故障范围：通过观察、测量、替换等方法，我们可以逐步缩小故障范围，确定具体的故障位置。例如，在硬件故障中，可以通过逐个更换组件或使用测试设备进行测量来确定故障所在部分。

确证故障与修复：当确定了具体的故障位置后，我们需要通过相关的测试手段来验证故障是否确实存在，并进行相应的修复操作。修复过程中需要注意操作规范，避免对其他设备或系统造成影响。

验证修复效果：在故障修复后，我们需要对故障进行验证，确保故障得到解决。这可以通过再次与用户沟通确认、测试设备检测等方式来进行。只有在验证修复效果后，才能确定该故障案例已经解决。

以上是一个通用的故障案例分析与解决方法，具体的步骤根据不同的故障类型和实际情况可能会有所调整和补充。

（二）常见故障的预防与维护策略

为了预防常见故障的发生，以及保证设备或系统的正常运行，我们可以采取以下一些预防与维护策略。

定期维护：定期对设备进行维护和检查，包括清洁、润滑、紧固等操作。定期维护可以有效地延长设备的使用寿命，避免因长期使用导致的故障。

预防性更换：对于易损件或寿命较短的部件，建议提前进行更换，避免其损坏导致故障。预防性更换可以在设备运行期间及时替换老化或磨损的部件，降低故障发生的风险。

系统监控与预警：建立系统监控和预警机制，及时发现潜在故障，并采取措施进行修复。通过实时监测设备状态、参数等，可以在故障发生前预警，及时采取维修或替换措施，避免故障的发生或进一步扩大。

培训与指导：对维修人员进行培训和指导，提高其技术水平和维修意识。维修人员需要具备良好的专业知识和操作技巧，熟悉设备的结构和工作原理，以便在故障发生时能够快速准确地进行排除和修复。

故障分析与改进：对于频繁发生的故障，进行深入分析，找出根本原因，并制定改进措施。通过对故障的彻底分析，可以确定问题的根源，并采取相应的改进措施，以防止类似故障再次发生。

第三节　预防性维护与设备管理

一、预防性维护的概念与目的

（一）预防性维护的定义与意义

预防性维护是指在设备正常运行期间，根据规定的计划和方法，对设备进行检查、保养和维修，以减少故障发生的可能性，延长设备的使用寿命，并提高设备的可靠性和稳定性。预防性维护的主要目的是确保设备能够按照设计要求正常工作，提高设备的运行效率和安全性。

预防性维护的意义主要体现在以下几个方面。

降低故障率：通过预防性维护可以及时检测和排除设备的潜在问题，从而避免了故障的发生，减少了停机时间和生产损失。

延长设备寿命：定期的检查和保养可以有效地延长设备的使用寿命，降低设备的维修成本。

提高设备可靠性：预防性维护可以发现并修复设备中存在的问题，保证设备正常工作，提高设备的可靠性和稳定性。

优化维护成本：通过合理的预防性维护计划，可以在保证设备正常运行的前提下，优化维护成本，减少不必要的维修费用。

（二）预防性维护与修复性维护的比较

预防性维护与修复性维护是两种不同的维护方式，它们在目的、方法和效果上存在一定的差异。

1.目的不同

预防性维护的主要目的是通过预防故障的发生来保证设备的正常运行。它采取定期检查、保养和维修的方式，提前发现并解决设备存在的问题，以降低故障率、延长设备寿命和提高设备可靠性。

修复性维护的目的是在设备发生故障后才进行维护，修复设备使其恢复正常工作状态。修复性维护是应对已经发生的故障，需要停机维修，往往导致生产中断和经济损失。

2.方法不同

预防性维护主动性强，具有计划性和针对性。它通过制定维护计划、建立设备档案、定期检查设备状态等方式，可以提前发现设备存在的问题并及时解决。预防性维护主要包括预防性检查、预防性保养和预防性维修。

修复性维护被动性较强，只有在设备发生故障后才进行维护。修复性维护的方法主要是维修和更换损坏的部件，以恢复设备的正常运行状态。

3.效果不同

预防性维护可以及时发现并解决设备存在的问题，降低故障率，延长设备寿命，提高设备可靠性和稳定性。它可以减少设备停机时间，降低生产损失。

修复性维护需要在设备故障发生后才能采取措施进行修复，往往导致生产中断和经济损失。修复性维护的效果主要体现在恢复设备的正常工作状态。

二、预防性维护策略与方法

（一）定期检查与保养

定期检查与保养是预防性维护的基本策略之一。通过定期对设备进行全面的检查和保养，可以发现和解决设备存在的问题，防止故障的发生。具体的工作内容包括检查设备的各个部件是否正常运行、是否有磨损、松动或漏油等异常情况，并进行相应的调整和润滑。这样做有助于及早发现设备存在的问题，并及时采取措施修复或更换受损部件，从而避免故障的进一步扩大。

（二）条件监测与故障预警

条件监测与故障预警是一种基于设备运行状态的预防性维护方法。通过使用传感器和监测设备，实时监测设备的运行状态和性能参数，例如振动、温度、压力等，以识别设备是否存在潜在问题。当监测数据超过设定的阈值时，系统会发出故障预警信号，提醒维护人员采取相应的措施进行维护。这种方法可以有效地避免设备在运行过程中发生严重故障，提前预警并采取措施，保障设备的安全运行和生产效率。

（三）预防性更换与更新

预防性更换与更新是根据设备的使用寿命、维修周期和技术要求，提前计划和执行设备部件的更换和更新工作。通过定期更换易损部件和更新陈旧设备，可以避免设备因长时间使用而出现故障，延长设备的寿命并提高设备的可靠性。预防性更换与更新需结合设备制造商的建议和相关规范，制定合理的更换和更新计划，并在维护过程中严格按照要求进行操作，确保设备能够始终处于最佳状态。

（四）设备改进与优化

设备改进与优化是通过对现有设备的结构、工艺和控制系统进行技术改造和优化，以提高设备的性能和可靠性。例如，改进设备的结构设计、加强设备的防护措施、改进设备的自动控制系统等，都可以提高设备的稳定性和运行效率，降低维护成本。设备改进与优化需要进行综合分析和评估，确保改造方案的可行性和经济性，同时考虑到生产过程中的安全和环保要求。通过设备改进与优化，可以提高设备的适应能力和竞争力，提升企业的运营效益。

三、设备管理与维护计划

（一）设备档案与管理系统建设

设备档案和管理系统是设备管理的基础，它包括设备的基本信息、使用记录、维护记录等。通过建立完善的设备档案和管理系统，可以及时了解设备的状况和维护情况，为制定维护计划和采取相应的维护措施提供依据。

1.设备档案的建立

（1）设备基本信息：包括设备名称、型号、产地、规格、技术参数等。

（2）设备购置和验收信息：包括采购日期、供应商、购买价格、验收合格证明等。

（3）设备安装和调试记录：包括安装日期、安装人员、调试过程和结果等。

（4）设备维护记录：包括维护日期、维护人员、维护内容和结果等。

（5）设备故障和维修记录：包括故障发生日期、维修人员、故障原因和维修过程等。

（6）设备保养记录：包括保养日期、保养人员、保养内容和结果等。

2.设备档案管理系统的建设

（1）采用信息化手段建立设备档案管理系统，实现档案信息的集中存储和管理。

（2）确保档案信息的安全性和可靠性，进行数据备份和防灾措施。

（3）建立适当的权限管理机制，不同角色的人员拥有相应的档案访问权限。

（4）建立信息共享机制，方便相关人员查看和使用设备档案。

（5）定期对设备档案进行更新和维护，确保档案信息的准确和完整。

（二）维护计划的制订与执行

维护计划是根据设备的特点和使用需求，制订合理的维护策略和计划。维护计划包括定期检查和保养的频次、条件监测和故障预警的参数设置、预防性更换和更新的周期等。制订维护计划时，要考虑设备的工作环境、使用条件、维护成本等因素，以实现维护目标和提高维护效果。

1.设备特性分析

（1）了解设备的工作原理、结构和关键零部件，确定设备的特点和维护重点。

（2）分析设备的使用需求和运行状态，确定维护计划的优先级和重要性。

2.维护策略的确定

（1）定期检查与保养：根据设备的使用情况，制定定期检查和保养的频次和内容。

（2）条件监测与故障预警：设定适当的条件监测参数和故障预警指标，及时发现潜在问题；

（3）预防性更换与更新：根据设备寿命周期和使用情况，确定合理的更换和更新周期。

3.维护计划的执行

（1）明确维护计划的责任人和执行时间表，确保计划的可行性和执行效果。

（2）明确规范和流程，保证维护工作按照计划进行。

（3）建立维护记录和反馈机制，及时记录维护过程和结果，反馈问题和改进意见。

（三）故障与维修记录的管理与分析

对于设备发生故障并进行维修的情况，要及时记录和归档，包括故障原因、维修过程和维修结果等信息。通过对故障和维修记录的管理与分析，可以总结和分析设备存在的问题，找出故障的主要原因，为制定改进措施提供依据，并不断改进维护工作的质量和效率。

1.故障记录的管理

（1）及时记录故障的发生时间、地点和现象，以及相关的环境因素。

（2）记录故障的详细情况，包括故障原因、影响范围和可能的后果。

（3）记录故障处理过程，包括维修人员的操作方法和使用的工具、材料等。

（4）记录维修结果和故障解决的效果。

2.维修记录的管理

（1）对维修过程中所用的材料、零部件等进行记录和追踪。

（2）评估维修人员的维修技术和工作水平，建立相应的考核机制。

（3）对维修过程中的进行记录和分析，为改进提供参考。

3.故障与维修记录的分析

（1）对故障和维修记录进行分类和归档，建立完整的数据库。

（2）分析故障的频次和类型，找出常见故障和重要设备的瓶颈问题。

（3）分析故障的原因和维修的效果，找出根本原因和改进措施。

（4）定期汇总和分析故障与维修数据，制定相应的改进方案。

通过设备档案与管理系统建设、维护计划的制定与执行以及故障与维修记录的管理与分析，可以提高设备管理的科学性和规范性，确保设备的正常运行和长期稳定性，降低设备故障和维修的风险，提高生产效率和质量水平。

四、维护性能评估与改进

（一）维护性能指标的确定与评估方法

（1）设备健康度评估指标：设备健康度评估指标是维护性能指标中的重要一项。通过对设备的各项功能进行评估，判断设备是否处于正常工作状态。可以通过设备自动检测、传感器数据收集等手段获取设备的运行参数，进行故障诊断和预测，从而评估设备的健康状况。较高的健康度表示设备运行状况良好，有助于提前发现潜在故障，减少维修时间和成本。

（2）预防性维护频率：预防性维护频率是指按照一定的计划和周期对设备进行维护保养的次数。预防性维护可以有效地预防设备故障和提高设备可靠性。通过分析设备的维修记录和故障模式，合理确定维护保养的频率和内容。较高的预防性维护频率表明设备受到了较好的维护，能够降低故障率和延长设备的使用寿命。

（3）维护响应时间：维护响应时间是指在设备故障发生后，维修人员响应和处理故障的时间。可以通过记录设备故障报修的时间和维修完成的时间，计算得到维护响应时间。较短的维护响应时间表明维修人员能够及时响应故障报修，并迅速进行维修，减少了设备停机时间和生产损失。

（4）维护任务完成率：维护任务完成率是指维修人员按计划完成维护任务的比率。可以通过统计维护计划中的维修任务总数和实际完成的任务数，计算得到维护任务完成率。较高的维护任务完成率意味着维修人员能够按时完成计划内的维护任务，保证设备的正常运行。

（5）维护成本控制指标：维护成本控制指标是指在维护过程中，控制和降低维护费用的指标。可以通过分析维修材料的使用情况、维修工时的消耗等，评估维护成本的控制效果。较低的维护成本表示维护工作的经济性好，能够降低企业的运营成本和维护投入。

以上是维护性能指标的确定与评估方法，通过监测设备运行状态、维修记录和维护工作的效果，综合评估设备的稳定性、可靠性和维护工作的成效，为企业提供科学有效的维护管理参考。

（二）维护效果分析与改进措施的确定

（1）维护效果分析：通过对维护工作的结果进行评估和分析，判断维护工作是否达到预期目标。可以比较实际维护效果与预期维护效果的差距，分析差距的原因和影响因素。

（2）找出差距和问题：分析实际维护结果与预期维护效果之间的差距，找出造成差距的主要原因和问题所在。可能的原因包括维护策略不合理、维护计划执行不彻底、技术参数设置不准确等。

（3）提出改进措施：根据问题的分析结果，确定相应的改进措施。改进措施可以包括调整维护策略，例如增加定期检查和预防性维护的频率；优化维护计划，例如提高维修资源的利用率和调度效率；改进设备的技术参数，例如提高设备的可靠性和稳定性。

（4）实施改进措施：将确定的改进措施落实到实际操作中，制定详细的实施方案，并进行有效的跟踪和监督。改进措施应考虑到资源投入、人员培训和技术支持等方面的要求。

（5）持续改进：维护工作是一个不断改进的过程，需要持续监测和评估维护效果，并根据评估结果及时调整和改进维护工作。定期进行回顾和总结，及时修正和改进维护工作的方法和策略，提高维护工作的质量和效率。

第十二章 机电工程工业机器人技术

第一节 工业机器人的发展

一、工业机器人的定义和特点

（一）工业机器人的定义和特点

1.定义

工业机器人是一种能够执行各种工业操作和自动化生产任务的可编程多功能机械设备。它由多个关节构成，可以模拟人类的运动能力并完成各种操作任务。

2.特点

（1）高度精确性：工业机器人具有精确定位和控制能力，可以实现微米级别的精确操作，保证产品的质量和一致性。

（2）高速度：工业机器人能够以高速度进行操作，提高了生产效率和制造周期。

（3）高重复性：工业机器人能够反复执行相同的操作任务，保持稳定的质量和产量。

（4）高可靠性：工业机器人采用先进的传感器和控制系统，能够实时监测和调整操作过程，减少出错概率，提高可靠性。

（5）自动化程度高：工业机器人能够根据预设的程序和指令，自主完成各类工业操作任务，减少对人力的依赖。

（6）多功能性：工业机器人可以通过更换末端执行器和调整程序，适应不同的操作需求，实现多种功能。

（7）灵活性：工业机器人可以根据需要进行编程调整，适应不同的工作内容和流程，满足生产线的变化和调整。

（8）可编程性：工业机器人具有可编程性，可以根据需要进行灵活的程序编写和修改，实现不同的操作任务。

（9）安全性：工业机器人配备了多重安全保护装置，能够保证在操作过程中不会对人员和设备造成伤害。

二、工业机器人的发展历程

（一）20 世纪 50 年代

当时第一台工业机器人诞生并开始应用于汽车制造业。这是一个具有里程碑意义的时刻，标志着工业机器人在现代制造领域的大规模应用。

起初，工业机器人主要用于执行重复性的、简单的装配任务，如焊接、喷涂和搬运等。这些任务通常需要高度精确性和重复性，而人工操作存在着劳动强度大、效率低下和质量不稳定等问题。工业机器人的引入不仅解决了这些问题，还提高了生产效率和质量水平。

工业机器人通常由大型的机械臂和控制系统组成。机械臂是工业机器人的核心部件，它具有多个自由度和灵活的运动能力，可以模拟人手的动作进行各种物体操作。控制系统则负责管理和指导机械臂的运动，使其按照预设的轨迹和速度进行工作。

在汽车制造业中，工业机器人被广泛应用于车身焊接、涂装、零部件组装和物料搬运等环节。例如，在车身焊接方面，工业机器人可以准确地完成焊点的加热、连接和控制，确保焊缝质量稳定和一致性。在涂装方面，工业机器人能够精确地喷涂车身，保证涂层均匀和质量优良。此外，工业机器人还可以进行零部件的组装和拆卸，提高了生产线的灵活性和效率。

相比于传统的人工操作，工业机器人具有诸多优势。首先，它们能够持续、稳定地工作，不会因为疲劳或经验差异造成质量问题。其次，工业机器人具有高度精确性和重复性，能够保证产品的一致性和稳定性。此外，工业机器人还可以在恶劣环境下工作，如高温、高湿、有害气体等，以保障操作员的安全和健康。

随着科技的发展，工业机器人也在不断演进和创新。现代工业机器人具备更加先进的感知和决策能力，可以通过视觉、力觉和计算机视觉等技术实现对环境和工件的感知与分析。这使得工业机器人能够更好地适应复杂多变的工作场景，并与其他智能设备和系统进行协同操作。

总的来说，第一台工业机器人诞生并开始应用于汽车制造业，标志着工业机器人在现代制造领域的起点。它们主要用于执行重复性的、简单的装配任务，如焊接、喷涂和搬运等。这些机器人通过大型的机械臂和控制系统实现自动化操作，提高了生产效率和质量水平。随着技术的不断发展，工业机器人具备了更加先进的感知和决策能力，为现代制造业带来了更大的变革和发展潜力。

（二）20 世纪 70 年代

随着计算机技术的快速发展，工业机器人的应用范围逐渐扩大，并在各个领域中发挥着重要的作用。工业机器人不仅在传统的制造业中得到广泛应用,如汽车制造、电子行业等,还开始进入其他领域,如电子行业、食品行业、医药行业等,在这些领域中发挥着独特的优势。

首先,电子行业开始使用机器人进行电路板组装和检测。由于电子产品的复杂性和高度精细化要求,传统的人工组装方式无法满足生产效率和质量要求,因此引入机器人进行自动化组装成为不可避免的趋势。通过采用精准的机械臂和高精度的传感器,工业机器人能够实现高速、高精度的电路板组装,大大提高了生产效率和产品质量。同时,机器人还能够进行电路板的自动检测,通过图像识别和传感器技术,能够实时监测产品质量,提高质检效率。

其次,食品行业开始使用机器人进行包装和分拣。随着人们对食品安全和质量的要求越来越高,传统的人工包装和分拣方式存在一定的风险和效率低下的问题。而机器人具有高速、精准和无疲劳的特点,能够提高包装和分拣的效率和准确性,减少了人为因素对产品质量的影响。此外,机器人还能够根据产品形状、重量等特征进行智能分拣,提高了生产线的灵活性和适应性。

再次,医药行业开始使用机器人进行药品生产和检测。医药制造过程中的精确度和卫生要求非常高,传统的人工操作容易引入人为错误和污染。而机器人通过精密的控制和卫生级别的执行器,能够实现高精度的药品生产过程。同时,机器人还可以进行药品的自动检测和包装,确保药品的质量和安全性。

工业机器人的快速发展离不开传感器和执行器的创新。随着科技的进步,工业机器人开始采用更复杂的传感器,如视觉传感器、力传感器、激光传感器等,以感知环境和物体的特征,进一步提高机器人的智能化和自动化水平。同时,工业机器人的执行器也得到了改进,采用了更精密、高速、可靠的电机和液压系统,使其能够更好地完成各种复杂的任务。

此外,工业机器人的控制系统也得到了改进,使其更加灵活和易于操作。传统的编程方式存在复杂性和局限性,难以适应不同行业的需求。而现在的工业机器人控制系统采用了更友好的图形化界面和交互方式,使得非专业人员也能够方便地进行编程和操作。同时,控制系统还集成了更多的智能算法和技术,如机器学习、人工智能等,使机器人能够更好地适应复杂和变化多样的工作环境。

(三)21世纪以来

21世纪以来,工业机器人在科技进步和需求增加的推动下得到了广泛的应用和发展。传感器技术、视觉识别技术、智能控制技术等的进步使得工业机器人具备了更加灵活和智能的特性。

首先,视觉识别技术的发展使得工业机器人能够通过视觉系统精确定位和抓取物体,实现高精度的操作。借助视觉传感器和图像处理算法,机器人能够准确地识别物体的位置、形状和颜色等信息,从而实现对物体的抓取和放置。这极大地提高了工业机器人的操作精确性和效率,使其能够在复杂的生产环境中进行精细的操作。

其次,工业机器人与其他自动化设备的连接和整合也为其发展带来了新的可能性。例如,工业机器人可以与物流系统进行集成,实现自动化的物料搬运和仓储管理,提高生产效率和物流效率。此外,工业机器人还可以与工厂信息系统进行连接,实现实时数据的交互和分析,从而为生产过程的监控和优化提供支持。

在当前的工业机器人领域,还出现了一些新的趋势和技术。一是协作机器人(Cobots)的出现,这种机器人能够与人类进行安全、紧密的合作。相比传统工业机器人,协作机器人具有更高的安全性和灵活性,能够在与人类共享工作空间的情况下完成各种任务,为生产流程带来更大的便利和效益。

另一个趋势是柔性生产系统的发展。随着市场需求和产品变化的不断变化,工业机器人需要具备更强的灵活性和适应性。柔性生产系统通过模块化设计和智能控制,使得工业机器人能够快速调整和适应不同产品和生产要求,从而提高生产效率和灵活性。

此外,工业互联网的兴起也为工业机器人的发展带来了新的机会。借助互联网和云计算技术,工业机器人可以实现远程监控和管理,实时获取机器状态和生产数据,并进行数据分析和优化。这不仅提高了生产过程的可视化和可控性,还为机器人的维护和保养提供了更好的支持。

第二节 机器人的结构和工作原理

一、机器人的基本结构

(一)机械结构

机械结构是机器人的重要组成部分,它能够实现机器人在空间中的运动和操作。机械结构由各种组件组成,包括机械臂、关节和传动装置。

(1)机械臂:机械臂是机器人最主要的执行部件,负责完成各种任务。它通常由多个链接组成,每个链接通过关节连接,并能够在三维空间内进行灵活的运动。机械臂的长度、形状和关节数量等因素将直接影响到机器人的工作范围和精确度。

（2）关节：关节是连接机械臂各个部分的连接点，使得机械臂能够进行灵活的姿态调整和运动。关节可以根据需要具备不同的自由度，例如旋转关节和平移关节。通过控制关节的运动，机器人能够实现复杂的任务操作。

（3）传动装置：传动装置负责传递动力和转换运动的方式。常见的传动装置包括齿轮、链条等。通过传动装置，机械力能够从一个部件传递到另一个部件，实现机械臂的运动。

机械结构的设计要考虑机器人的任务需求和工作环境。合理的机械结构设计可以提高机器人的稳定性、精确度和负载能力，使其能够完成更多种类的任务。

（二）传感器系统

传感器系统是机器人的感知器官，用于感知外部环境的信息，并将其转化为机器人能够理解的信号。传感器系统能够为机器人提供与环境交互所需的数据。

（1）视觉传感器：视觉传感器是机器人最常用的传感器之一，能够识别和测量物体的形状、颜色和位置。通过摄像头等设备，机器人能够获取图像信息，并通过图像处理算法进行分析和识别。

（2）声音传感器：声音传感器可以接收和识别声音信号，实现语音交互。机器人可以通过语音传感器获取用户的语音指令，并进行相应的操作。

（3）力触传感器：力触传感器可以感知物体的力度和触摸力。机器人通过力触传感器可以控制自身的力度，在操作物体时实现柔性和精确度。

（4）距离传感器：距离传感器可以测量物体与机器人之间的距离。机器人可以通过距离传感器判断物体的位置和距离，并进行相应的动作。

通过传感器系统，机器人能够感知环境的信息并作出相应的决策和操作，实现更智能化的行为。

（三）控制系统

控制系统是机器人的大脑，用于控制机器人的运动和操作。它接收传感器系统反馈的信息，并根据预设的算法和模型进行判断和决策。

（1）硬件部分：控制系统的硬件部分包括中央处理器（CPU）、存储器等。中央处理器负责运行控制算法和决策模型，存储器用于存储程序和数据。

（2）软件部分：控制系统的软件部分包括控制算法、路径规划等。控制算法根据传感器反馈的信息，进行数据处理和决策，控制机器人的运动和操作。路径规划算法能够根据任务需求，规划机器人的运动路径，使其能够高效地完成任务。

控制系统通过与机械结构和传感器系统的协作，实现机器人的精确控制和自主操作。

(四)电源系统

电源系统为机器人提供所需的电能。电能是驱动机器人各个部件工作的基础,包括机械结构的运动、传感器系统的感知、控制系统的运行等。

电源系统通常由电池组成,可以是锂电池、镍氢电池等不同类型的电池。选择适合的电池类型需要考虑机器人的功耗和工作时间等因素。

电源系统应具备稳定的输出电压和容量,以确保机器人能够长时间、稳定地工作。此外,需要考虑电池的重量和体积,以便更好地实现机器人的移动性和灵活性。

二、机器人的工作原理

(一)感知与感知反馈

机器人的感知与感知反馈是指机器人通过传感器系统获取外部环境信息,并将这些信息转化为数字信号或模拟信号,传递给控制系统。感知反馈的作用是帮助机器人了解周围环境的状态和物体特征,以便做出相应的决策和行动。

感知是机器人获取外部环境信息的过程,一般通过传感器实现。传感器可以测量距离、位置、力等物理量,也可以感知温度、光线、声音等非物理量。常见的传感器包括摄像头、激光雷达、超声波传感器、力传感器等。这些传感器将感知到的信息转化为电信号或光信号,并传递给控制系统。

感知反馈是指控制系统根据传感器获取的信息,对机器人的外部环境进行分析和理解。通过感知反馈,控制系统可以获取机器人周围的障碍物信息、目标物位置信息以及机器人自身的状态信息等。这些信息对于机器人决策和规划下一步行动至关重要。

例如,当机器人需要移动到一个特定位置时,它可以通过摄像头感知周围的环境,并获取到目标位置的相对坐标。同时,激光雷达可以检测到障碍物的存在和位置。基于这些感知反馈的信息,机器人的控制系统可以决策出一条安全且合适的路径,并规划出移动的策略。

在工业领域中,机器人的感知与感知反馈也起着重要的作用。例如,在自动化生产线上,机器人需要通过传感器感知产品的位置和方向,以便进行准确的装配操作。通过感知反馈,机器人可以实现高精度的操作,并能够根据不同情况做出灵活的调整。

(二)决策与规划

决策与规划是机器人控制系统根据感知信息进行的重要过程,它决定了机器人需要执行的任务和动作。

决策是指根据预设的算法和模型,控制系统通过分析感知反馈的数据,判断当前环境中的障碍物、目标物位置等信息以及机器人自身的状态,从而做出相应的决策。决策的目标是使机器人能够在复杂和不确定的环境中做出正确的行动选择。

规划是指根据决策结果,控制系统制定合适的策略和路径规划,确定机器人下一步的行动。路径规划是指确定机器人从当前位置到目标位置的最佳路径,考虑到障碍物、地形等限制因素。规划过程中还需要考虑机器人的运动能力和动力学特性,以确保机器人能够稳定且高效地完成任务。

决策与规划的过程需要充分利用感知反馈的信息,并结合预设的算法和模型。例如,当机器人需要穿越一个迷宫时,它可以通过摄像头感知迷宫的布局,并通过图论算法计算出最短路径。然后,机器人的控制系统根据路径规划结果,决策机器人每一步的移动方向,以实现快速穿越迷宫的目标。

在工业自动化领域中,决策与规划也扮演着重要角色。例如,在自动化生产线上,机器人需要根据产品的类型和要求,决策所需的操作步骤和顺序,并规划出最优的操作路径。这样可以提高生产效率并保证产品质量。

(三)运动与操作

运动与操作是机器人控制系统通过控制机械结构和传动装置,使机器人实现运动和完成任务的过程。

运动是指机器人的整体或部分从一个位置到另一个位置的过程。机器人的运动通常通过控制关节的转动来实现,每个关节都由电机驱动。通过精确控制各个关节的转动角度和速度,机器人可以实现准确的定位和运动轨迹。

操作是指机器人利用自身的机械结构和传动装置,对周围的物体进行实际的操作。例如,机械臂可以根据控制系统发送的指令,将末端执行器移动到特定的位置、角度和速度,以完成抓取、搬运等任务。同时,机器人还可以通过其他执行器,如夹爪、喷头等,进行更复杂的操作。

机器人的运动和操作需要由控制系统精确控制。控制系统根据决策和规划阶段确定的目标位置和路径,向机械结构发送相应的运动指令。这些指令通过电机控制系统实现关节的转动和传动装置的工作,从而使机器人实现预定的运动和操作。

在工业领域中,机器人的运动和操作通常是为了完成生产任务。例如,在汽车制造工厂中,机器人可以根据任务要求,将汽车零部件从一个工作台移动到另一个工作台,并进行组装操作。通过精确的运动和操作,机器人可以提高生产效率和产品质量。

第三节　机器人编程与控制技术

一、机器人编程语言

（一）示教编程

示教编程是一种简单直观的机器人编程方式，通过操作者手动示范机器人要执行的动作，机器人记录下操作过程并自动执行。这种编程方式适用于一些简单的重复任务，操作者可以通过自己的示范来教导机器人完成特定的工作。

在示教编程中，操作者通常使用遥控器或者手柄等设备来操作机器人，将机器人移动到特定位置、执行特定动作，或者进行特定的操作。机器人会通过传感器技术记录下操作者的示范动作，并将其转化为可执行的指令序列。接下来，机器人可以按照这些指令序列进行自动执行，完成相应的工作。

示教编程对于不具备专业编程知识的用户来说比较友好，上手难度相对较低。操作者只需通过示范的方式来传达自己的意图，而无须深入了解编程语言的细节。这种编程方式尤其适用于一些简单的、重复性的任务，例如机器人在生产线上的定点拾取和放置操作，或者在仓库中的物品搬运等。示教编程的优势在于操作者可以根据实际场景自由调整机器人的动作和位置，实现灵活性较强的任务执行。

（二）基于图形化界面的编程

基于图形化界面的编程是一种利用拖拽、连接图形元素来编写程序的方式，主要目的是简化编程的复杂性，降低编程的门槛。通过将各种功能组件以图形元素的形式呈现，用户只需通过简单的操作，将这些图形元素进行拖放和连接即可完成编程任务。

在基于图形化界面的编程中，用户可以选择并拖拽相应的功能组件，例如条件判断、循环控制、输入输出等，然后通过连接这些组件，建立起程序的逻辑流程。通过直观的图形界面，用户可以清晰地看到程序的结构和逻辑关系，更容易理解和调试程序。

这种编程方式适用于初学者或非专业人士，无须深入了解编程语言的细节，只需要理解组件之间的关系即可实现机器人的控制。通过图形化界面的操作，用户可以快速构建出相应的机器人程序，并进行实时调试和修改。基于图形化界面的编程工具通常提供了丰富的组件库和示例代码，用户可以借助这些资源加快程序的开发速度。

尽管基于图形化界面的编程方式简化了编程过程，但相较于文本编程，其灵活性和扩展性可能略有不足。对于一些复杂的算法和逻辑控制，可能需要通过编写代码来实现。

因此，基于图形化界面的编程主要适用于简单的任务和初学者的学习阶段。

（三）文本编程

文本编程是使用类似于计算机编程语言的文本命令来编写机器人程序的方式。它需要编程者具备一定的编程知识和技能，能够理解和使用特定的好处是灵活性高，可以精确地控制机器人的动作和行为。

在文本编程中，编程者需要使用特定的编程语言来表达机器人的功能和逻辑。常见的机器人编程语言包括 C++、Python、Java 等，通过编写代码来实现机器人的各种功能和任务。编程者需要掌握语言的语法和特性，并能够使用相应的开发工具进行代码的编辑、编译和执行。

文本编程的优势在于可以实现高度的自定义和灵活性。编程者可以根据具体需求，精确地控制机器人的动作和行为，实现复杂的算法和逻辑控制。文本编程也为编程者提供了更大的扩展性和自由度，能够满足不同应用场景下的需求。

然而，文本编程对于非专业人士来说具有一定的学习曲线和门槛。编程者需要熟悉编程语言的语法和特性，并掌握相应的编程技巧。此外，文本编程也可能出现一些语法错误和逻辑错误，需要进行调试和测试。

二、机器人控制技术

（一）关节运动控制

关节运动控制是指根据机器人的任务需求，通过控制机器人各个关节的运动轨迹和速度，实现精确的位姿控制。在机器人控制中，关节运动控制是最基本的控制方式之一。通过控制每个关节的转动角度或速度，可以使机器人在三维空间内实现精准的移动和定位。

关节运动控制主要涉及以下几个方面的内容。

（1）关节运动规划：通过规划关节的轨迹以及运动速度，实现机器人在特定时间段内达到目标位置或姿态的控制。常用的方法包括插值方法、路径规划算法等。

（2）关节运动传感器：利用传感器对关节的位置、速度和加速度进行实时监测和反馈，以确保关节运动的准确性和稳定性。常见的关节运动传感器包括编码器、光电编码器等。

（3）关节运动控制算法：根据机器人的运动学模型和动力学模型，设计合适的控制算法，实现对关节运动的精确控制。常见的关节运动控制算法包括 PID 控制器、模糊控制等。

关节运动控制在机器人的应用中具有广泛的应用价值。例如，在工业领域中，通过控制机器人各个关节的运动，可以实现自动化的装配任务；在医疗领域中，通过关节运动控制，可以帮助手术机器人进行精细操作；在服务机器人领域中，通过关节运动控制，可以实现人机互动，并完成各种任务。

（二）机器视觉

机器视觉是利用摄像头或其他视觉传感器对环境进行感知，实现目标检测、定位和跟踪等功能的技术。通过获取环境中的图像或视频数据，并对其进行处理和分析，机器人可以识别不同的物体或场景，并根据识别结果做出相应的控制和决策。

机器视觉主要涉及以下几个方面的内容。

（1）图像获取：机器人通过搭载摄像头或其他视觉传感器来获取环境中的图像或视频数据。摄像头的选型和布置对于机器视觉的效果有着重要的影响。

（2）图像处理与分析：机器人通过对获取的图像数据进行处理和分析，提取其中的目标信息。常见的图像处理算法包括边缘检测、特征提取、目标识别等。

（3）目标检测与识别：机器人通过机器视觉技术可以实现对环境中目标的检测和识别。这包括物体检测、人脸识别、文字识别等功能。

（4）目标定位与跟踪：机器人可以通过机器视觉技术获取目标的位置信息，并实现对目标的定位和跟踪。这对于机器人进行精确操作和导航具有重要意义。

机器视觉在机器人领域有广泛的应用。例如，在智能制造中，机器视觉可以用于产品质量检测和自动化装配；在无人驾驶领域，机器视觉可以用于道路识别和障碍物检测；在服务机器人中，机器视觉可以用于人脸识别和情感分析等。

（三）力控制

力控制是一种通过力传感器对机器人的接触力进行感知和控制的技术。通过在机器人执行任务时测量接触物体的力度，可以实现对物体的精细操作和力度控制。

力控制主要涉及以下几个方面的内容。

（1）力传感器：机器人通过搭载力传感器来实时感知与物体接触的力。常见的力传感器包括压力传感器、力敏电阻等。

（2）力反馈控制：通过力传感器得到的实时力信号，可以用于机器人的力反馈控制。通过合适的控制算法，机器人可以根据接触力的变化做出相应的动作调整。

（3）精细操作：力控制技术可以使机器人在执行各种精细操作时更加准确和稳定，如装配、抓取等任务。机器人可以根据接触力信号进行力度控制，实现对物体的精细操纵。

力控制在工业自动化领域有广泛的应用,例如,在装配任务中,通过力控制可以实现精确的零件拼装;在医疗手术中,力控制技术可以帮助机器人进行精细的组织切割等操作。

(四)路径规划

路径规划是根据机器人的任务需求和环境信息,确定机器人的运动路径,并通过避开障碍物和优化路径选择实现高效的运动轨迹。

路径规划主要涉及以下几个方面的内容。

(1)地图构建:机器人通过传感器获取环境的地图信息,包括障碍物位置、大小等。常见的地图构建方法包括激光雷达扫描、视觉 SLAM 等。

(2)环境感知:机器人通过感知环境中的障碍物和目标位置,判断哪些区域是可以自由通行的,哪些区域需要绕开或避开。

(3)路径规划算法:通过运用合适的路径规划算法,如 A*算法、Dijkstra 算法、RRT 算法等,机器人可以在复杂的环境中找到一条合适的路径来达到指定目标。

(4)动态路径规划:对于动态环境中的路径规划,机器人需要根据实时的障碍物信息进行路径规划的调整和优化。

路径规划技术在自动导航、物料搬运和无人驾驶等领域具有重要的应用价值。例如,在自动导航中,机器人可以利用路径规划技术实现自主控制和导航;在物料搬运中,机器人可以通过路径规划来规划最佳的运输路径;在无人驾驶中,路径规划技术可以帮助车辆选择最优的行驶路线。

第四节 机器人在机电系统中的应用案例

一、汽车装配线上的机器人应用

在汽车制造行业中,机器人在汽车装配线上扮演着重要的角色。它们能够完成车身焊接、喷涂、零部件组装等工作,大大提高了装配效率和产品质量。通过使用机器人,汽车制造商可以实现自动化生产,减少了人力资源的需求,提高了生产线的灵活性和可靠性。

汽车装配线上的机器人应用案例包括以下几个方面。

(一)车身焊接

车身焊接是汽车生产过程中关键的一步,机器人在这个环节的应用可以大大提高焊接的质量和效率。机器人可以根据车身设计的要求，将车身的各个部分进行焊接。通过精确地控制和高速运动，机器人可以确保焊接的质量和一致性。相比传统的手工焊接，机器人具有更高的稳定性和精度，能够完成更复杂的焊接任务，并且可以在短时间内完成大量的焊接工作。

机器人在车身焊接过程中，可以利用激光焊接技术、电弧焊接技术等不同的焊接方式。激光焊接技术具有高精度、高速度的特点，可以实现对焊接点的精确控制；而电弧焊接技术则可以适应更大范围的焊接任务。机器人在焊接过程中可以根据需要选择最适合的焊接方式，以实现高质量的焊接效果。

（二）喷涂

机器人在汽车喷涂过程中的应用，主要是为了保证喷涂的均匀性和质量。传统的手工喷涂存在喷涂厚度不均匀、颜色差异等问题，而机器人可以通过精确地控制和高速运动，确保喷涂的质量和一致性。

机器人在喷涂过程中，可以根据车身的设计要求和颜色配比，自动调整喷涂参数，实现各个部位颜色的一致性。而且由于机器人可以进行高速运动和精确控制，能够在短时间内完成大量车身的喷涂工作，提高了生产效率。同时，机器人还可以通过视觉系统实时监测喷涂的效果，及时调整参数以保证喷涂质量。

此外，机器人在喷涂过程中可以减少废料和污染物的排放，提高喷涂过程的环保性，符合可持续发展的要求。

（三）零部件组装

机器人在汽车装配线上的另一个重要应用是零部件组装。机器人可以完成汽车零部件的组装工作，例如安装发动机、转向器等。机器人可以根据设计要求和装配的顺序，准确地将零部件组装到正确的位置上，提高了装配的效率和准确性。

机器人在零部件组装过程中，可以利用各种夹具和工具进行辅助定位和固定。通过视觉系统和传感器，机器人能够感知零部件的位置和状态，并根据设计要求进行准确的组装操作。机器人具有高速度、高精度和可重复性的特点，可以在短时间内完成大量的零部件组装工作。

机器人在零部件组装过程中还可以进行质量检测，通过视觉系统和传感器检测零部件的尺寸、外观等质量指标，并及时反馈给生产线控制系统。这样可以避免不合格产品进入下一道工序，提高了产品的质量和一致性。

（四）质量检测

机器人在汽车装配过程中起到了重要的质量检测作用。机器人通过使用传感器和视觉系统，可以对汽车零部件的质量进行检测，包括尺寸、外观等方面的指标。

机器人可以根据预先设定的质量标准，在装配过程中对零部件进行检测，并及时反馈给生产线控制系统。通过机器人的高速度和精确控制，可以实现对大量产品的快速检测，提高了生产效率和质量控制的准确性。

机器人在质量检测过程中，可以利用视觉系统进行零部件的外观检测，通过图像处理和模式识别等技术，判断零部件是否存在缺陷或不合格。同时，机器人还可以使用传感器检测零部件的尺寸、形状等参数，以确保产品的准确性和一致性。

二、食品加工业中的机器人应用

在食品加工业中，机器人的应用也非常广泛。机器人可以完成食品的分拣、包装、烘焙等工作，提高了生产效率和食品品质的一致性。

食品加工业中的机器人应用案例包括以下几个方面。

（一）分拣

食品加工业中的机器人在分拣方面发挥着重要作用。利用机器视觉系统和机械臂等技术，机器人可以根据食品的形状、颜色等特征，将食品进行分类和分拣。例如，在果蔬加工行业中，机器人可以通过视觉识别将不同种类的水果或蔬菜分别分拣到不同的容器中。机器人可以快速而准确地完成这些任务，大大提高了生产效率和准确性。

（二）包装

机器人在食品加工过程中的包装环节也扮演着重要角色。机器人可以根据包装要求，将食品进行堆叠、封口等操作，提高了包装的速度和一致性。例如，在饼干加工行业中，机器人可以将饼干从生产线上取下，并将其装入袋子或盒子中，然后进行封口操作。机器人在包装过程中可以精确控制力度和速度，以确保食品的完整性和品质。

（三）烘焙

烘焙是食品加工业中常见的环节之一，而机器人在烘焙方面的应用也逐渐增多。机器人可以承担烘焙的任务，例如在面包、糕点等食品的生产过程中。机器人可以准确地控制温度、时间等参数，确保食品烘焙的质量和口感。机器人在烘焙过程中具有精确的控制能力，可以避免因人为原因造成的误差，提高了产品的一致性和可靠性。

（四）清洁和消毒

在食品加工场所中，卫生安全是至关重要的。机器人在清洁和消毒方面发挥着重要作用。机器人可以使用高压水枪或喷雾系统对设备和生产线进行清洁和消毒。机器人可以在设备和生产线间进行自动巡航，覆盖更大面积的清洁范围，并通过预定的程序进行清洁和消毒操作。这不仅提高了清洁的效率，还降低了人工操作带来的交叉污染风险，提高了食品生产的卫生水平。

三、医疗机器人的应用

医疗机器人是指在医疗领域中使用的自动化机器人系统，它可以进行手术操作、病人监护等工作，提高了手术的精确性和安全性。

医疗机器人的应用案例包括以下几个方面。

（一）手术操作

机器人在手术操作方面的应用是医疗机器人技术的重要领域之一。传统的手术操作通常由医生亲自进行，但随着医疗技术的不断进步，机器人手术系统已经成为一种越来越受欢迎的选择。机器人手术系统通过使用机器人操作臂和高精度传感器，帮助医生实现更准确、稳定、精细的手术操作。

机器人手术系统具有许多优点。首先，它可以提供更加精确的操作，并且可以消除手术中的人为因素，减少手术的风险。其次，机器人手术系统可以实现微创手术，减少手术创伤和恢复时间。由于机器人手术系统具有高精度的运动控制和可视化功能，医生可以通过小切口或自然孔道进行手术，减少了患者的疼痛和创伤。此外，机器人手术系统还可以提供增强现实的功能，使医生能够获得更好的视野，并进行更好的手术决策。

目前，机器人手术系统已经在许多领域得到了广泛应用。例如，它被广泛应用于普通外科手术、心血管手术、妇科手术、泌尿外科手术等。通过机器人手术系统，医生可以实现更加复杂的手术操作，提高手术的成功率和患者的康复质量。

（二）病人监护

机器人在病人监护方面的应用也是医疗机器人技术的重要应用之一。在医院中，病人的监护是非常重要的工作，但由于医护人员工作负荷大，病人数量众多，因此有时很难做到全天候全方位的监护。这时候，机器人的应用可以有效地解决这个问题。

机器人可以通过使用传感器和相应的算法对病人的生理参数进行监测，包括体温、心率、呼吸等。它可以实时监测病人的生理指标，并根据设定的阈值进行报警。当生理参数异常时，机器人可以立即通知医护人员进行处理，提高监护的及时性和准确性。此外，机器人还可以进行巡视，通过识别病人的行为和情绪，帮助医护人员及时发现病人的需求，并提供相应的服务和支持。

机器人在病人监护方面的应用具有许多优势。首先，它可以提供全天候、全方位的监护服务，减轻医护人员的工作负荷，提高监护的效率和质量。其次，机器人可以通过使用传感器对病人的生理参数进行长时间监测，可以提供更多的数据支持，帮助医生进行诊断和治疗决策。此外，机器人还可以通过与云平台的连接，将监护数据传送到云端进行分析和处理，实现对病人的个性化监护。

（三）康复训练

机器人在康复训练方面的应用也是医疗机器人技术的重要应用之一。康复训练是帮助患者恢复运动功能和日常生活能力的重要手段，但由于患者个体差异大、康复需求不同，因此需要有针对性、个性化的康复方案。机器人技术可以提供精确、可控的力量支持和运动辅助，帮助患者进行康复训练。

在物理治疗中，机器人可以根据患者的康复需求和康复计划，提供恰当的力量支持或运动辅助。例如，在步态训练中，机器人可以提供准确的步态引导，帮助患者改善步伐规律和平衡能力。在肌肉力量训练中，机器人可以提供适当的力量支持，帮助患者进行肌肉锻炼。机器人还可以通过使用传感器对患者的运动过程进行监测和记录，可以实现对患者运动能力的定量评估和监控。

机器人在康复训练方面的应用具有许多优势。首先，它可以提供精确、可控的力量支持和运动辅助，帮助患者恢复运动功能。其次，机器人可以根据患者的康复需求和进展情况，调整康复方案和参数设置，实现个性化的康复训练。此外，机器人还可以通过与云平台的连接，将康复数据传送到云端进行分析和处理，为医生提供更好的康复效果评估和治疗决策支持。

四、仓储物流机器人的应用

在仓储物流行业中，机器人的应用也非常广泛。机器人可以在仓库中进行货物的搬运、堆垛和库存管理等工作，提高了物流效率和减少了人力成本。

仓储物流机器人的应用案例包括以下几个方面。

（一）货物搬运

货物搬运是仓储物流机器人的主要应用之一。机器人可以根据仓库管理系统的指令，准确地将货物从一个位置移动到另一个位置。通过使用自动导航、机械臂等技术，机器人能够在狭小的空间和复杂的环境中进行货物搬运。机器人可以根据需要调整搬运路径，并通过传感器实时监测周围的环境，以避免碰撞和意外事故的发生。货物搬运机器人的应用可以大大提高工作效率和准确性，减少人工操作的弊端。

（二）堆垛

堆垛是仓储物流机器人的另一个重要应用领域。通过使用机械臂和传感器，机器人可以准确地将货物堆叠在一起,最大限度地节省仓库的空间。堆垛机器人能够根据不同的货物大小和重量,智能地进行堆垛操作。机器人能够根据仓库管理系统中的指令,按照预定的规则进行堆垛,同时实时监测堆垛操作的稳定性和安全性。堆垛机器人的应用可以减少人工操作的劳动强度和错误率,提高仓库的存储密度和可利用空间。

(三)库存管理

库存管理是仓储物流机器人的另一个重要应用领域。机器人可以对仓库中的货物进行盘点和管理。通过使用视觉识别、RFID 等技术,机器人能够快速而准确地识别货物的种类和数量,并及时更新库存信息。机器人可以在仓库中进行巡航,自动扫描货架上的货物,并与仓库管理系统进行数据交互。机器人能够实时监测货物的进出和库存变化,提供准确的库存信息和报告,有助于企业更好地掌握库存情况,避免过量或缺货的问题。

(四)智能分拣

智能分拣是仓储物流机器人的另一个重要应用领域。机器人可以根据订单的要求,将货物进行智能分拣。通过使用机器视觉系统和自动化设备,机器人能够根据货物的属性和目的地,将货物分拣到对应的区域。机器人能够通过视觉识别技术,识别货物的形状、颜色、尺寸等特征,并根据设定的规则进行分拣操作。机器人能够高速而准确地完成分拣任务,大大提高了分拣的速度和准确性。智能分拣机器人的应用可以大幅度提高仓库的处理效率,减少人工分拣过程中的错误和疲劳。

第十三章　机电工程智能制造与工业互联网

第一节　智能制造的概念和特点

一、智能制造的概念

智能制造是指利用先进的信息技术和人工智能技术,将生产过程中的各个环节进行高度集成和自动化,实现生产的智能化和自主化。通过引入物联网、大数据分析、云计算、机器学习等技术,智能制造将传统的生产线升级为一个智能化的系统,能够实时地获取和处理生产过程中的数据,提供决策支持和优化方案,最终达到提高生产效率、降低成本、提升产品质量和服务水平的目标。

二、智能制造的特点

（一）灵活性高

智能制造系统具有高度的灵活性,能够根据市场需求快速调整生产线,实现批量定制和个性化生产。这种灵活性是通过自动化设备和灵活生产规划的结合实现的。自动化设备能够根据不同的产品和订单要求进行快速转换,而灵活的生产规划则可以根据市场需求的变化及时做出调整。这样,企业可以更好地满足消费者不断变化的需求,提供个性化的产品和服务。

（二）高效性强

智能制造通过自动化和智能化技术的应用,可以大幅提升生产效率和质量。自动化设备和机器人能够完成重复、烦琐和高风险的工作任务,减少人力成本和工作风险。同时,这些设备还能够以更高的速度和精度进行操作,提高生产效率和产品质量。此外,智能制造还利用大数据分析和机器学习等技术优化生产过程,提高设备利用率和产品质量,进一步提升生产效率。

（三）可持续发展

智能制造注重节约能源和资源,减少环境污染,实现可持续发展。通过自动化控制和优化生产过程,能够降低能源消耗和废弃物排放,实现绿色制造。例如,智能制造可以通过精确的物料管理和智能调度系统,减少物料浪费和过剩库存;通过智能能源管理和节能设备,降低能源消耗。同时,智能制造还能够提升制造过程中的可追溯性和可回收利用率,实现循环经济的目标。

(四)人机协作

智能制造将人工智能技术与人的操作和判断相结合,实现人机协作。人工智能可以辅助人类进行决策和问题解决,提供实时的数据和分析结果。人类在生产过程中能够更加高效地进行管理和控制,同时也能够应对复杂和非结构化的问题。这种人机协作不仅提高了生产效率,还能够充分发挥人类的智慧和创造力。

(五)安全性高

智能制造注重数据安全、网络安全和生产安全。采用先进的安全技术和控制手段,保护智能制造系统中的信息安全,防止恶意攻击和数据泄露。例如,通过加密技术和权限控制,保护敏感信息的安全;通过网络监测和入侵检测系统,及时发现和阻止网络攻击行为。智能制造还能够提高生产过程中的安全性,减少事故和风险发生。例如,智能感知和预警系统可以实时监测生产环境,及时发现隐患,防止事故的发生。

智能制造的特点使得企业能够在激烈的市场竞争中脱颖而出,提升生产效率,提供个性化产品和服务,并实现可持续发展目标。这对于企业来说具有重要的战略意义。因此,智能制造已成为未来制造业发展的重要方向。

第二节 工业互联网的基本架构和技术

一、工业互联网的基本架构

工业互联网的基本架构包括物理层、网络层、平台层和应用层。

(一)物理层

物理层是工业互联网的基础,通过物联网技术实现设备对现实世界的连接。物理层设备包括传感器、执行器等,能够感知和控制现实世界中的物理参数。传感器可以采集生产设备、环境等方面的数据,执行器可以实现对物理设备的控制操作。物理层设备具备数据采集、信号转换和控制功能,能够将采集到的数据进行处理和传输。

(二)网络层

网络层将物理层设备连接起来,形成一个统一的网络,实现设备之间的通信和信息传输。网络层承担着数据传输的任务,通过各种通信协议和技术实现设备之间的联通和交互。网络层可以是局域网（LAN）、城域网（MAN）或广域网（WAN），也可以通过互联网进行远程访问。网络层的设计需要考虑到设备之间的安全性、稳定性和高效性。

（三）平台层

平台层是工业互联网的核心，包括云计算、大数据、人工智能等技术。在平台层中，数据从物理层设备经过网络传输到云端进行存储、处理和分析。云计算提供了可扩展的计算和存储资源，可以满足大规模数据处理的需求。大数据技术用于对海量数据进行挖掘和分析，提供有价值的信息和洞见。人工智能技术可以实现智能决策和预测，为企业提供更高效的生产和管理方式。

（四）应用层

应用层是在平台层的基础上，通过应用软件实现各类应用场景。在应用层中，可以通过工业互联网实现设备监控、生产调度、质量管理、供应链管理等各种功能。应用层的软件可以根据不同的需求进行定制和开发，为企业提供个性化的解决方案。应用层的目标是将物理层、网络层和平台层的技术应用到实际的生产和管理过程中，提高生产效率和质量，降低成本和风险。

二、工业互联网的关键技术

（一）物联网技术

物联网技术作为工业互联网的基础，包括传感器、执行器、物联网通信等技术。传感器负责采集环境数据和设备状态，执行器用于对设备进行控制和操作。物联网通信技术用于实现设备之间的通信和数据传输，包括有线和无线通信技术，例如以太网、Wi-Fi、蓝牙、LoRa等。

（二）云计算技术

云计算技术为工业互联网提供了可扩展的计算和存储资源。通过云计算平台，可以将大量的数据存储在云端，并通过虚拟化技术实现资源的共享和管理。云计算技术还可以提供弹性计算能力，根据实际需求动态调整计算资源。

（三）大数据技术

大数据技术用于对工业互联网中产生的海量数据进行存储、处理和分析。通过大数据分析，可以从数据中挖掘出有价值的信息和知识，为企业决策提供支持。大数据技术包括数据采集、数据存储、数据处理、数据挖掘和可视化等方面的技术。

（四）人工智能技术

人工智能技术在工业互联网中扮演着重要角色。通过机器学习、深度学习、自然语言处理等技术，可以实现对数据的自动分析和智能决策。人工智能技术可以应用于设备预测维护、生产质量优化、工艺优化等方面，提高生产效率和产品质量。

（五）安全与隐私保护技术

工业互联网中的数据安全和隐私保护是一个重要考虑因素。安全技术包括数据加密、身份认证、访问控制等措施，用于确保数据在传输和存储过程中的安全性。隐私保护技术可以对敏感数据进行脱敏处理，保护用户的隐私权。

第三节 机电系统的智能制造应用

一、智能机器人

（一）智能机器人在装配和搬运任务中的应用

智能机器人在工业生产线上可以执行各种装配和搬运任务，有效提高生产效率和质量稳定性。具体来说，智能机器人通过搭载传感器和机器视觉系统，可以对工件进行精确的定位和识别。它们可以利用视觉传感器获取产品的位置、姿态和外观等信息，并根据预先编程的控制算法完成相应的动作。

在装配任务中，智能机器人可以根据预设的序列和要求，自动抓取零部件，并将它们正确地放置到指定的位置。通过精确的动作控制和反馈控制技术，智能机器人可以实现高度精准的装配操作，避免了传统人工装配过程中可能出现的误差和不一致性。这不仅提高了产品装配的准确性，还降低了因人为因素引起的装配错误率。

在搬运任务中，智能机器人可以根据工作环境和物料的特性，灵活地调整自身的行动方式。通过搭载传感器和导航系统，智能机器人可以感知并规避障碍物，确保安全地将物料从一个位置搬移到另一个位置。智能机器人还可以通过与其他智能设备或机器人的协作，实现更高效的物料搬运和流程管理。

（二）智能机器人在复杂任务处理中的应用

智能机器人具备自主感知、学习和优化的能力，可以应用于复杂任务的处理。在汽车制造等领域，智能机器人可以通过自主学习和演化算法，规划和执行复杂的工艺任务，如车身焊接、涂装等。

首先，在车身焊接方面，智能机器人可以通过学习算法从大量的焊接数据中获取经验，并进行自主优化。它们能够分析焊接接头的形状、材料特性和焊接参数等因素，并根据优化目标（如焊接质量、效率等）自动调整焊接路径和参数，使得焊接质量更加稳定和一致。

其次,在涂装任务中,智能机器人可以通过视觉传感器获取车身表面的形态信息,并利用学习算法和控制算法规划最优的喷涂路径和参数。智能机器人可以根据不同的颜色、涂装工艺要求和环境条件,自动调整喷涂的速度、角度和喷嘴位置,以获得更精细、均匀的涂装效果。

通过自主学习和优化的能力,智能机器人可以适应多样化的生产需求和产品变化,提升生产线的灵活性和适应性。与传统的固定编程方式相比,智能机器人能够根据实时反馈和学习,不断改进和优化自己的任务执行方式,提高工作效率和质量稳定性。

(三)智能机器人在人机协作中的应用

智能机器人在人机协作方面也具有广阔的应用前景。通过结合传感器和人工智能技术,智能机器人可以与人类操作员实现高度协作,共同完成一些需要人力和智能的复杂任务。

例如,在食品加工业中,智能机器人可以与操作员协同工作,提高生产效率和产品质量。智能机器人可以通过视觉传感器识别并分拣食品原料,然后将其传递给操作员进行精细加工和装配。在这个过程中,智能机器人可以根据操作员的动作和需求,灵活地调整自己的行为和策略,实现高效的协同工作。

此外,在医疗领域,智能机器人也可以与医生或护士协同工作,提供精准的手术辅助和康复服务。智能机器人可以通过机器视觉和传感器系统对患者进行监测和跟踪,自动记录和分析相关数据,并根据医生的指示和要求,提供精确而可靠的手术支持和康复训练。

二、智能制造设备

(一)智能制造设备的应用领域

智能制造设备在众多领域中都有广泛的应用。以下是几个典型的领域。

(1)汽车制造:智能制造设备在汽车制造行业中起着至关重要的作用。它可以实现汽车装配线的自动化控制和优化,提高生产效率和质量,并降低生产成本。智能制造设备可以与其他工厂系统集成,实现生产数据的共享和实时监测,为决策提供支持。

(2)电子制造:智能制造设备在电子制造行业中也有广泛应用。它可以实现电子产品的自动化生产和测试,提高生产效率和产品质量。智能制造设备可以根据不同的产品需求进行快速转换,实现个性化定制生产。

（3）食品和饮料制造：智能制造设备在食品和饮料制造行业中也扮演着重要的角色。它可以实现食品的自动化生产、包装和标签贴附，提高生产效率和产品品质。通过智能制造设备的应用，可以确保食品的安全和卫生。

（4）医药制造：智能制造设备在医药制造行业中具有重要意义。它可以实现药品的自动化生产和包装，确保药品的质量和安全性。智能制造设备可以根据药品的特殊要求进行快速调整，提高生产效率和灵活性。

（二）智能制造设备的优势

智能制造设备相比传统制造设备具有以下几个优势。

（1）提高生产效率：智能制造设备可以实现自动化控制和优化，减少人工干预，从而提高生产效率。它可以实现设备的自动运行和协同作业，降低生产过程中的人为错误和延误。

（2）提高产品质量：智能制造设备可以通过实时监测和故障预警功能，快速发现设备运行问题，并及时采取措施进行修复。它可以实现对生产参数的实时调整和控制，以确保产品的一致性和稳定性。

（3）降低生产成本：智能制造设备可以通过优化生产过程和减少资源浪费，降低生产成本。它可以实现设备的能源节约和材料利用率的提高，从而减少生产成本和环境污染。

（4）实现个性化定制：智能制造设备可以根据订单的需求进行快速调整和切换，实现个性化定制生产。它可以灵活适应不同的产品要求，并满足客户的特定需求。

（三）智能制造设备的前景和挑战

智能制造设备具有广阔的发展前景，但也面临一些挑战。

（1）技术创新：智能制造设备需要不断进行技术创新，包括嵌入式系统、自动化控制和网络通信技术等方面。需要不断提升设备的智能化水平，以满足复杂多变的生产需求。

（2）人才培养：智能制造设备需要专业人才进行研发、运维和管理。需要培养具备相关技能和知识的工程师和技术人员，以适应智能制造的发展需求。

（3）数据安全：智能制造设备产生大量的生产数据，需要确保数据的安全性和隐私保护。需要建立健全的数据管理和安全体系，以保护企业和客户的利益。

（4）标准化和合作：智能制造设备需要制定统一的标准和规范，以实现设备之间的互联互通。需要建立合作伙伴关系，共同推动智能制造设备的发展和应用。

三、智能工厂

（一）智能工厂的物联网技术应用

智能工厂通过物联网技术实现了设备之间、设备与系统之间的互联互通，大大提升了生产过程的智能化水平和效率。物联网技术是指通过传感器、标签、无线通信等技术手段，将各种设备、产品和物体连接起来，形成一个互联网的网络。

在智能工厂中，各设备上安装传感器和数据采集设备，可以实时采集和监测生产现场的各种数据，包括设备运行状态、温度、湿度、压力等环境参数，以及生产过程中产生的大量数据。这些数据通过网络传输到云端，进行存储和分析。传感器和数据采集设备的广泛应用，使得智能工厂可以对生产过程中的各个环节实时监控和掌握，为决策提供准确的数据支持。

此外，智能工厂还可以通过物联网技术实现设备之间的协同和自动化。通过将各设备连接起来，实现信息的共享和交互，可以实现生产过程的自动化和智能化。例如，在一条流水线上，通过物联网技术，各个设备可以实时传输信息，自动调整生产参数和工艺流程，提高生产效率和质量稳定性。

（二）智能工厂的大数据分析应用

智能工厂利用大数据分析技术对采集到的大量数据进行挖掘和分析，从而实现对生产过程的优化和协调。大数据分析是指通过对大量数据的收集、存储、处理和分析，提取出有价值的信息和规律。

智能工厂通过大数据分析技术，可以对生产过程中的各个环节进行全面的监测和分析。通过对生产数据的深度挖掘，可以识别出生产中存在的问题和隐患，及时采取对应的措施进行调整和改进。同时，通过对历史数据的分析，可以总结出生产过程中的规律和经验，为决策提供依据。

例如，在质量控制方面，智能工厂可以通过大数据分析技术，对产品的质量数据进行统计和分析，识别出导致产品不合格的主要因素，并采取相应的改进措施。在生产计划方面，智能工厂可以通过大数据分析技术，对市场需求、生产能力和设备状态等数据进行分析和预测，优化生产计划，提高生产效率。

（三）智能工厂在订单管理、仓储和物流管理中的应用

智能工厂通过智能决策算法和物联网技术的应用，还可以实现订单管理、仓储和物流管理的智能化。

在订单管理方面，智能工厂可以根据客户需求和生产能力，通过智能决策算法实现对订单的分配和优先级的调整。通过实时采集和分析市场需求和生产数据，智能工厂可

以及时调整生产计划和订单执行情况，使得生产能够更加高效和灵活地响应市场需求。

在仓储管理方面，智能工厂可以通过物联网技术和传感器的应用，实时监测和追踪物料的位置和状态。通过与供应链系统的连接，智能工厂可以实现对物流信息的全程跟踪和可视化。同时，智能工厂可以利用大数据分析技术对物料的存储和调度进行优化，提高仓储运作效率。

在物流管理方面，物联网技术和传感器的应用，实时监测和管理物流过程中的各个环节。通过与物流系统的连接，智能工厂可以实现对货物位置、运输状态等信息的实时监控和管理。同时，智能工厂还可以通过大数据分析技术对物流过程进行优化，提高物流效率和降低成本。

四、增强现实技术

增强现实技术（AR）是指将虚拟信息与真实世界相融合的技术，以智能眼镜、平板电脑等设备为载体，通过显示虚拟信息在用户的视觉感知中，达到提升操作员生产效率和质量的目的。在机电系统的智能制造领域，增强现实技术具有广泛的应用前景。

（一）操作指导和培训

增强现实技术可以应用于操作指导和培训领域。通过智能眼镜等设备，操作员可以实时获取产品组装或维修过程中的相关信息和指导，例如零部件的位置和安装方法等。这种即时的指导帮助操作员有效减少了学习成本和错误率，提高了操作的准确性和速度。同时，可利用增强现实技术进行虚拟仿真实训，让操作员在虚拟场景中进行训练，提前熟悉操作流程和技巧，提高工作效率。

（二）质量检测和维修过程

增强现实技术还可以应用于质量检测和维修过程中。通过智能眼镜等设备，操作员可以实时获取产品的质量信息和故障诊断结果，并辅助进行相应的调整和修复。例如，在质量检测过程中，增强现实技术可以对比预期结果与实际情况，指示操作员进行判断和处理，提高质检的准确度和效率。同时，在维修过程中，增强现实技术可以提供故障排除的方法和步骤，节省了维修人员的时间和成本，并降低了因操作不当而造成的损失。

（三）生产过程的监控和管理

增强现实技术还可以应用于生产过程的监控和管理。通过智能眼镜等设备，管理人员可以实时了解生产现场的状态和指标，例如设备运行情况、产量统计等。这使得管理人员能够及时发现异常和问题，并采取相应的措施进行调整和优化。通过增强现实技术，管理人员可以在虚拟屏幕上查看数据，进行多维度分析和决策，提高生产效率和质量管理水平。

第四节　工业互联网对机电工程技术的影响

一、提高生产效率

（一）设备智能化

工业互联网的应用可以实现设备的智能化，通过将传感器和监控系统部署在机电设备上，实时采集和传输设备运行数据。这些数据包括设备的工作状态、温度、振动等关键参数，可以帮助企业对设备进行智能监控和管理。

通过工业互联网技术，设备可以实现远程监控和远程操作。生产人员可以通过云平台或移动终端随时随地监测设备的运行状态，及时了解设备是否正常工作。同时，还可以通过云平台与设备进行远程操作，如修改设备参数、调整设备工作模式等，进一步提高设备的灵活性和适应性。

（二）数据采集和分析

工业互联网的应用可以通过数据采集和分析技术，对设备运行数据进行实时分析和处理。通过对海量的数据进行挖掘和分析，可以从中发现隐藏在数据背后的规律和关联，为制定生产优化策略提供依据。

通过数据采集和分析，可以实现对设备的故障预测和预警。通过分析设备的历史数据和趋势，可以发现设备运行的异常情况，并提前采取相应的措施进行预防维修，避免由设备故障引起的生产中断和损失。

此外，通过数据采集和分析，还可以对生产过程进行优化。通过分析生产数据，找出生产过程中的瓶颈和问题，并优化工艺和生产计划，提高生产效率和质量。

（三）实时监测与调整

工业互联网的应用可以实现对机电设备的实时监测和调整。通过传感器和监控系统，可以对设备运行状态进行实时监测，如温度、振动、电流等参数。一旦发现异常情况，比如设备温度过高或振动异常，系统会立即发送预警信息给相关人员，以便及时采取措施。

实时监测和调整可以帮助生产人员及时发现和解决生产过程中的问题，确保设备正常运行。例如，在生产线上，如果某个设备出现故障或异常，系统可以自动停止该设备并通知相关人员进行处理，避免不必要的停机时间和生产损失。

（四）持续优化和迭代

工业互联网的应用不仅可以帮助企业提高生产效率，还可以实现持续优化和迭代。通过对设备和生产数据的分析，可以不断改进生产工艺、优化生产计划，并及时反馈给研发和设计部门，以便进行产品和技术的改进和升级。

持续优化和迭代可以帮助企业不断提高产品质量和生产效率，增强市场竞争力。通过工业互联网的应用，企业可以与供应商、客户等各个环节进行有效的信息共享和协同，实现全面的生产优化和价值链协同。

（五）安全保障

在工业互联网的应用过程中，安全保障是至关重要的。由于涉及设备和生产数据的采集、传输和分析，必须加强对数据的保护和控制，防止数据泄露或被恶意攻击。

为了确保工业互联网系统的安全性，企业需要建立完善的信息安全管理体系，包括系统权限管理、数据加密、网络防火墙等措施。同时，还需要进行定期的安全审计和漏洞修复，及时更新安全防护措施，保证系统的稳定和可靠。

二、降低生产成本

（一）设备故障预测与维修

工业互联网技术通过物联网技术和传感器实现了设备的实时监测和数据采集，为设备故障预测和维修提供了有力支持。传感器可以收集设备的运行状态、温度、振动等数据，并将其传输到云平台进行分析和处理。基于大数据分析和机器学习算法，可以从这些数据中提取出异常模式和预测性特征，从而实现设备故障的预测。

通过对设备的预测性维护，企业可以根据设备的健康状况和预警信息，提前计划维修和更换工作，避免因突发故障而导致的停机和生产损失。此外，工业互联网技术还可以帮助企业优化维修过程，提高维修效率。例如，通过 AR 技术，维修人员可以实时获取设备维修手册、操作指南和虚拟辅助等信息，提高维修准确性和速度，降低维修成本。

（二）生产过程优化

工业互联网技术可以通过数据分析和建模来优化生产过程，实现资源和能源的合理利用，降低生产成本。

首先，通过大数据分析技术，可以对生产过程中的各个环节进行深入分析，发掘出潜在的瓶颈和优化空间。例如，对设备运行数据进行统计分析，可以找到设备效率低下的原因，采取相应措施进行改善；对供应链数据进行挖掘，可以实现物料的精细管理和库存的优化，降低采购和仓储成本。

其次，工业互联网技术还可以通过建模和仿真来优化生产过程。通过将设备、工艺和物料等因素纳入建模系统，可以模拟出不同场景下的生产情况，并预测出最优的生产方案。基于这些模型和结果，企业可以调整生产计划、制定合理的生产策略，最大限度地提高生产效率和资源利用率，降低生产成本。

（三）供应链协同与成本优化

工业互联网技术可以打破传统的供应链壁垒，实现供应链各参与方之间的信息共享、协同决策和风险共担。通过供应链信息平台和数据交换标准，企业可以实时掌握市场需求和供应情况，准确预测订单量和库存需求，合理安排生产和物流计划，降低存货和运输成本。

同时，工业互联网技术还可以优化供应链中的流程和环节，进一步降低供应链的成本。例如，通过物联网技术和传感器，可以实现对供应链中的物流、仓储和质量环节进行实时监测和管控，减少人为错误和损耗；通过区块链技术，可以建立可追溯的供应链体系，提高供应链的透明度和信任度，降低风险和纠纷成本。

三、实现个性化定制

（一）收集客户需求和偏好的数据

实现产品的个性化定制需要收集和分析客户的需求和偏好数据。这可以通过多种途径进行，包括市场调研、客户反馈、社交媒体分析等。企业可以通过在线调查问卷、面对面访谈等方式主动获取客户需求信息，也可以通过监控社交媒体平台、用户评论等 passively 收集客户意见和反馈。同时，企业还可以结合大数据技术和智能算法，通过对大量的客户数据进行分析，挖掘潜在的需求和偏好模式，帮助企业更好地理解客户需求。

（二）定制化生产流程

在收集到客户需求和偏好数据后，企业需要进行定制化生产流程的设计。这涉及物料采购、生产计划、生产线调整等方面。以往的传统生产模式通常是批量生产相同或类似的产品，而个性化定制则需要根据客户需求逐一定制产品。因此，企业需要制定相应的生产计划，确保及时供应所需的物料，同时对生产线进行调整和优化，以适应个性化定制的要求。

（三）智能算法与生产优化

实现个性化定制的关键是如何高效地管理生产过程。在这方面，智能算法发挥着重要作用。通过分析客户需求数据，企业可以利用智能算法进行生产优化，例如制定最佳的生产调度计划，合理安排生产资源，提高生产效率和产品质量。智能算法还可以根据客户需求进行零部件、工艺和工序的优化，以提供更符合客户要求的产品。

（四）灵活的供应链管理

个性化定制要求企业具备灵活的供应链管理能力。传统的供应链通常是基于批量生产和库存管理,而个性化定制则需要根据客户需求及时供应所需的物料。因此,企业需要与供应商建立紧密的合作关系,确保及时供应所需的物料,并采取适当的库存管理策略。同时,企业还可以利用物联网技术和传感器等手段对物料进行追踪和管理,提高供应链的可见性和响应能力。

(五)客户参与和反馈机制

个性化定制的一个重要特点是客户参与度高。企业可以通过引入客户参与和反馈机制,使客户在产品设计和定制过程中发挥更大的作用。这可以通过在线平台、定制工具等方式实现。客户可以根据自己的需求和偏好进行产品设计和选择,同时还可以给予反馈和建议。这样不仅可以提高客户满意度,还可以进一步优化产品,提升企业的竞争力。

四、加强产品质量管理

(一)智能传感器的应用

工业互联网的核心技术之一是智能传感器,它可以实现对产品生产过程中关键参数的实时监测和数据采集。智能传感器主要包括温度、湿度、压力、振动等多种类型,通过将传感器安装在生产线上的关键位置,可以获取到生产过程中的关键参数数据。

智能传感器具有高精度、高灵敏度、多通道等特点,能够获取到微小的变化和异常情况。通过对传感器数据进行分析和处理,可以实时监测产品质量,并及时发出预警信号,以便及时采取措施进行调整和改进。例如,如果传感器监测到产品温度超过了设定范围,可以立即通过控制系统发出报警信号,以避免不合格产品的生产。

(二)数据分析技术的应用

工业互联网利用数据分析技术对传感器采集到的数据进行处理和分析,从而挖掘产品质量的潜在问题,并进行预防性控制和改进措施。数据分析技术主要包括数据挖掘、机器学习、人工智能等方法和算法。

通过对产品生产过程中的关键参数数据进行分析,可以发现产品质量存在的隐患和问题。例如,通过对温度数据的分析,可以了解到某个工序的温度波动较大,可能导致产品质量波动;通过对振动数据的分析,可以发现机器设备存在异常振动,可能会影响产品的可靠性等。

在发现问题后,可以采取预防性的控制和改进措施。例如,通过改变生产工艺参数使其稳定在合理范围内,以减少产品质量的波动;通过调整机器设备的维护和保养计划,减少机器设备振动引起的产品质量问题。

（三）实时监测和调整生产工艺

工业互联网通过智能传感器和数据分析技术，实现了对产品质量的实时监测和控制。通过采集和分析产品生产过程中的关键参数数据，可以及时监测产品质量的状态，如温度、湿度、压力等。

在监测到产品质量存在问题时，可以实时调整生产工艺以保证产品符合标准要求。例如，当温度超过设定范围时，可以通过调整加热设备的功率或改变加热时间来控制温度；当压力波动较大时，可以通过调整供气设备的参数来控制压力等。

实时监测和调整生产工艺可以及时发现和解决产品质量问题，避免不合格产品的生产和流入市场，提高产品的合格率和可靠性。

（四）预防性控制和改进措施

1.工业互联网的数据分析技术应用

工业互联网通过数据分析技术的应用，可以进行预防性控制和改进措施，从而提高产品质量和可靠性。

2.挖掘潜在问题并采取改进措施

通过对产品生产过程中关键参数数据的分析，可以挖掘出潜在的问题，并采取相应的措施进行改进。

例如，分析产品质量数据可能发现某个工序的质量不稳定，可能是由于工艺参数不合理造成的。通过优化工艺参数，使其稳定在合理范围内，从而提高产品质量的稳定性。

3.解决不同批次之间存在的质量差异

可以通过对产品质量数据的分析，发现不同批次之间存在质量差异，并找出造成差异的原因。

根据分析结果，可以采取相应的改进措施，如改进原材料的选择、调整生产工艺等，从而提高产品质量的一致性。

4.利用数据分析技术持续改进

数据分析技术的应用不仅可以帮助发现问题，还可以持续改进产品质量。

通过持续收集和分析产品质量数据，及时发现潜在问题并采取改进措施，以确保产品质量和可靠性的持续提升。

5.结合人工智能技术实现智能化改进

结合人工智能技术，可以实现更智能化的预防性控制和改进措施，进一步提高产品质量管理水平。

（五）产品质量管理体系的建立

为了加强产品质量管理，需要建立完善的产品质量管理体系。产品质量管理体系包括质量目标的设定、质量标准的制定、质量控制的实施和持续改进等方面。

1.设定明确的质量目标

确保产品的质量符合市场要求和用户需求。

质量目标应具体、可衡量，并与企业整体战略目标相一致。

2.制定详细的质量标准

包括产品的外观质量、功能质量、可靠性等方面的要求。

标准应基于市场需求和技术可行性，并与相关法规和标准相一致。

3.实施有效的质量控制措施

保证产品在生产过程中的质量符合标准要求。

控制措施可以包括工艺参数的控制、设备的维护保养、员工的培训和技能提升等。

4.持续改进

不断提高产品的质量和可靠性。

通过收集和分析产品质量数据，找出问题的根源，并采取相应的改进措施。

借鉴行业内的最佳实践和先进经验，以提高产品质量管理水平。

第十四章　机电工程安全与环保技术

第一节　机电系统的安全性设计与评估

一、机电系统的安全性概述

（一）安全性的定义和目标

安全性是指机电系统在运行过程中能够满足特定的安全要求，不会对人身安全或财产造成损害的能力。机电系统的安全性目标是确保系统在设计、制造、运行和维护过程中具备高度的安全性能。

在机电系统中，安全性主要包括以下几个方面。

（1）人身安全：保护使用者和操作人员的人身安全，避免发生伤害、事故和灾害。

（2）财产安全：保护机电系统中的设备和财产免受破坏、损坏或盗窃。

（3）数据安全：保护机电系统中的数据免受未经授权的访问、篡改或删除。

（4）可靠性：确保机电系统稳定可靠地工作，减少可能发生的故障和停机时间。

（二）安全设计的原则和方法

（1）预防原则：在设计和制造机电系统时，采用预防性措施来避免潜在的危险和故障。包括合适的材料选择、适当的工艺控制以及符合标准和规范的设计要求等。

（2）综合性原则：在安全设计中要综合考虑各个环节和组件的安全性能，确保系统整体的安全性。

（3）可靠性和韧性原则：通过增加机电系统的可靠性和韧性，提高系统对外界干扰和异常情况的抵抗能力。包括采用可靠的元器件、冗余设计和故障自动检测与恢复机制等。

（4）合理性原则：在安全设计过程中，要注重经济性和实用性，确保在满足安全要求的前提下，最大限度地降低成本和资源消耗。

安全设计的方法主要如下。

（1）风险分析和评估：通过分析系统中可能存在的风险因素，评估其对安全性的影响，并确定相应的应对措施。

（2）失效模式和影响分析（FMEA）：对机电系统的各个组件和部件进行系统性的分析，识别潜在的故障模式及其对系统安全性的影响。

（3）故障树分析（FTA）：通过建立故障树模型，分析故障发生的可能性和影响，并找出导致故障的根本原因。

（4）可靠性设计：采用一系列可靠性工程技术，如冗余设计、故障检测与恢复，以提高机电系统的可靠性和安全性。

（三）机电系统的风险评估和安全性分析

机电系统的风险评估是通过识别和评估可能导致事故和故障的各种因素来确定系统的风险水平。风险评估主要包括以下几个步骤。

（1）识别潜在风险源：对机电系统进行全面的检查和分析，识别可能存在的设备故障、不安全操作和外界干扰等潜在风险源。

（2）评估风险的可能性和严重程度：根据潜在风险源的特征和系统运行情况，评估风险事件发生的可能性和可能导致的损失或伤害程度。

（3）制定风险控制措施：依据风险评估的结果，制定相应的控制措施，包括风险预防、风险减轻和风险转移等策略。

安全性分析是对机电系统各个组成部分进行综合考虑，分析系统存在的可能风险和隐患，并提出相应的安全性改进措施。安全性分析包括以下步骤。

（1）系统分析：对机电系统进行整体分析，明确各个组成部分的功能和相互关系，建立系统模型。

（2）风险识别：通过故障树分析、失效模式和影响分析等方法，识别可能导致事故和故障的风险因素。

（3）隐患评估：评估已经发现的隐患对系统安全性的影响程度，并确定其优先级。

（4）安全性改进措施：根据隐患评估结果，制定相应的安全性改进措施，包括技术措施、管理措施和培训措施等。

（四）机电系统的安全性验证和监测

机电系统的安全性验证是通过实验、测试和仿真等手段，验证系统设计和控制策略的有效性和合理性。安全性验证主要包括以下几个方面。

（1）功能性验证：验证机电系统是否满足设计要求，是否能够正常运行和实现预期功能。

（2）可靠性验证：通过实验和测试，验证机电系统的可靠性和韧性，评估其在各种异常情况下的工作性能和安全性。

（3）安全性验证：验证机电系统的安全性能是否满足设计标准和要求，确保系统在正常工作和故障情况下能够保护人身安全和财产安全。

机电系统的安全性监测是通过实时监测和分析系统运行数据，及时发现潜在的故障和安全隐患，并采取相应的措施进行预警和处理。安全性监测主要包括以下方面。

（1）运行状态监测：通过传感器和监测装置，实时监测机电系统的运行状态，例如温度、振动、电流等参数。

（2）故障诊断与预警：通过对监测数据的分析，诊断可能存在的故障和隐患，并提前发出预警，以便采取相应的措施。

（3）安全记录和统计分析：对机电系统的故障和事故进行记录和统计分析，为进一步优化设计和改进维护策略提供依据。

（五）机电系统的安全管理和培训

机电系统的安全管理是指通过制定和执行相关的规章制度和管理制度，确保机电系统的安全性能得以持续改进和有效维护。安全管理包括以下几个方面。

（1）安全政策和安全目标：制定机电系统的安全政策和安全目标，明确组织对安全性的承诺和要求。

（2）责任与义务：明确各级人员在安全管理中的责任与义务，建立健全的安全管理体系。

（3）安全培训和教育：开展针对不同层次和职能的人员的安全培训和教育，提高员工的安全意识和技能。

（4）安全检查和评估：定期进行机电系统的安全检查和评估，发现和解决潜在的安全问题。

（5）安全改进和经验反馈：根据安全检查和评估的结果，及时采取相应的改进措施，总结和分享安全管理经验和教训。

二、设计阶段的安全性考虑

（一）设计阶段的安全性规划

在机电系统设计阶段，安全性规划是确保机电系统能够满足安全要求和目标的重要环节。以下是设计阶段安全性规划的一些关键步骤。

（1）确定安全目标和要求：明确机电系统设计的安全性能指标和要求，例如安全性能水平、事故风险控制要求等。这些要求应该基于相关的安全性标准、法规以及项目自身的特点。

（2）评估方法的确定：选择合适的评估方法来评估机电系统的安全性能。常用的评估方法包括风险评估、故障树分析、失效模式与影响分析等。根据系统的复杂程度和特点，确定最适合的评估方法，并进行相关的培训和准备工作。

（3）安全性管理责任的确定：明确安全性管理责任的具体分工和人员，并建立相应的安全性管理团队。在设计阶段，要设立专门的安全性设计负责人，负责协调、监督和执行安全性设计的各项工作。

（4）流程和文件管理：建立设计阶段安全性规划的流程和文件管理系统，确保规范和完整的记录安全性规划过程中的各项工作和决策。这将有助于提高设计过程的透明度、可追溯性和合规性。

（二）安全性设计要素和措施

安全性设计要素和措施是在设计阶段考虑机电系统安全性能的关键因素。以下是一些常见的安全性设计要素和相应的措施。

（1）系统可靠性：通过采用可靠的零部件和系统架构，确保机电系统在正常和异常情况下的稳定运行。在设计过程中，要进行详尽的故障分析和可靠性评估，并采取相应的措施来提高系统的可靠性，例如冗余设计、备份设备等。

（2）防护装置的设计：在设计过程中，考虑到机电系统可能存在的危险源和潜在风险，采取有效的防护装置设计措施。例如，对于涉及高温、高压、高速等危险因素的设备，需要设计相应的防护罩、护栏、安全开关等，以保护操作人员和设备安全。

（3）紧急停止装置的设置：在机电系统设计中，需要设置紧急停止装置，以便在危险事件发生时能够迅速停止设备运行，减少伤害和损失。紧急停止装置的设置应该符合相关的安全标准和要求，并在设计中考虑到操作人员的便利性和可操作性。

（4）安全间距的确定：在机电系统的布局和设计中，需要根据安全要求和操作需求，确定相应的安全间距。这涉及设备之间、设备与人员之间以及设备与周围环境之间的最小安全距离。安全间距的确定应综合考虑设备尺寸、操作流程和安全性要求等因素。

（三）安全性设计标准和法规的遵守

在设计阶段，必须严格遵守相关的安全性设计标准和法规，以确保机电系统的安全性能符合要求。以下是一些常见的安全性设计标准和法规。

（1）国家安全标准：根据不同国家的法律法规，制定了一系列的安全标准，如ISO 12100《机械安全——机械设备的基本概念、一般设计原则》、GB/T 13306《设备名称和分类》等。设计过程中，需要参考并遵守适用的国家安全标准。

（2）行业标准：各行业都有相关的安全性设计标准，如电气行业的 GB 15578《电机驱动系统的安全规范》、石油化工行业的 SY/T 0419《石油化工装置设备安全规范》

等。根据机电系统所属的行业,应参考并遵守适用的行业标准。

(3)相关法律法规:不同国家和地区存在着各自的安全性法律法规,例如中国的《劳动法》《生产安全法》等。在设计过程中,必须遵守这些法律法规,并确保机电系统符合相关的法律法规要求。

遵守安全性设计标准和法规是保障机电系统安全性能的重要保证,也是对设计者和使用者的责任和义务。

(四)评估和验证

在设计阶段完成安全性设计后,还需要进行评估和验证,以确保机电系统的安全性能达到设计目标和要求。以下是一些评估和验证的常用方法。

(1)风险评估:通过识别潜在的危险源和评估可能的事故风险,确定机电系统的风险等级,以便采取相应的控制措施。

(2)故障树分析:通过建立故障树模型,分析系统故障的可能原因和影响,识别关键的失效路径,并提供改进建议。

(3)失效模式与影响分析:通过对机电系统的各个组成部分进行分析,确定失效模式及其对系统性能的影响,为改进设计提供依据。

(4)实验和测试:在实际环境中进行实验和测试,验证设计的安全性能是否符合要求。例如,对设备的可靠性、防护装置的完整性、紧急停止装置的响应速度等进行测试。

评估和验证是设计阶段的重要环节,通过这些步骤可以及时发现潜在的安全问题并进行改进,确保机电系统的安全性能达到预期目标。

(五)安全性文档和培训

在设计阶段,应编制相关的安全性文档,用于记录安全性规划、评估结果、措施实施情况等信息。这些文档包括但不限于安全性规划书、风险评估报告、故障树分析报告等。这些文档不仅可以为设计者提供参考,还可以作为后续安全性管理和维护的依据。

此外,在设计阶段也需要进行相关的安全培训,确保设计人员对安全性规划、设计要素和措施的理解和应用。培训的内容包括安全标准和法规的解读、评估方法的学习、安全间距的计算等。安全培训可以提高设计人员的安全意识和专业技能,促进安全性设计的质量和效果。

三、运行阶段的安全性管理

(一)安全操作规程和流程

在机电系统的运行阶段,建立安全操作规程和流程是确保系统正常运行和安全性能的重要措施。安全操作规程和流程应当包括以下内容。

（1）操作人员职责：明确每个操作人员在系统运行过程中的职责和权限，确保其具备相应的技能和知识，并能够正确地执行操作任务。

（2）安全操作规范：制定详细的操作规范，包括设备开启、关闭、调整、维护等方面的操作步骤和注意事项，以减少操作人员的操作失误和意外伤害的发生。

（3）安全防护设施：明确安全防护设施的使用方法和保养要求，包括个人防护装备、安全守则和紧急停车装置等，确保操作人员能够正确使用和维护这些设施。

（4）备份和恢复策略：对于关键设备和系统，制定相应的备份和恢复策略，以应对可能的故障或事故，最大限度地减少数据丢失和运行中断的风险。

（5）运行记录和报告：要求操作人员按照规定的格式和要求记录系统运行的关键信息，如设备状态、故障情况和维护记录等，并定期向管理人员提交报告，以便及时发现和解决问题。

（二）安全故障排除和应急处理

在机电系统的运行过程中，可能会出现各种安全故障和意外情况，必须建立安全故障排除和应急处理机制，以保障人身和财产安全。具体措施如下。

（1）故障排查和诊断：建立定期巡检和设备状态监测机制，及时发现潜在的故障点，并进行诊断和排查，以防止故障扩大和事故发生。

（2）应急预案和演练：制定针对不同类型故障和事故的应急预案，并进行定期演练，使操作人员熟悉应急处理程序，能够迅速、有效地应对突发情况。

（3）报警和通知机制：安装报警设备，设置报警规则，确保在发生异常情况时能够及时发出警报，并通知相关人员进行处理。

（4）故障修复和恢复：制定故障修复和系统恢复的流程，明确责任人和时间要求，确保故障得到及时修复，系统能够正常运行。

（5）事故调查和总结：对发生的安全事故进行调查分析，总结教训，提出改进措施，以避免类似事故再次发生。

（三）安全培训和意识提高

为了提高机电系统的安全性，需要定期进行安全培训和意识提高活动，并加强操作人员的安全意识和技能。具体措施如下。

（1）安全培训计划：制订全面的安全培训计划，包括新员工的入职培训、在职员工的定期培训和特殊操作人员的专业培训等，确保每位操作人员都能够接收到必要的安全培训。

（2）安全知识普及：通过多种形式，如安全讲座、安全手册等，向操作人员普及相关的安全知识，增强其对安全问题的认识和理解。

（3）意识提高活动：组织安全意识提高活动，如安全知识竞赛、安全演习等，引导操作人员主动学习和思考安全问题，提高其自觉遵守安全规章制度的意识。

（4）安全技能培训：针对不同岗位的操作人员，组织相关的安全技能培训，提高其操作技能和应对突发情况的能力。

（5）安全考核评估：定期对操作人员进行安全考核评估，发现问题并及时进行整改，确保每位操作人员都能达到规定的安全标准。

通过以上措施，可以提高机电系统运行阶段的安全性管理水平，确保系统的正常运行和安全性能。

四、安全性评估和改进

（一）安全性评估的方法和指标

安全性评估是对机电系统的安全性进行全面评估和分析的过程，可以采用以下方法和指标。

（1）定性方法：定性方法主要通过专家经验和判断来评估机电系统的安全性。这种方法常常采用风险矩阵法，将事故发生的概率与事故后果的严重程度进行综合评估，并制定相应的风险管理措施。

（2）定量方法：定量方法通过数据统计和分析，以数值化的方式评估机电系统的安全性。常用的评估方法包括统计分析、隐患分析法、故障树分析法等。这些方法可以通过对历史数据和实际运行情况的分析，确定机电系统存在的安全隐患和薄弱环节。

（3）安全性评估指标：安全性评估指标是衡量机电系统安全性能的关键指标。常用的指标包括事故频率、事故后果、安全性能指标等。事故频率反映了机电系统发生事故的概率，事故后果评估则考虑了事故对人员、财产和环境造成的影响。安全性能指标则综合考虑了机电系统的可靠性、可用性和安全性等方面的指标。

（二）安全事故调查和案例分析

安全事故调查和案例分析是了解机电系统存在的安全问题和教训的重要手段。通过对安全事故进行调查和分析，可以找出事故的原因和影响，并从中提取教训，以制定相应的安全改进措施。

安全事故调查的步骤包括以下几个方面。

（1）收集事故信息：收集与事故相关的各种信息，包括事故发生的时间、地点、人员伤亡情况、事故过程等。

（2）进行现场勘察：对事故发生现场进行勘察，了解事故发生的具体情况和影响。

（3）分析事故原因：通过对事故相关信息的分析，确定事故的直接原因和根本原因。直接原因通常是导致事故发生的具体事件或行为，而根本原因则是导致直接原因发生的潜在问题或不足。

（4）提取教训：根据事故原因分析的结果，提取教训和启示，明确进一步改进的方向和重点。

（三）安全性改进策略和措施

针对安全性评估和事故调查中发现的问题，需要制定相应的安全性改进策略和措施，以提高机电系统的安全性能。

（1）技术改进：通过引入新的技术手段和设备，提高机电系统的安全性能。例如，采用先进的监测和控制系统，提高对机电系统运行状态的实时监测和预警能力；采用安全防护装置和设备，减少事故发生的可能性和后果。

（2）管理措施：加强机电系统的管理，建立健全的安全管理体系。包括制定安全规章制度，明确责任和权限；开展安全培训和教育，提高员工安全意识和技能；建立事故报告和处理机制，及时发现和处理机电系统存在的安全隐患。

（3）培训提升：通过培训和提升员工的安全意识和技能，提高机电系统的安全性能。培训内容可以包括事故应急处理、操作规程和安全操作技能等。

通过以上安全性改进策略和措施的落实，可以不断提高机电系统的安全性能，有效预防和减少安全事故的发生。同时，还需要建立健全的评估和监督机制，对改进措施的有效性进行跟踪和评估。

第二节　环境保护要求对机电系统的影响

一、环境保护的重要性和背景

（一）环境保护法律法规概述

1.《中华人民共和国环境保护法》

《中华人民共和国环境保护法》是中国环境保护的根本法律，于1989年颁布实施。该法规定了环境保护的基本原则、政府和企事业单位的责任和义务，以及环境监测、环境影响评价、环境污染物排放控制等方面的具体要求。

2.《大气污染防治法》

《大气污染防治法》于2000年颁布实施，旨在加强大气污染的监管和治理。该法规定了大气污染物的排放标准和控制要求，明确了相关部门的职责和权限，提出了大气污染防治的具体措施。

3.《水污染防治法》

《水污染防治法》于2008年颁布实施，主要针对水环境污染问题进行管理和治理。该法规定了水质标准、水污染物的排放控制要求，明确了水污染防治的责任分工和实施机制，推动水环境的保护和修复。

4.《固体废物污染环境防治法》

《固体废物污染环境防治法》于1995年颁布实施，主要用于规范和管理固体废物的处置和利用。该法规定了固体废物的分类、转运、处置和利用等方面的要求，明确了相关部门的监管职责和企事业单位的责任。

（二）环境保护的国际趋势和标准

1.国际环境保护趋势

随着全球环境问题的加剧，国际社会对环境保护的重视程高。各国纷纷制定和完善环境保护法律法规，加强环境管理和监管，推动绿色发展和可持续发展。国际也加强环境保护合作，共同应对全球环境挑战。

2.ISO 14000系列标准

ISO 14000系列标准是国际上常用的环境保护标准体系，其中ISO 14001是环境管理体系认证的国际标准。ISO 14001规定了组织在制定和实施环境政策时应考虑的要素，包括环境管理的组织结构、目标和指标设定、环境绩效评价等。这些标准帮助组织建立有效的环境管理体系，促进持续改进和符合法律法规要求。

3.其他国际环境保护标准

除了ISO 14000系列标准，国际上还存在许多其他环境保护标准。例如，国际劳工组织（ILO）颁布的环境管理体系标准（ILO-EMS）、国际电工委员会（IEC）制定的环境设计要求（IEC 62430）等。这些标准主要涉及环境管理、产品设计和生命周期评价等方面，旨在推动环境友好型的经济和社会发展。

二、环境保护要求对机电系统的影响

（一）废气、废水、固体废物排放控制技术

1.废气排放控制技术

安装排气设备：为了降低废气排放对地面环境的影响，机电系统可以安装烟囱或排气管道，将废气排放到高空层。这样可以通过空气稀释和风力分散作用，减少废气在地面层的浓度和接触时间，降低对环境的污染。

使用净化设备：为了确保废气排放符合国家相关标准，机电系统需要安装净化设备。常见的净化设备包括吸收塔、除尘器等。吸收塔可以利用吸收剂吸收废气中的有害物质，如二氧化硫、氮氧化物等。除尘器则可以去除废气中的悬浮颗粒物，使排放的废气符合国家的粉尘排放标准。

2.废水排放控制技术

适当的污水处理工艺：机电系统需要选择适当的污水处理工艺，确保废水经过处理后达到国家的排放标准。

物理处理：物理处理主要通过沉淀、过滤等方式将废水中的悬浮物质去除。常见的物理处理方法包括格栅、沉淀池、过滤器等。

化学处理：化学处理利用化学药剂对废水进行中和、沉淀等处理。常见的化学处理方法包括中和、絮凝、沉淀等。

生物处理：生物处理利用微生物对废水中的有机物进行降解和去除。常见的生物处理方法包括活性污泥法、生物膜法、生物滤池等。

3.固体废物处理技术

垃圾分类：机电系统需要进行垃圾分类，将可回收物、有害垃圾、厨余垃圾等按照不同的属性进行分类，并分别进行处理。垃圾分类可以有效提高资源回收利用率，减少对环境的污染。

资源化利用：机电系统可以通过回收和再利用的方式，将固体废物转化为可再利用的资源。例如，可回收物可以进行分类回收，再利用废纸、废金属等资源。

减量化处理：机电系统可以通过减少废物的产生量，从根源上降低废物对环境的影响。例如，可以通过优化生产工艺、提高原材料利用率等方式减少废物的产生。

4.具体控制技术应用案例

废气排放控制案例：机电系统安装高效除尘器，对废气中的悬浮颗粒物进行过滤，确保排放的废气粉尘含量在国家标准范围内。

废水排放控制案例：机电系统采用生物滤池工艺处理废水，通过微生物降解有机物质，使废水满足国家的排放标准。

固体废物处理案例：机电系统进行垃圾分类，将可回收物、有害垃圾、厨余垃圾进行分别收集和处理，提高资源回收利用率，减少对环境的污染。

5.废气、废水、固体废物排放控制技术的重要性

保护环境：废气、废水和固体废物排放控制技术可以有效降低污染物对环境的影响，保护大气、水体和土壤的质量。

遵守法律法规：废气、废水和固体废物排放控制是符合国家相关环境保护法律法规的重要要求，企业需要遵守相应的法规标准，以免受到处罚和经济损失。

提升企业形象：严格控制废气、废水和固体废物的排放，可以提升企业的环保形象，增加消费者对企业产品和服务的信任度，从而带来可持续发展的机会。

（二）节能减排和资源回收利用技术

1.节能减排技术

推广清洁能源的使用：机电系统可以采用太阳能、风能等清洁能源作为替代传统能源的选择。通过安装太阳能光伏板、风力发电设备等，可以利用自然资源进行能源生产，减少对化石燃料的依赖，并减少相关的碳排放。

采用高效节能设备和技术：机电系统需要使用高效节能的设备和技术来提高能源利用效率。例如，LED照明可以替代传统的白炽灯泡或荧光灯，具有更高的能量转换效率和寿命长的特点。采用变频空调可以根据实际需求调整制冷量，避免能源浪费。此外，还可以采用节能型电机、变频器等设备来减少能源消耗。

优化能源管理：通过能源监测、能耗分析等手段，机电系统可以找出能源浪费的环节，并实施有效的节能措施。通过建立能源管理系统，对能源的使用情况进行监控和分析，及时发现并解决能源浪费的问题。此外，可以通过提高员工的能源意识和培训，促使他们在使用能源方面更加节约和高效。

减少温室气体排放：机电系统需要采取措施减少二氧化碳等温室气体的排放。例如，在燃烧过程中采用先进的燃烧技术，如燃料预混、低氮燃烧等，可以减少固体、液体和气体燃料的燃烧产生的污染物和温室气体排放。此外，车辆尾气处理也是重要的环节，采用先进的汽车尾气净化技术，如颗粒捕集装置、SCR技术等，可以有效减少排放。

2.资源回收利用技术

废物回收和再利用：机电系统应该建立完善的废物回收系统，对废弃物进行分类、回收和再利用。例如，废旧电子产品中的有价值的材料可以进行分离和回收，如金属、塑料和稀有金属等可再循环利用。废纸可以通过回收再造的方式转化为新的纸张产品，实现资源的循环利用。

推广可循环利用的产品和材料：机电系统可以倡导使用可循环利用的产品和材料，以减少资源的消耗和环境污染。例如，替代一次性塑料制品的可降解材料可以有效减少塑料污染。同时，在产品设计阶段考虑材料的可再生性和可回收性，降低对原材料的需求，推动循环经济的发展。

倡导节约型社会：机电系统可以通过鼓励节约资源、减少浪费等方式来降低资源消耗。通过开展宣传教育活动，提高公众对节约资源的意识，引导社会形成尊重资源、节俭用水、限制能源消耗的良好风尚。

建立循环经济模式：机电系统应该倡导和建立循环经济模式，通过资源的有效回收和再利用，最大限度地减少资源的消耗和环境的污染。例如，建立废物回收站点和处理中心，实现废物的分类处理和资源的再利用。同时，鼓励企业在产品设计和生产过程中考虑到整个生命周期的资源利用和环境影响，实现循环经济的可持续发展。

（三）环境噪声和振动控制技术

1.环境噪声控制的措施

隔音设计：机电系统可以通过在建筑物的外墙和楼板中采用隔音材料来减少噪声的传播。这些隔音材料可以有效地隔离建筑内部的噪声，防止其向外传播，减少对周边环境和居民的影响。

吸音材料的应用：对于机械设备产生的噪声，可以使用吸音材料包裹设备或在设备周围建立吸音罩等方式来减少噪声的辐射。吸音材料可以吸收噪声能量，减少噪声的反射和传播，从而降低环境中的噪声水平。

根据噪声源特点采取措施：不同的噪声源具有不同的特点，针对性的措施可以更有效地降低噪声的产生和传播。例如，可以通过降低机械设备的转速、改进工艺等方式来减少噪声的产生，从根源上控制噪声问题。

2.振动控制的措施

减振橡胶垫和减振脚的应用：在机械设备的安装过程中，可以使用减振橡胶垫或减振脚等减振装置来降低振动的传输。这些减振装置可以有效地吸收和隔离振动能量，减少振动对建筑物和周围环境的影响。

调整建筑结构：针对外界振动（如地铁、道路交通等），可以通过调整建筑结构来减少振动的传输。例如，可以采用软连接方式将建筑物与地面分离，减少振动的传导路径；或者在建筑物周围设置缓冲带，吸收和减缓振动能量的传播。

加固土地基础：土壤的固有特性会影响振动的传播和衰减。为了保护设备和建筑物的稳定性，可以对土地基础进行加固，提高其抗震和抗振能力，减少外界振动对设备和建筑物的影响。

三、环境保护管理体系

（一）环境管理与认证制度

环境保护管理体系是为了确保机电系统在运营过程中遵守环境法规和标准，实现环境目标的一套组织、政策、流程和实践。机电系统可以通过获得 ISO 14001 环境管理体系认证，建立完善的环境管理体系，并持续改进环境绩效。

ISO 14001 是国际上广泛应用的环境管理体系标准，为机电系统提供了一种可行的方式来评估、规划和实施环境管理。实施 ISO 14001 标准可以帮助机电系统制定和实施适应性强、可持续发展的环境政策，明确环境目标和责任，并建立相应的管理计划和程序。

ISO 14001 标准要求机电系统进行环境方面的风险评估和管理，并建立适当的控制措施。机电系统需要制定详细的程序和操作指南，以确保各项环境管理活动的有效实施。同时，机电系统还需设立内部的审核机制，定期对环境管理体系进行审核，以保证其符合标准的要求。

通过获得 ISO 14001 环境管理体系认证，机电系统可以向员工、业务伙伴、监管机构和社会公众展示其对环境保护的承诺和努力。认证过程中，认证机构将对机电系统的环境管理体系进行全面评估，包括政策制定、目标设定、资源管理、风险控制、运营管理和持续改进等方面。

获得 ISO 14001 环境管理体系认证后，机电系统需要建立相应的监测和报告机制，不断改进环境绩效，并接受外部的监督和评估。此外，机电系统还应与相关利益相关者密切合作，共同推动环境保护的实施和发展。

（二）环境保护的监测和报告要求

环境保护要求机电系统进行环境监测和报告。机电系统应建立环境监测系统，监测环境噪声、废气排放、废水排放、固体废物处理等情况，及时发现和解决环境问题。环境监测包括常规监测和特定项目的监测，以确保机电系统的运营活动不对环境造成负面影响。

机电系统应制定相应的环境监测计划和方案，明确监测项目、监测方法、监测频率等。监测数据应及时、准确地进行采集、分析和记录，并按照相关要求保存备查。监测结果应与环境法规和标准进行对比，评估机电系统的环境绩效，并作为改进管理的依据。

此外，机电系统还需要按照法律法规的要求定期提交环境报告，向监管机构和社会公众公开披露环境数据和管理情况。环境报告应包括机电系统的环境政策、目标和措施，以及运营活动对环境的影响和改善情况。报告内容要客观真实，数据准确可靠，反映机电系统在环境保护方面的努力和成果。

通过监测和报告环境信息，机电系统可以及时掌握自身环境状况，发现和解决潜在的环境问题。同时，监管机构和社会公众可以了解机电系统的环境表现，对其环境管理能力和水平进行评估和监督。

（三）环境影响评价和环境风险管理

环境保护要求机电系统进行环境影响评价和环境风险管理。机电系统在规划、设计和建设新项目时，应进行环境影响评价，评估项目对环境的影响，并提出相应的环境保护措施。在评价过程中，需要考虑项目的生命周期，从项目选址、原材料采购、生产过程到废物处理等各个环节进行综合分析和评估。

环境影响评价应包括环境基准的确定、环境影响的预测、环境风险的评估和环境管理的建议。评价结果应为机电系统决策提供科学依据，明确环境保护的重点和方向，并制定相应的环境管理计划和措施。

在运营过程中，机电系统需要识别和评估环境风险，采取措施预防和控制环境事故的发生，确保员工和公众的安全与健康。环境风险管理包括对环境风险的识别、评估、控制和监督，以及事故应急预案的制定和实施。机电系统应建立健全的环境管理组织和责任体系，确保环境风险的有效管理和控制。

通过环境影响评价和环境风险管理，机电系统可以预见潜在环境问题，并采取相应的措施消除或减轻其影响。同时，也能提高机电系统的环境管理水平和应对环境风险的能力，实现可持续发展和与环境的协调共生。

第三节　机电系统的安全管理与环境保护技术

一、安全管理体系

（一）安全政策和目标的制定

在建立机电系统的安全管理体系时，首先需要制定明确的安全政策和目标。安全政策是为了确保机电系统的安全运行，应该包括对安全的重视程度、安全责任的分工、安全管理原则等内容。具体来说，可以采取以下措施。

（1）明确对安全的重视程度：通过安全政策明确公司或组织对安全的重视程度，使每个员工都能意识到安全的重要性，并将其纳入日常工作中。

（2）分工明确的安全责任：明确各级管理人员和员工在安全管理中的责任和义务，使每个人都有责任为安全做出贡献。

（3）遵循安全管理原则：制定明确的安全管理原则，如风险评估、预防为主、持续改进等，以确保安全管理的科学性和有效性。

安全目标应是具体、可测量的，并且与机电系统的安全风险相关联。制定安全目标时，可以考虑以下要素。

（1）明确安全目标：确定机电系统安全管理的具体目标，例如减少事故发生率、提高安全操作合规性等。

（2）制定可测量的指标：为了确保安全目标的实现，需要制定可测量的指标并建立监测机制。这样可以及时了解工作进展，并采取必要的措施进行调整和改进。

（3）与安全风险相关联：将安全目标与机电系统的安全风险相关联，以确保目标的实现能够有效地降低风险。

（二）安全组织和责任分工

建立一个清晰的安全组织架构，明确各级管理人员和员工的安全责任。以下是一些关键措施。

（1）确定安全职责：明确每个员工在安全管理中的具体职责和义务，确保每个人都知道自己应该做什么。

（2）建立安全管理岗位：根据安全管理的需要，在组织内设立相应的安全管理岗位，负责安全管理工作的组织、协调和监督。

（3）明确各岗位的安全职责和权限：对于涉及安全的岗位，明确其安全职责和权限，确保安全管理工作的执行力和效果。

（三）安全培训和意识提高

开展针对机电系统安全管理的培训，提高员工的安全意识和技能。以下是一些建议。

（1）培训内容的确定：培训内容可以包括安全操作规程、危险源辨识与控制、事故应急处理等方面的知识和技能。根据机电系统的具体情况，确定培训的重点和内容。

（2）培训计划的制定：制定详细的培训计划，包括培训的时间、地点、培训对象、培训方式等，并确保培训能够覆盖到所有相关人员。

（3）培训的执行和评估：按照培训计划执行培训，并进行培训效果的评估。可以通过考试、实操演练等方式评估培训效果，并及时对培训内容进行调整和改进。

通过以上的安全管理体系建立，可以提高机电系统的安全运行水平，减少事故的发生，并保障员工的人身安全和财产安全。同时，还可以有效地减少生产中的安全风险，提高工作效率和质量，促进企业可持续发展。

二、环境保护管理体系

（一）环境管理规划和目标设定

1.环境管理规划的重要性

环境管理规划是确保机电系统运营符合环境法规和标准的重要手段。在当今社会，环境污染和资源浪费等问题日益严重,对环境进行有效管理和保护势在必行。通过制定环境管理规划,可以明确环境保护的目标和指标,并制定相应的措施来实现这些目标和指标。

环境管理规划不仅有助于企业合法合规经营,还能提升企业的形象和竞争力。在全球范围内,环境法规日益完善,消费者和投资者也越来越关注企业的环境表现。通过制定并执行科学合理的环境管理规划,企业可以避免环境违法和超标排放的风险,树立良好的企业形象,增强市场竞争力。同时,环境管理规划还有助于提高资源利用效率,降低能源消耗和废物产生,减少企业的环境成本,实现可持续发展。

2.环境保护目标的设定

在制定环境管理规划时,首先需要明确环境保护的目标。这些目标应该是具体、可量化的,并与机电系统的实际情况相匹配。具体的目标可以包括以下几个方面。

(1)降低废气排放量:通过采用清洁能源、先进排放控制技术等手段,减少机电系统的废气排放量,达到减少大气污染的目标。

(2)减少废水排放量:优化废水处理工艺,提高废水处理效率,减少废水排放量和对水资源的污染。

(3)控制固体废物产生量:加强废物分类、回收利用和资源化利用,降低固体废物的产生量,减少对环境的负面影响。

(4)节约能源和资源:从节能、减排、循环利用等方面入手,提高能源利用效率,减少能源的消耗和对资源的浪费。

同时,环境保护目标也应考虑国家和地方的环境保护政策和法规要求。不同地区和行业可能有不同的环境问题和环境保护重点,环境管理规划应根据实际情况制定相应的环境保护目标。

3.环境保护指标的设定

除了明确环境保护的目标外,环境管理规划还需要确定相应的环境保护指标。这些指标可以是排放浓度、排放浓度的限值要求等,通过设定指标,可以对机电系统的环境保护工作进行定量评估和监控。

在设定环境保护指标时,需要综合考虑以下因素。

(1)法律法规要求:根据国家和地方的环境保护法规和标准,制定合理的排放限值和监测要求。

(2)技术可行性:指标的设定应考虑到当前可行的环保技术和设备,避免对企业的生产经营造成过大负担。

（3）最佳实践：可以参考同行业内其他企业的环境管理经验，借鉴先进的环保技术和管理方法，为指标的设定提供参考依据。

（4）持续改进：环境保护指标应具有可持续改进的特点，鼓励企业在环保方面不断提升，减少对环境的负面影响。

4.环境保护措施的制定和实施

环境管理规划的最后一步是制定并实施相应的环境保护措施。这些措施应根据机电系统的实际情况和环境保护目标来制定，具体包括以下几个方面。

（1）优化工艺流程：通过调整工艺参数、改进工艺流程等手段，减少污染物的产生和排放，提高资源利用效率。例如，通过节能改造、废气处理设备的安装和运行监测等措施，实现大气污染物的减排。

（2）加强设备设计：在新设备的设计和选型阶段，考虑环境保护因素，选择低能耗、低污染的设备。对于已有设备，可以通过技术改造或更新设备来提高环保性能。

（3）加强监测与治理：建立完善的环境监测体系，对废气、废水、固体废物等进行定期监测，确保排放达标。对于不符合排放标准的污染源，采取相应的治理措施，如安装污染治理设备、加强操作管理等，保障环境质量。

（4）加强员工培训和意识提升：开展环境保护培训，提高员工的环保意识和技能，促使其逐步养成环保行为习惯。同时，建立激励和约束机制，鼓励员工主动参与环境保护工作。

（5）社会责任和合作共赢：积极参与社会公益活动，与相关利益相关方进行合作，共同推动环境保护事业的发展。建立与政府、社会组织以及客户、供应商等的沟通渠道，形成合力，实现资源共享、风险共担、效益共享。

通过制定和执行环境管理规划，并实施相应的环境保护措施，机电系统可以有效防控和减少环境污染，实现可持续发展。同时，环境管理规划也是企业提升竞争力和树立良好形象的重要手段，有助于企业在市场竞争中取得更大优势。

（二）环境监测和控制措施

1.环境监测设施和方法

（1）监测设备的选择和安装位置确定。

在机电系统中，应选择与监测项目相匹配的监测设备。根据不同的排放物和污染源，可以选择气体分析仪、液相色谱仪、质谱仪等不同类型的监测设备。同时，还需要根据监测要求和环境特点确定监测设备的安装位置，确保监测结果准确可靠。

（2）监测计划的制订。

为了确保监测工作的有效性和全面性，需要制订监测计划。监测计划应明确监测频次和监测项目，合理分配监测资源，并根据实际情况进行调整。监测频次要能覆盖不同时间段和工作条件下的排放情况，监测项目要包括各类污染物的监测指标。

2.环境控制措施

（1）先进的污染物治理技术和设备。

为了减少机电系统对环境的污染，可以采用先进的污染物治理技术和设备。例如，对于废气治理，可以采用烟气脱硫、脱硝、除尘等技术，同时结合高效的过滤装置和催化剂，以降低废气中有害物质的浓度。对于废水处理，可以采用生物降解、沉淀、吸附等技术，使废水达到环境排放标准。

（2）高效、节能、环保的特点。

在选择污染物治理技术和设备时，应优先考虑高效、节能、环保的特点。高效性能可以提高处理效率，减少资源消耗和污染物排放；节能性能可以降低运行成本，减少能源消耗；环保性能可以保护环境，减少对生态系统的损害。

3.环境管理制度和流程

（1）记录和报告要求。

建立环境管理制度，明确监测数据的记录和报告要求。监测数据应及时、准确地记录，并按照规定的格式进行报告。报告内容应包括监测结果、异常情况、污染源改善计划等，以便监管部门和相关人员进行评估和决策。

（2）应急响应措施。

建立应急响应制度，明确不同污染事件的应急响应措施。应急响应措施应包括事前预案、人员培训、设备准备等方面的内容。在发生污染事件时，应能快速反应、采取有效措施，最大限度地减少对环境的影响。

（三）环境保护宣传和公众参与

环境保护宣传和公众参与是机电系统环境保护管理体系中不可或缺的一个环节。加强对环境保护意识的宣传教育可以提高员工对环境保护的重视程度，增强他们的环境保护意识和责任感。

在环境保护宣传方面，可以通过组织环境保护培训、举办环境保护知识竞赛等形式，向员工普及环境保护相关知识，增强他们的环保意识和环境责任意识。同时，还可以利用企业内部媒体和外部宣传渠道，发布与环境保护相关的信息和案例，提高公众对环境保护的认知。

与此同时，与相关利益相关方进行沟通和合作也是十分重要的。机电系统应积极与政府部门、环保组织、业界协会等建立良好的合作关系，共同开展环境保护工作。此外，还应主动与周边社区和公众进行沟通，听取他们的意见和建议，促进公众参与环境保护的积极性和主动性。

三、安全与环境保护技术的应用

（一）安全和环保相关的检测和监测技术

1.危险源监测技术

通过使用传感器、仪器和设备对机电系统中的危险源进行监测，如高温、高压、有毒气体等。监测设备能够实时检测危险源的存在，并在异常情况下发出警报，以及采取必要的措施来保护工作人员的安全。

2.安全隐患监测技术

利用先进的监测设备和技术，对机电系统中可能存在的安全隐患进行监测。例如，通过振动传感器监测设备的振动情况，以及红外线摄像头检测火源。一旦监测到安全隐患，系统将立即发出警报并采取相应的措施。

3.环境污染物监测技术

利用传感器和分析仪器监测机电系统周围环境中的污染物含量，如颗粒物、废气排放、水质等。监测设备能够实时检测环境污染，及时报警并采取必要的控制措施，以保护环境和人体健康。

（二）安全和环保相关的预警和控制技术

1.预警系统

建立安全和环境预警系统，通过对机电系统运行状态、环境参数以及危险源监测数据的实时分析，预测可能出现的安全隐患和环境问题，并及时发出预警信号。预警系统可以采用声光报警、短信通知等方式，提醒相关人员注意并采取应对措施。

2.控制技术

当预警系统发出警报时，需要采取相应的控制措施来避免事故的发生或进一步扩大。例如，通过自动化控制系统对机电系统进行远程控制，以减少人工操作的风险；或者采用紧急停机系统，在发生危险时迅速切断电源，确保设备和人员的安全。

（三）安全和环保相关的工程和装备技术

1.安全防护设施

在机电系统设计和建设中，考虑使用安全防护设施，如防火墙、安全栏杆、防护罩等，以保护工作人员免受机械设备的伤害或危险物质的侵入。

2.安全防火技术

采用先进的防火技术，如防火涂料、阻燃材料等，以减少火灾的发生和蔓延。此外，还需要安装火灾报警系统和自动喷水灭火系统，能够在发生火灾时及时报警并自动启动灭火设备。

3.环境污染防治技术

在机电系统设计和选用设备时，考虑其环保性能，选择符合相关环保要求的设备。同时，采用先进的环境污染防治技术，如废气、废水处理设备，以及噪声和振动控制技术，保护周围环境的质量和人体健康。

第十五章　机电工程新能源技术与可持续发展

第一节　新能源技术的发展和应用

一、新能源概述

新能源是指在自然界中能够再生或能够持续供给的能源，与传统的化石能源相比具有低碳、零排放、资源丰富等优势。随着全球能源需求的不断增长和对环境保护的重视，新能源技术的发展和应用已成为现代工程领域的重要课题之一。

二、新能源技术的分类和特点

（一）太阳能

太阳能是一种利用太阳辐射转化为电能或热能的新能源技术。其特点如下。

（1）广泛分布：太阳能在全球范围内普遍存在，几乎每个地区都会受到太阳的辐射，因此具有广泛分布的特点。

（2）可再生：太阳能是一种可再生能源，不像化石燃料等传统能源会逐渐耗尽，太阳能的供应是源源不断的。

（3）清洁无污染：太阳能的利用过程中不产生二氧化碳等有害气体排放，没有污染物的排放，对环境几乎没有负面影响。

（4）长期稳定：太阳能的辐射量相对稳定，虽然日照时间和强度会随季节和地理位置的变化而有所不同，但总体上保持较为稳定。

（5）多种利用方式：太阳能可以通过光伏发电系统将光能转化为电能，也可以利用太阳能热水器将阳光转化为热能，满足不同领域的能源需求。

（二）风能

风能是利用风力转动风机产生动力或发电的新能源技术。其特点如下。

（1）可再生：风能是一种可再生能源，风的形成和存在与地球的气候系统紧密相关，因此风能的供应是持续不断的。

（2）无消耗：风能是直接利用大气中的风来产生动力或发电，不会像化石燃料等传统能源一样消耗资源。

（3）低碳排放：风能的利用过程中几乎没有排放任何温室气体和有害物质，对环境没有负面影响，是一种清洁能源。

（4）高效利用：通过合理规划风电场的布局、选用高效风机设备等方式，风能可以得到更充分的利用，提高能源的利用效率。

（5）地域适应性强：风能资源在全球范围内都存在，尤其在沿海、山区等地形复杂的地区，风能的利用潜力更大。

（三）水能

水能是指利用水流或潮汐等能量转换为电能或机械能的新能源技术。其特点如下。

（1）持续稳定：水能是一种持续稳定的能源，因为水流和潮汐等自然现象是长期存在且相对稳定的。

（2）可调控性强：水能在利用过程中具有较高的可调控性，通过水坝建设和水库蓄能等方式，可以灵活地控制水能的利用量。

（3）适应性强：水能可以适应不同规模的需求，从小型水力发电站到大型水电站都可以利用水能进行发电。

（4）高效利用：水能是一种高效能源，水轮机等水能转换设备具有较高的能量转化效率，提高了水能的利用效率。

（5）对生态环境影响较大：水能开发对水域生态环境会产生一定影响，如河流的断流、鱼类迁徙受阻等问题需要合理规划和管理。

（四）地热能

地热能是指利用地壳内部的热能进行热泵、发电或供暖的新能源技术。其特点如下。

（1）持续稳定：地热能是一种持续稳定的能源，地球深处的地热能量几乎不受气候变化的影响。

（2）环境友好：地热能的利用过程几乎不产生污染物，对环境和空气质量没有负面影响，是一种清洁能源。

（3）资源丰富：地球内部的地热能量非常丰富，不会像化石燃料等传统能源一样有耗尽的风险。

（4）开发成本较高：地热能的开发和利用需要投资较大，如钻井和建设地热发电厂等，因此开发成本较高。

（5）地域局限性：地热能的利用需要具备地热资源丰富的地区条件，如火山地带、地热温泉区等地理特征。

（五）生物质能

生物质能是指利用植物、农作物秸秆等生物质转化为燃料或发电的新能源技术。其特点如下。

（1）可再生：生物质能源来自植物等可再生生物，具有循环再生的特点，不会耗尽。

（2）低碳排放：生物质能的燃烧过程中释放的二氧化碳与植物在生长过程中吸收的二氧化碳基本相等，属于净零排放。

（3）资源广泛：生物质能源可以来自农作物秸秆、森林木材、农畜禽粪便等，资源相对丰富，在农村地区有较大潜力。

（4）适应性强：生物质能可以通过不同的转化方式，如生物质发电、沼气发酵等，满足不同领域的能源需求。

（5）竞争资源：生物质能的利用与农业、林业等领域的生产竞争资源，需要合理平衡能源和食物等需求之间的关系。

第二节　可持续发展对机电工程技术的影响

一、可持续发展的概念和原则

可持续发展是指在满足当前需求的基础上，不损害子孙后代满足其需求的能力，通过合理利用资源、保护环境、促进经济和社会发展的方式，实现人与自然的和谐共生。

（一）经济效益

可持续发展的第一个原则是经济效益。经济效益是指通过有效的资源利用和产业发展，实现经济的增长和福祉的提升。在可持续发展中，经济效益需要以合理的方式满足当前的需求，同时也要考虑到未来世代的需求。这意味着要避免过度开发资源和不可持续的经济模式，而是寻求创新的发展路径，提高资源利用效率，推动绿色经济的发展。

经济效益的实现还需要关注社会公正和人民的福祉。在可持续发展中，经济增长的好处应当分享给全体社会成员，并减少贫富差距。这可以通过实施公平的税收政策、建立福利制度和社会保障机制等方式来实现。此外，可持续发展还需要关注就业机会的提供和改善劳动条件，确保人们能够享受公平的工资待遇和良好的工作环境。

（二）社会公正

社会公正是可持续发展的第二个原则。社会公正要求在资源分配、机会获取和权利保护方面的平等和公平。可持续发展的目标是消除社会不平等，促进人们的全面发展和社会和谐。实现社会公正需要通过制定和执行公正的法律法规，建立健全的社会保障体系，提供良好的教育、医疗和居住条件等措施来实现。

同时，社会公正还要求尊重和保护不同社群的文化、传统和权益。这包括保护少数民族、原住民和弱势群体的权益，倡导多样性和包容性的社会环境。实现社会公正需要关注社会的整体利益，避免只追求经济增长而忽视社会公正和人民的权益。

（三）环境保护

环境保护是可持续发展的第三个原则。环境保护要求在经济和社会发展过程中，采取措施保护自然资源和生态系统的完整性、稳定性和可持续性。这意味着避免资源过度开发、环境污染和生物多样性的丧失。

为了实现环境保护，需要采取一系列的措施，如加强环境监测和评估，制定并实施环境保护法律法规，提倡节能减排和循环利用，推动清洁能源的发展，改善城市环境质量，保护自然生态系统等。同时，还需要加强环境教育和公众参与，提高人们的环境意识和责任感。

（四）资源可持续利用

资源可持续利用是实现可持续发展的基础。资源包括自然资源（如水、土地、能源等）和人力资源。在可持续发展中，需要以最佳的方式利用资源，避免过度消耗和浪费。

为了实现资源的可持续利用，可以采取一系列的措施，如推动循环经济模式，促进资源的再利用和回收，加强资源的保护和管理，提高资源利用的效率等。此外，还需要鼓励创新和技术进步，以减少对于非可再生资源的依赖，促进可再生能源的开发和利用。

（五）全球合作

全球合作是实现可持续发展的关键。可持续发展是一个全球性的挑战，需要各国之间的合作与共同努力。各国应该加强合作，分享经验和技术，共同解决全球性的环境和发展问题。

为了实现全球合作，可以通过建立国际合作机制、加强国际组织的作用，推动全球治理体系的改革等方式来促进合作。同时，还需要在全球层面上制定和执行可持续发展的目标和行动计划，确保各国的努力相互支持和补充。

二、可持续发展对机电工程技术的要求

（一）资源有效利用

1.节能技术

节能技术是实现资源有效利用的关键措施之一。通过优化机电设备的设计和运行方

式，降低能源消耗，可以实现有效利用能源资源。具体来说，可以采用以下措施。

使用高效电动机：高效电动机相比传统电动机可以减少能源损耗，提高能源利用率。采用高效电动机可以在满足设备工作需求的情况下降低能源消耗。

变频调速技术：变频调速技术可以根据实际负载情况调整设备的运行速度，避免设备长时间处于高功率状态，从而降低能源消耗。通过变频调速，可以使机电设备在不同负载下都能够高效运行，提高能源利用效率。

热回收技术：热回收技术可以将废热转化为可再利用的能源。在生产过程中产生的废热可以通过热交换器等设备进行回收利用，用于加热水或供暖，从而节约能源消耗。

2.循环利用技术

循环利用技术是实现资源有效利用的另一个重要手段。通过将废弃物和副产品转化为有价值的资源或能源，可以减少资源的浪费和环境污染。以下是一些常见的循环利用技术。

废物再生利用：将废弃物进行分类、处理和再生利用，使其成为新的原材料。例如，废纸可以通过回收再生制成新的纸张，用于生产包装材料、纸板等。

生物发酵技术：生物发酵技术可以将有机废弃物转化为沼气或肥料。在废水处理过程中，可以采用生物发酵技术将废水中的有机物转化为沼气，用于发电或供热，同时还可以获得有机肥料，实现废物的资源化利用。

副产品再利用：将生产过程中产生的副产品进行再利用，减少资源浪费。例如，在钢铁生产中，炼钢渣可以经过处理后作为建筑材料使用，降低了对原材料的需求。

3.环保设计与可持续发展

机电工程技术应该注重环保设计，减少对环境的负面影响，实现可持续发展。具体如下。

优化材料选择：选择符合环保要求的材料，如使用可再生材料、不含有害物质的材料等，降低对环境的污染和资源消耗。

设备寿命周期管理：在机电设备设计和使用过程中，应考虑设备的整个寿命周期，包括制造、运输、使用、维护、报废等环节。通过对设备全寿命周期进行管理，可以减少资源消耗和废弃物产生。

管理与监控系统：建立有效的管理与监控系统，对能源和资源的使用情况进行实时监测和控制，及时发现和修复能源浪费和资源利用不当的问题，确保资源有效利用。

4.政策支持和产业联盟

为推动资源有效利用，政府应出台相应的政策支持，鼓励企业和社会各界参与资源有效利用行动。此外，产业联盟的组建也是促进资源有效利用的重要方式。通过企业、学术界、政府等各方的合作与交流，共同研究和推广资源有效利用的技术和经验，推动整个行业的可持续发展。

5.教育与宣传

推动资源有效利用需要加强公众的环境意识和节约意识。通过开展相关教育和宣传活动，提高公众对资源浪费和环境破坏的认识，引导他们采取节约用能、循环利用等行动。同时，应加强机电工程技术相关专业的培养和人才培训，提高研发和运营人员的专业素质，推动资源有效利用技术的创新和应用。

（二）环境友好

1.环境友好的概念和重要性

环境友好是指在机电设备和工艺过程的设计、制造和运行中，采取措施降低对环境的污染和影响。

环境友好是可持续发展的重要要求之一，旨在保护生态环境、提高资源利用效率、减少能源消耗和碳排放，促进社会经济的可持续发展。

2.控制废弃物和排放物的产生

机电设备和工艺过程产生的废弃物和排放物是对环境的主要影响之一，需要通过控制来降低对环境的负面影响。

在工艺过程中，可以采取加装过滤器、吸附剂等措施，减少废气和废水中的污染物排放。通过技术手段实现废气和废水的治理，如燃烧、吸附、沉淀等方法，达到废气和废水的净化和回收利用。

3.废弃物的处理方法

先进的废弃物处理技术是实现环境友好的重要手段，可以对废弃物进行安全有效的处理，减少其对环境和人体健康的危害。

常见的废弃物处理方法包括焚烧、填埋和化学处理。焚烧可以将废弃物转化为能源或热能，并减少废弃物的体积；填埋则是将废弃物安全掩埋在地下；化学处理可以对废弃物进行分解或转化，以降低其对环境的影响。

4.环境保护因素在设计中的考虑

在机电设备和工艺过程的设计中，应充分考虑环境保护因素，以减少对环境的负面影响。

合理选择材料和润滑剂是环境友好设计的重要方面，应选择符合环保要求的材料，并使用低污染、低摩擦的润滑剂，减少对环境的损害。

设计阶段就应考虑到设备的维修和更新，以延长设备的使用寿命，减少资源消耗和废弃物的产生。采用易于维修和更新的结构设计，降低设备的维修和更换成本。

（三）安全性和可靠性

安全性意味着机电设备和系统在运行过程中不会造成对环境和人员的威胁或伤保证安全，机电工程技术应该从设计、制造和运行阶段入手，采取一系列措施来确保设备的安全性。首先，需要进行全面的风险评估，识别潜在危险，并采取相应的预防控制措施。例如，对于涉及高温、高压等危险因素的设备，可以采用防火、防爆措施来降低事故发生的风险。

可靠性指的是机电设备和系统在规定的工作条件下能够持续稳定地运行，不会出现故障或停机现象。为保证设备的可靠性，机电工程技术需要考虑以下几个方面。首先，要选择高品质的原材料和零部件，确保设备的质量可靠。其次，需要进行严格的制造过程控制和质量检测，以保证产品符合设计要求。此外，还应建立完善的维护和检修制度，及时进行设备维护，发现并解决潜在故障，确保设备的长期稳定运行。

在机电工程技术中，确保安全性和可靠性的措施包括但不限于以下几点。首先，要对设备的运行环境进行充分的分析和评估，确保设备能够适应环境变化，并采取相应的保护措施，如防水、防尘等。其次，要合理设计设备的结构和布局，减少故障发生的可能性。例如，对于重要的电气设备，可以采用双回路供电系统，以确保在一条回路发生故障时，另一条回路能够自动接替供电。此外，还应加强设备的监测和维护，及时发现并解决潜在故障，以避免故障扩大或影响其他设备的正常运行。

机电工程技术中，培训和教育也是确保安全性和可靠性的重要措施之一。通过培训和教育，可以提高工作人员的安全意识和技能水平，使其能够正确使用和操作设备，并能够在紧急情况下采取有效的措施。此外，还可以通过定期的安全培训和演练，增强工作人员应对突发事件的应急能力，提高设备的运行安全性。

机电工程技术还需要与相关法规和标准保持一致。国家和地方制定了一系列的法律法规和标准，以规范机电设备和系统的设计、制造和运行。机电工程技术人员应该遵守这些法规和标准，确保设备的安全性和可靠性符合要求，并积极参与相关监督检查，主动纠正存在的问题，提高设备的整体安全水平。

（四）可持续制造

1.可持续制造的概念

可持续制造是指在制造过程中兼顾经济、社会和环境可持续发展的原则，通过采用可再生材料和绿色制造技术，减少碳排放和环境影响，实现资源的有效利用和环境的可持续保护。可持续制造旨在满足当前世代的需求,不损害子孙后代满足其需求的能力。

2.可再生材料在机电工程中的应用

可再生材料是指能够自然再生或循环利用的材料,如木材、竹材等。在机电设备的制造中,应尽量选择可再生材料,以减少对有限资源的依赖。可再生材料具有较低的能源消耗和环境影响,有助于减少碳排放。例如,可以使用木材和竹材替代部分金属材料,降低整个制造过程的能源消耗和碳排放。

3.绿色制造技术在机电工程中的推广

绿色制造技术是指采用低碳能源、优化工艺流程和减少废弃物产生等方法,降低制造过程中的碳排放和环境影响。推广绿色制造技术可以有效减少机电工程技术对气候变化和环境破坏的负面影响。具体包括以下几个方面。

使用低碳能源:在机电设备的制造过程中,应尽量使用可再生能源和清洁能源,如太阳能、风能等,以替代传统的化石能源。这可以降低碳排放并减少对有限能源资源的依赖。

优化工艺流程:通过改进工艺流程,优化能源利用效率和资源利用效率。例如,采用先进的制造工艺和设备,提高能源利用率,减少废弃物的生成。同时,减少不必要的加工步骤和材料浪费,以提高生产效率和资源利用效率。

减少废弃物产生:通过设计和制造过程中的改进,最大限度地减少废弃物的生成,并且尽可能回收和循环利用废弃物。这可以减少对自然资源的需求,降低环境污染和对环境的负面影响。

4.碳排放和环境影响的减少

可持续制造的关键目标之一是减少碳排放和环境影响。通过采用可再生材料和绿色制造技术,可以实现以下效益。

减少碳排放:传统的制造过程通常依赖于化石燃料,导致大量的碳排放。而使用可再生能源和优化工艺流程可以降低碳排放。此外,减少废弃物的产生也有助于减少对环境的负面影响。

降低环境影响:传统制造过程中存在诸多环境问题,如水污染、土壤污染等,这些问题将对生态系统和人类健康造成威胁。采用可再生材料和绿色制造技术可以减少污染物的排放,降低对环境的破坏。

5.可持续制造的重要性

可持续制造对于推动经济的绿色发展、保护环境资源、提高社会福利具有重要意义。通过采用可再生材料和绿色制造技术,可以实现资源的有效利用、减少碳排放和环境影响。这不仅有助于应对气候变化和环境问题,还能提高制造业的竞争力,并为未来的可持续发展奠定基础。

(五)绿色设计

1.节能设计

在绿色设计中,节能是至关重要的一环。可以通过以下几个方面来实现节能设计。

优化器件减少能量损耗:在机电设备的设计过程中,应注重优化各个部件的设计,减少能量的损耗。例如,合理选择电机、传动装置和控制系统等,以提高能效并减少能量浪费。

采用低能耗材料:在材料的选择上,应优先选择低能耗的材料。这些材料具有较低的生产能耗和较低的使用阻力,能够有效降低机电设备的能耗。

提高能源利用率:通过采用高效的能源利用技术和装置,可以提高设备的能源利用率。例如,利用余热回收技术将废热转化为可利用的能量,或者利用光伏技术将太阳能转化为电能等。

2.环保设计

环保是绿色设计的另一个重要方面。在机电设备的设计和制造过程中,应注重减少对环境的污染和资源的浪费。

减少有害物质的使用:在产品的设计和制造过程中,应尽量减少使用有害物质,如重金属、挥发性有机物等。可以选择环保材料和替代品,以降低对环境的影响。

排放和废弃物处理:应考虑设备的排放问题,并设计相应的废弃物处理方案。例如,在燃烧设备中加装烟气净化装置,减少对大气的污染;在设备报废时,应选择环保的回收和处理方式,以减少对环境的影响。

3.资源利用设计

在绿色设计中,合理利用资源是非常重要的。应充分考虑资源的可持续利用和循环利用。

设备的可拆卸和可回收利用性:在产品设计过程中,应考虑设备的可拆卸性,以便在设备寿命结束后能够方便地进行维修、更换零部件或进行回收利用。同时,应选择可回收利用的材料和组件,以减少资源的浪费。

循环经济设计:绿色设计应倡导循环经济的理念,通过产品设计和制造过程中的循环利用和再生利用,最大限度地减少资源消耗和废弃物产生。例如,可以实现材料的循环使用、废弃物的再生利用等。

4.功能设计

绿色设计要与使用者的实际需求相结合,进行合理的功能设计。

提供节能和智能控制功能:在产品的设计过程中,应考虑用户的能源消耗需求,提供相应的节能和智能控制功能。例如,对于家用电器,可以提供定时开关、智能控制等功能,帮助用户减少能源的消耗。

安全性和舒适性:在产品设计中,应注重产品的安全性和舒适性。例如,在建筑设备的设计过程中,应考虑室内舒适度和室内空气质量,减少对人体健康的影响。

5.产品报废后的处理

在绿色设计中,还应考虑产品报废后的处理方案,确保设备的环境友好型。

设备回收和再利用:应制定相应的设备回收政策和方法,在设备寿命结束后,进行设备的回收和再利用,减少资源的浪费。

废弃物处理:对于无法回收利用的废弃物,应选择环保的处理方式,如进行合理的废弃物分类、垃圾焚烧和填埋等。

通过以上的绿色设计措施,可以实现机电设备的可持续发展,减少对环境的影响,提高资源利用效率,为可持续发展做出贡献。

三、可持续发展对机电工程设计和施工的影响

在机电工程设计和施工阶段,可持续发展要求考虑以下因素。

(一)节能设计

可持续发展对机电工程设计和施工的影响之一是要求采取节能设计。节能设计是通过优化能源使用,提高机电设备的能效,减少能源浪费来实现的。在机电工程的设计中,可以通过多种方式实现节能目标。

首先,在设备选择方面,应选择具有高能效的设备。通过使用高效设备,可以降低能源消耗并提高整体能效。例如,在空调系统中选择具有较高能效比的变频调节器,可以根据实际需求灵活调节制冷和制热功率,达到节约能源的目的。此外,还可以选择节能型照明设备,如 LED 灯具,以替代传统荧光灯,从而降低用电量。

其次,在系统设计方面,应考虑合理的能源利用。通过合理的系统布局和管道设计,可以减少能源损耗和流体阻力。例如,在暖通空调系统中,应根据建筑的朝向、周围环境和使用需求合理设计供回风口的布置,以提高系统的通风效果和能源利用率。此外,还可以考虑利用太阳能、风能等可再生能源,降低对传统能源的依赖。

此外，在控制系统设计方面，应采用智能化、自动化的控制方式。通过运用先进的传感器和自动控制技术，可以实现对机电设备运行状态的监测和调节，优化设备的运行效率，减少能源的浪费。例如，通过智能照明控制系统，根据人员活动和光照情况自动调节照明亮度和开关状态，以实现节能效果。

（二）环境影响评估

可持续发展还要求在机电工程设计和施工前进行环境影响评估。环境影响评估是指对项目可能产生的环境影响进行全面评估和预测，以便采取相应的措施来减少负面影响并保护环境。

在机电工程设计和施工前，应对项目可能引起的各种环境影响进行评估。这包括对土壤、水体、空气等方面的影响进行评估，以及对生物多样性和生态系统的影响进行评估。通过环境影响评估，可以为设计和施工提供科学的依据，避免或减少对环境的破坏。

在环境影响评估中，还应重点考虑项目可能带来的污染物排放和废弃物产生情况，并制定控制措施和处理方案。例如，对于涉及有毒有害物质的机电工程，应采取相应的排放控制措施和废物处理方式，确保不会对环境和人体健康造成危害。

此外，环境影响评估还应包括对项目可能引起的社会影响的评估。例如，对于大型机电工程项目，应考虑其对周边居民和社区的影响，尤其是噪音、振动等可能带来的社会干扰。通过对社会影响的评估，可以采取相应的措施来减少不良影响，提高工程的社会接受度。

（三）循环经济思维

可持续发展要求在机电工程设计和施工中采用循环经济思维。循环经济是指通过循环利用和再制造的方式，实现资源的高效利用，减少废弃物的产生和资源消耗。

在机电工程设计中，可以采取多种措施来实现循环经济的目标。首先，应优先选择可再生材料和环保材料。例如，在建筑物的装修和装饰中，可以选择使用可再生的木材和环保的涂料，减少对非可再生资源的依赖。此外，在设备和组件的选择方面，也应优先选择具有再制造和回收利用潜力的产品。

其次，应采取措施促进废弃物的再利用和资源回收。例如，在机电设备的更新换代中，可以考虑对旧设备进行维修和改造，以延长使用寿命。对于不能再利用的废弃设备和零部件，应选择合适的处理方式，如回收再利用或进行专业处理。此外，在施工过程中，也应合理进行废弃物的分类和处理，最大限度地减少对环境的负面影响。

此外，循环经济还强调资源的节约利用。在机电工程设计和施工中，应通过优化设计和施工工艺，减少资源的浪费。例如，在水利工程中，可以采用雨水收集系统和再利用系统，实现雨水的集中收集和再利用，减少对自来水的需求。同时，在施工过程中，应合理规划材料和能源的使用，避免不必要的浪费。

（四）绿色建筑标准

可持续发展要求在机电工程设计和施工中遵循绿色建筑标准。绿色建筑是以减少对环境的负面影响和提高室内环境质量为目标的建筑方式和理念。

在机电工程设计和施工中，应优先选择符合绿色建筑标准的材料和技术。例如，在建筑物的外墙隔热方面，可以采用符合节能要求的保温材料，减少建筑物的能量消耗。此外，在机电设备的选择方面，也应优先选择符合环保标准的产品，如低噪音、低排放的设备。

在室内环境设计方面，应注重舒适性和健康性。例如，在通风系统设计中，应考虑空气质量和循环利用等因素，以实现室内空气的净化和流通。此外，在采光设计方面，应根据建筑的朝向和周边环境合理设置窗户和玻璃，以实现自然采光和节约用电。

此外，绿色建筑还强调建筑物的可持续运营和管理。在机电工程的设计和施工过程中，应考虑后期建筑物的运营和维护方面的需求，确保建筑物的可持续性。例如，在设备的安装和布线过程中，应合理规划布置，便于设备的维修和更换。

四、可持续发展对机电设备运维和管理的影响

可持续发展要求在机电设备的运维和管理过程中，做到以下几点。

（一）定期检查和维护设备以确保其高效运行，减少能源浪费

机电设备在长期使用过程中，往往会出现部件磨损、故障等问题，如果不及时检修和维护，会导致设备的能效下降，增加能源浪费。可持续发展对机电设备的运维和管理提出了定期检查和维护的要求，意在通过保持设备的良好运行状态，减少能源消耗和排放。

定期检查和维护包括以下几个方面。

（1）定期巡检：定期巡检设备，发现潜在问题并及时进行处理。通过检查设备的运行情况，可以确保设备处于正常工作状态，减少能源浪费和故障的发生。

（2）清洗和润滑：定期清洗设备，清除积尘和杂物，保持设备的通风和散热效果，以确保设备的高效运行。同时，要做好设备的润滑工作，减少设备因摩擦而产生能量损耗。

（3）部件更换和修复：对于磨损严重或者故障的设备部件，需要及时更换或修复，以保证设备的正常工作状态。减少设备因故障而停机维修的时间，是节约能源、提高设备效率的重要措施。

（4）能效检测和优化：通过定期进行能效检测，分析设备的能源消耗情况，并针对性地进行优化调整，减少能源浪费。比如，在发现能效较低的设备，可以考虑进行改造或替换，采用更加节能高效的设备。

（二）推广智能化管理系统，实现设备的优化运行

为了提高机电设备的运维和管理效率，可持续发展要求推广智能化管理系统，通过数据分析和远程监控实现设备的优化运行。

智能化管理系统主要包括以下功能。

（1）数据采集和监测：通过传感器等装置，实时采集设备的运行数据，并对数据进行监测和分析。可以及时发现设备的异常情况，预测设备的故障风险，为设备的运维提供有力支持。

（2）远程监控和控制：通过互联网技术，实现对设备的远程监控和控制。操作人员可以通过智能终端设备，随时随地对设备进行监控和操作，提高设备的运维效率。

（3）数据分析和优化：通过对采集到的设备运行数据进行分析，可以找出设备的潜在问题和瓶颈，提出相应的优化方案。比如，根据设备的负荷曲线和能耗数据，调整设备的运行模式，使得设备在不同负荷条件下能效更高。

（4）预测性维护：基于设备运行数据和故障统计分析，建立设备的预测性维护模型。通过分析设备的寿命周期和故障特征，制定合理的维护计划，提前预防设备可能发生的故障，避免停机维修对生产和能源消耗的影响。

（三）加强培训和教育，提高操作人员的技能水平

可持续发展要求加强培训和教育，提高机电设备操作人员的技能水平，从而提升设备运维和管理效率。

加强培训和教育主要包括以下方面。

（1）设备操作和维护知识培训：对操作人员进行设备的操作和维护知识培训，使其了解设备的基本原理和工作方式，能够正确操作和维护设备。

（2）安全意识培训：加强操作人员的安全意识培养，教育他们正确使用设备，并采取必要的安全防护措施，减少事故的发生。

（3）技能提升培训：加强操作人员的技能提升培训，提高其解决设备故障和异常情况的能力。例如，对电气知识、维修技能等进行培训，提高操作人员对设备故障的判断和处理能力。

（4）管理能力培训：针对设备运维和管理需求，加强操作人员的管理能力培训。包括设备维护计划制定、维护记录管理、设备更新和替换等方面的培训，提高操作人员的

管理水平。

（四）优化设备生命周期管理，减少废弃物产生量

可持续发展要求优化机电设备的生命周期管理，延长设备使用寿命，减少废弃物的产生量。

优化设备生命周期管理主要包括以下几个方面。

（1）设备选型和购置：在设备选型和购置过程中，要考虑设备的可维修性和可更新性。选择那些具有较长的使用寿命，并且易于维修和更新的设备，减少设备报废和更换的频率。

（2）设备更新和升级：对于老化或者功能落后的设备，可以进行更新和升级，提高设备的性能和效率，同时延长设备的使用寿命。更新和升级可以包括硬件的替换和软件的升级等方面。

（3）废旧设备处理：在设备报废时，要进行合理的废旧设备处理。对于可以修复的设备，可以进行维修和再利用；对于无法修复的设备，要进行合规的废弃物处理，避免对环境造成污染。

（4）设备管理和维护记录管理：建立完善的设备管理和维护记录管理制度，定期对设备进行检修和维护，并记录设备的运行状态和维护情况。通过及时维护和管理，可以延长设备的使用寿命，减少设备的故障和报废率，降低废弃物产生量。

可持续发展对机电设备的运维和管理产生了积极的影响，通过定期检查和维护设备、推广智能化管理系统、加强培训和教育、优化设备生命周期管理等措施，可以提高设备的能效，并减少能源浪费和废弃物的产生量。这些举措有助于实现机电设备的可持续运行和管理，促进社会经济的可持续发展。

五、可持续发展对机电工程行业的推动作用

可持续发展对机电工程行业的推动作用是多方面的。

（一）创新技术和产品

可持续发展对机电工程行业的推动作用之一是促进创新技术和产品的开发和应用。可持续发展要求机电工程行业寻找替代传统能源的可再生能源技术，如太阳能、风能和地热能等，并将其应用于建筑和工程项目中。同时，还需要推动研发和应用节能设备，如高效照明系统、节能空调和智能电力管理系统等。这些创新技术和产品的应用可以显著降低能耗和对环境的影响，推动机电工程行业向更加可持续和环保的方向发展。

（二）市场需求增长

随着可持续发展理念的普及和环保要求的提升，市场对绿色建筑和节能设备的需求将不断增长。越来越多的企业和个人开始意识到可持续发展的重要性，并愿意为之付出努力和投资。绿色建筑将成为未来建筑行业的主流趋势，对机电工程行业的需求将持续增加。同时，在政府采购和公共项目中，对可持续发展的要求也越来越高，这将进一步推动机电工程行业向可持续发展转型。

（三）法规和政策支持

政府在可持续发展领域出台相关法规和政策，对机电工程行业的推动作用不可忽视。例如，政府制定能源管理目标，要求企业降低能耗和碳排放；推动建筑节能法规的实施，要求建筑项目使用节能设备和技术；引导金融机构提供绿色金融支持，鼓励企业投资可持续发展项目等。这些法规和政策为机电工程行业提供了明确的方向和支持，推动行业向可持续发展转型。

（四）行业合作与倡导

机电工程行业组织和企业积极参与可持续发展倡议和合作，推动行业转型升级和可持续发展实践。行业组织可以倡导企业采用可持续发展技术和产品，并共同制定行业标准和指南，推动行业的整体可持续发展。同时，企业之间的合作也可以促进创新和技术交流，加速可持续发展技术和产品的推广和应用。这种行业合作与倡导的力量可以有效地推动机电工程行业朝着更加可持续和环保的方向发展。

第三节　新能源发电与供电系统的设计与优化

一、新能源发电系统的结构和组成

新能源发电系统通常由以下几个关键组成部分构成。

（一）发电设备

新能源发电系统的关键组成部分之一是发电设备。这些设备利用可再生能源，如太阳能光伏发电设备、风力发电机组、水力发电机组等，将自然资源转化为电能。

太阳能光伏发电设备利用太阳能将光能转化为电能。它由光伏电池板组成，当太阳光照射到光伏电池板上时，光子与半导体材料发生相互作用，产生电流。这些光伏电池板可以单独使用或组合成光伏阵列，以提高发电效率。

风力发电机组利用风能将其转化为机械能，再通过发电机将机械能转化为电能。风力发电机组由风轮、发电机、控制系统等组成。当风轮受到风的影响旋转时，发电机会产生电能。

水力发电机组则是利用水能将其转化为机械能，最终再通过发电机转化为电能。水力发电机组通常包括水轮机、发电机、水库等组件。当水流通过水轮机时，水轮机会转动发电机，从而发电。

这些发电设备利用可再生能源，具有清洁、环保的特点，对减少化石燃料消耗和减少环境污染具有重要意义。

（二）电能转换装置

电能转换装置是新能源发电系统的另一个关键组成部分。它包括逆变器、变压器等设备。

逆变器是将直流电能转换成交流电能的装置。由于太阳能光伏发电和风力发电产生的电能是直流形式的，而供电系统通常采用交流电能，所以逆变器在新能源发电系统中起到了至关重要的作用。逆变器能够将直流电能转换为与供电系统匹配的交流电能，以满足不同用户的需求。

变压器则用于调节电能的电压。它可以提高或降低电能的电压，以适应不同负载的需求。变压器在新能源发电系统中起到了重要的作用，不仅可以提供适合供电系统的电压，还可以实现电能的远距离传输与分配。

（三）储能装置

储能装置是新能源发电系统中的另一个关键组成部分。由于可再生能源的间歇性和不稳定性，储能装置可以存储多余的电能，并在需要时释放出来，以平衡供需之间的差异。

常见的储能装置包括电池组和超级电容器。电池组是将电能以化学形式储存起来的设备，包括铅酸电池、锂离子电池等。超级电容器则是一种能够快速充放电的储能设备，具有高功率密度和长寿命的特点。

储能装置可以在可再生能源发电不足或供电需求高峰期间释放储存的电能，使电力供应保持稳定。它们还可以提供备用电源，确保系统的连续供电。

（四）控制系统

新能源发电系统中的控制系统起着重要的作用。它包括发电设备的运行控制、储能装置的管理与控制等功能。

控制系统通过监测、调节和保护发电设备和储能装置的运行状态，确保系统的安全稳定运行。它能够实时监测发电设备的输出功率、温度、振动等参数，并根据需要进行相应的控制和调节。

控制系统还可以对储能装置进行管理与控制，包括电池组的充放电控制、超级电容器的充放电管理等。通过合理管理和控制储能装置，可以延长其使用寿命，提高系统的能效。

（五）电力传输与配电系统

新能源发电系统中的电力传输与配电系统将发电设备产生的电能输送到用户终端，满足电力供应的需求。

电力传输与配电系统包括输电线路、配电变压器、开关设备等。输电线路负责将发电设备产生的高压交流电能输送到不同地区的配电变压器。配电变压器将高压电能转换为适合用户使用的低压电能，并通过输配电网将电能供给用户。

开关设备用于控制电能的传输和分配。它们具有保护功能，可以隔离故障电路、限制故障电流，保持系统的稳定运行。

这些电力传输与配电系统能够可靠地将电能从发电设备传输到用户终端，确保用户得到稳定可靠的电力供应。同时，该系统还能够实现对电能的计量、控制和保护，提高电力系统的安全性和效率。

以上是新能源发电系统通常由的几个关键组成部分，它们相互协作，共同构成了一个可持续、高效的电力供应系统。

二、新能源发电系统的设计原则和方法

在设计新能源发电系统时，需考虑以下几个原则和方法。

（一）多能源协调利用原则

1.多样化能源供应的重要性

多能源协调利用原则指的是结合不同的可再生能源资源，如太阳能、风能、水能等，以实现能源供应的多样化和可靠性。

通过利用多种能源资源，可以降低系统对单一能源的依赖，减少能源短缺和供应不稳定性的风险。

2.充分了解可再生能源资源特点和潜力

为实现多能源协调利用，需要充分了解各种可再生能源资源的特点和潜力，并根据资源的可获得性与区域需求做出合理的选择。

在充足的阳光资源区域，可以优先考虑太阳能发电；在风能资源丰富的地区，可以引入风能发电设施；在具备水资源条件的地方，可以利用水能发电等。

3.能源之间的协同工作

同时，还需要考虑各种能源之间的协同工作，利用混合发电技术将多种能源有机结

合,提高系统的稳定性和供应可靠性。

例如,结合太阳能与风能,在太阳不足或无风的情况下仍能保持电力供应,增加了系统的稳定性。

4.综合考虑区域需求与资源可获得性

在制定多能源协调利用方案时,需要综合考虑区域需求与资源可获得性,确保能源供应的经济性和可持续性。

例如,结合太阳能发电与储能技术,在太阳充足时进行储能以备晚上使用,以满足电力需求的同时提高能源利用效率。

5.促进可再生能源发展与能源安全

多能源协调利用原则的实施有助于促进可再生能源的发展,减少对传统能源的依赖,提高能源供应的安全性和环境友好性。

(二)智能化控制原则

1.提高系统运行效率和可靠性

智能化控制原则是指在新能源发电系统中采用先进的监测、控制和管理技术,对发电设备、储能装置等进行智能化控制,以提高系统的运行效率和可靠性,降低能源损失。

2.实时监测和优化调整

智能化控制技术可以实现对发电设备和储能装置的实时监测和优化调整,减少能源的浪费和损失。通过引入智能化的发电设备控制系统,可以根据实时的能源需求和供应情况,合理调整发电设备的运行模式和负载分配,达到最佳的发电效果。

3.智能化储能装置管理系统

智能化的储能装置管理系统可以根据电网需求和能源负荷情况,实现对储能装置的智能调度和控制,提高能源的利用效率。通过智能控制和调度,可以最大限度地提高储能装置的充放电效率,降低能源浪费。

4.响应能源需求和供应情况

智能化控制原则还可以使发电设备和储能装置更加灵活地响应能源需求和供应情况,提高系统的适应性和稳定性。例如,在能源需求高峰期,系统可以自动调整发电设备和储能装置的运行模式,满足临时的能源需求,确保电力供应的稳定性。

5.环境友好与节能降耗

智能化控制原则的应用有助于降低能源损耗,提高能源利用效率,从而降低对环境的影响,促进清洁能源的可持续发展。智能化控制技术的不断创新和应用将为新能源发电系统的高效运行和可持续发展提供有力支持。

（三）高效能转换原则

1.优化逆变器和变压器设计

高效能转换原则是指在新能源发电系统中优化逆变器、变压器等转换设备的设计，以提高电能的转换效率，减少能源损耗。这些设备的设计和选用对系统的发电效率和能源损耗至关重要。

2.提高电能转换效率

通过采用高效的逆变器和变压器，可以提高电能的转换效率，降低能源的损耗。高效的逆变器能够将直流电转换为交流电，并确保尽可能少的能量转化成热量，从而提高整个系统的能源利用效率。

3.优化工作方式和控制策略

通过优化逆变器和变压器的工作方式和控制策略，还可以减少无功功率的损失和谐波产生，进一步提高能源的利用效率。例如，通过智能控制系统实现逆变器的动态调节，在不同负载情况下保持高效能转换。

4.减少能源损耗

优化逆变器和变压器的设计不仅能够提高电能转换效率，还能降低系统的能源损耗，减轻环境负荷，促进清洁能源的可持续利用。这种原则的应用有助于新能源发电系统更加高效地转换可再生能源为可用电能。

5.影响可再生能源综合利用效率

高效能转换原则的实施有助于提高新能源发电系统的整体效率和可靠性，同时也对可再生能源的综合利用效率起到积极作用。通过不断优化转换设备技术和控制策略，可以更好地满足能源转换的高效需求，推动清洁能源发电系统的发展与应用。

（四）安全稳定运行原则

1.系统保护机制的完善

在新能源发电系统设计中，安全稳定运行原则至关重要。通过完善的系统保护机制和运行管理措施，可以确保新能源发电系统在各种复杂的运行环境下安全、稳定地运行。

2.设置合理的保护装置

为了保证系统的安全运行，需要设置合理的过压、欠压、过流等保护装置，并采取有效的技术手段和管理措施来监测和预防系统故障。这些保护装置可以在系统遭遇异常情况时及时切断电源，避免对设备和人员造成伤害。

3.建立健全的运行管理制度

同时，还需要建立健全的运行管理制度和应急预案，以便及时响应和处理各种突发情况。通过规范的操作流程和灵活的应急处置方案，可以最大限度地减少事故损失，保障系统的连续供电和运行稳定性。

4.监测和预防系统故障

运用先进的监测技术和智能化控制原则，可以实现对系统运行状态的实时监测和预警，及时发现并解决潜在问题，确保系统稳定可靠地运行。

5.持续提升安全标准

最终目标是不断提升系统的安全标准，通过技术创新和经验积累，逐步完善系统的安全保护机制和应急响应体系，确保新能源发电系统在各种条件下都能够安全、稳定地运行，为社会供应清洁能源。

（五）经济性原则

1.投资成本与运营成本综合考虑

经济性原则在新能源发电系统的设计中起到重要的指导作用。在设计过程中，需要综合考虑投资成本、运营成本和能源产出效益，追求经济可行性和社会可持续发展。

2.评估不同能源技术的成本效益

在投资决策中，需要评估不同能源技术的成本效益，包括设备采购、建设和维护成本等方面。通过比较各种新能源技术的成本效益，可以选择最适合特定应用场景的新能源发电系统，实现资源的最优配置。

3.综合考虑能源产出效益

同时，还需要综合考虑能源产出效益，即通过新能源发电系统所能提供的可再生能源量和降低的碳排放量等方面的收益。这一方面的收益可以体现为环境保护、碳排放减少以及社会效益等多个层面。

4.技术创新与工程优化

在设计过程中，需要通过技术创新和工程优化，降低系统的投资和运营成本，并尽量提高能源利用效率。例如，引入先进的智能控制技术和高效能转换原则，从而在不断提升系统性能的同时，降低系统的整体成本。

5.平衡经济性与可持续发展

最终目标是在保证经济性的前提下，实现可持续发展。新能源发电系统的设计需要考虑未来的长期收益和社会效益，同时也要综合考虑环境影响和资源利用效率，促进经济可行性和社会可持续发展的平衡。通过经济性原则的指导，可以更好地推动清洁能源技术的发展与应用，为建设可持续发展的社会做出贡献。

三、新能源发电系统的优化技术

为了提高新能源发电系统的性能和经济效益，可以采用以下优化技术。

（一）发电设备布局优化

发电设备布局优化是提高新能源发电系统性能和经济效益的重要手段之一。通过合理确定发电设备的布局和容量配置，可以最大限度地利用可再生能源资源，提高能源利用效率。以下是一些常见的发电设备布局优化技术。

（1）资源分布分析：首先需要对可再生能源资源进行详细的调研和分析，包括太阳能、风能、水能等。通过确定资源的分布情况和潜力，可以合理选择发电设备的布局和容量配置方案。

（2）负荷需求分析：根据负荷需求的不同，可以确定新能源发电系统的容量和布局。例如，如果负荷需求集中在某个区域，可以在该区域增加更多的发电设备，以满足需求。

（3）多能源互补：在新能源发电系统中，可以考虑多种可再生能源的互补利用。例如，在一个地区同时布局太阳能和风能发电设备，以便在不同天气条件下稳定供电。

（4）网格连接和距离优化：考虑发电设备与电网之间的连接方式和距离，以降低输电损耗和成本。可以采用直接并网方式，也可以采用分布式发电系统，在离负荷较近的地方增设发电装置。

（5）考虑环境影响：在选择发电设备布局时，还需要考虑环境影响因素，如生态保护、噪声污染等。合理布局发电设备，可以减少对周围环境的不良影响。

（二）能量管理与储能优化

能量管理与储能优化是提高新能源发电系统性能和经济效益的关键技术之一。通过智能管理和控制系统，实现对储能装置的优化运行，可以最大限度地提高能源的利用率。以下是一些常见的能量管理与储能优化技术。

（1）储能系统规划：根据不同的负荷需求和发电设备特点，确定适合的储能系统类型和容量。常见的储能技术包括电池储能、压缩空气储能、水泵储能等。

（2）储能装置控制策略优化：通过优化储能装置的充放电策略，可以最大限度地提高储能系统的效率。例如，根据电网电价峰谷差异选择最佳充放电时机，减少能量浪费。

（3）智能能量管理系统：利用先进的智能能量管理系统，实现对储能装置的动态控制与协调，根据不同的负荷需求和发电情况，优化能量的分配和利用。

（4）能量回收利用：在新能源发电系统中，可以利用余电或余热进行能量回收利用。例如，将光伏发电系统的余电用于储能装置充电，或者利用风力发电系统产生的余热进行供热。

(5) 能量损失减少：通过优化电网运行方式、减少输电损耗、改善发电设备功率因数等手段，可以降低能量损失，提高能源的利用效率。

（三）智能能量调度优化

智能能量调度优化是提高新能源发电系统性能和经济效益的重要技术之一。通过使用先进的能量管理算法和智能调度策略，可以实现多种能源的协调调度，以满足不同负荷需求下的能源供应。以下是一些常见的智能能量调度优化技术。

(1) 负荷预测与优化：通过对负荷进行预测和分析，根据不同的负荷需求，优化调度发电设备和储能装置，以实现供需平衡。

(2) 优化发电设备运行策略：根据天气、市场电价等因素，优化发电设备的运行策略，选择最佳的发电方式和时机，以最大限度地利用可再生能源。

(3) 能量交易与市场参与：将新能源发电系统与能源市场进行连接，参与能源交易和市场运作。通过参与市场交易，可以最大化利用可再生能源的优势，获得经济效益。

(4) 多能源协调调度：在新能源发电系统中，可能存在多种能源，如太阳能、风能、水能等，通过合理协调调度这些能源，可以优化能源的利用效率。

(5) 可靠性与安全性考虑：在智能能量调度优化过程中，需要考虑系统的可靠性和安全性。例如，避免出现能源供应短缺或故障，确保系统的稳定运行。

（四）微电网技术

微电网技术是提高新能源发电系统性能和经济效益的一项重要技术。通过将多种能源和负荷互联，形成一个相对独立的小型电网系统，可以增加供电系统的可靠性和稳定性。以下是一些常见的微电网技术。

(1) 多能源互联：微电网可以实现多种能源的互联互通，如太阳能、风能、储能等。不同能源之间可以相互补充，以满足不同负荷需求。

(2) 分布式发电：微电网中的发电设备采用分布式方式布局，使得能源更加集中和灵活。这样可以降低输电损耗，并减少对传统电网的依赖。

(3) 智能能量管理系统：微电网中使用智能能量管理系统，实时监测和控制能源的生成、消耗和储存。通过优化能量调度，可以提高系统的运行效率。

(4) 能量存储与调度：微电网中的储能技术可以用于能量的储存和调度，以平衡供需差异，提供备用能源，并增加系统的稳定性和可靠性。

(5) 微电网与主电网的互动：微电网可以与主电网之间实现互动和切换。当主电网供电不稳定或发生故障时，微电网可以自主运行，保障用户的供电需求。

（五）集成优化设计

集成优化设计是提高新能源发电系统性能和经济效益的综合性技术。通过将新能源发电系统与传统能源发电系统相结合，并进行优化设计，可以降低整体能源成本，并提高系统的可持续性。以下是一些常见的集成优化设计技术。

（1）混合能源系统：将新能源发电系统与传统能源发电系统相结合，例如将光伏发电与燃气发电相结合，以提供更加稳定的能源供应。

（2）协同运行与调度：通过智能调度算法和系统控制策略，实现新能源发电系统和传统能源发电系统之间的协同运行和调度，以最大限度地提高能源的利用效率。

（3）综合能源利用：通过利用余热、余水等资源，将能源的综合利用最大化，提高系统的能源利用效率。

（4）能量储存与互补：在集成优化设计中，储能技术起着关键作用。通过合理配置储能装置，将能源的储存与互补最大化，提高系统的可靠性和稳定性。

（5）系统经济性优化：基于经济指标，如成本、效益等，通过优化设计和调度策略，降低整体能源成本，提高系统的经济效益和可持续性。

通过采用以上优化技术，可以提高新能源发电系统的性能和经济效益，促进可持续能源的发展与利用。同时，这些技术也能够减少对传统能源的依赖，降低能源消耗与排放，推动能源革命和环境保护。

四、新能源发电系统与传统能源发电系统的协调性优化

为了实现新能源发电系统与传统能源发电系统的协调性优化，可以采取以下措施。

（一）灵活的运行调度

灵活的运行调度是实现新能源发电系统与传统能源发电系统协调性优化的重要措施之一。由于新能源发电系统（如风电、太阳能等）的发电量存在间断性和不稳定性，与传统能源发电系统（如燃煤、水电等）的供能特点不同，需要通过灵活的运行调度，使两者之间实现协调运行。

灵活的运行调度包括以下几个方面。

（1）预测与计划：根据新能源发电系统的天气预报数据、负荷需求等因素，预测新能源发电量，并与传统能源发电系统的发电计划进行匹配，合理安排能源供应。

（2）能量储存与调度：利用能量储存技术，如电池储能、抽水蓄能等，将新能源发电超出的部分储存起来，以备不时之需。在需求高峰期，可以释放储存的能量，补充传统能源发电系统的供能不足。

(3)目标优化调度:建立协调性优化的调度模型,通过优化算法和数学模型,实现新能源发电系统与传统能源发电系统的最佳协调运行。目标可以包括降低能源成本、减少碳排放等。

(二)电力系统规划设计

在电力系统规划和设计阶段,考虑新能源发电系统与传统能源发电系统的相互依存关系,合理安排设备容量和布局,是实现协调性优化的关键措施之一。

在电力系统规划设计中,应该考虑以下方面。

(1)设备容量规划:根据新能源发电系统和传统能源发电系统的特点,合理确定各个能源发电设备的容量大小。对于新能源发电系统来说,容量要考虑其发电效率、天气条件等因素;对于传统能源发电系统来说,容量要考虑其供能稳定性等因素。

(2)电网布局设计:合理规划电网的布局,使新能源发电系统与传统能源发电系统的输电线路相互连接,实现能源的交流与共享。同时,要考虑电网的可靠性、容量等因素,确保能源的稳定供应和传输。

(三)智能化能源管理系统

建立智能化的能源管理系统是实现新能源发电系统与传统能源发电系统协调性优化的重要手段之一。通过对新能源发电系统和传统能源发电系统的监测和数据分析,实现能源的优化调度和供需平衡,提高能源利用效率。

智能化能源管理系统应具备以下功能。

(1)实时监测与预警:对新能源发电系统和传统能源发电系统的发电量、负荷等关键参数进行实时监测,并能够及时发出预警信息,提前做好调度准备。

(2)数据分析与优化:通过对大量的历史数据进行分析和挖掘,建立相应的数学模型和算法,实现能源的优化调度和供需平衡。同时,可以根据能源市场的需求和价格情况,进行合理的能源配置和交易。

(3)自动化控制与调度:基于智能化算法和模型,实现能源系统的自动化控制和调度。通过自动化控制,可以实现新能源发电系统和传统能源发电系统的协调运行,提高能源利用效率。

(四)能源交互平台建设

建立能源交互平台是促进新能源发电系统与传统能源发电系统之间协调运行的重要举措。通过能源交互平台,可以实现新能源发电系统和传统能源发电系统之间的信息交换和资源共享,提高能源利用效率。

能源交互平台应具备以下功能。

（1）数据共享与交换：建立统一的数据标准和接口，实现新能源发电系统和传统能源发电系统之间的数据共享和交换。通过数据共享，可以更好地了解新能源发电系统和传统能源发电系统的运行情况，进行合理的调度和优化。

（2）能源交易与结算：建立能源交易市场，在该市场上开展新能源发电系统和传统能源发电系统之间的能源交易和结算。通过能源交易，可以实现能源的灵活配置和流通，提高能源利用效率。

（3）政策支持与管理：能源交互平台可以提供政策支持和管理措施，促进新能源发电系统和传统能源发电系统之间的协调运行。例如，制定相应的优惠政策、奖励机制等，鼓励新能源发电系统的发展和应用。

五、新能源供电系统的设计与优化

新能源供电系统设计与优化主要包括以下几个方面。

（一）供电系统规划设计

供电系统规划设计是新能源供电系统设计与优化的第一步。它主要包括以下几个方面。

用户负荷需求分析：通过对用户负荷需求进行调研和分析，了解不同用户的用电习惯、用电峰谷特征以及未来的用电增长趋势，为供电系统的规划提供依据。

可再生能源资源评估：对可再生能源资源进行详细评估，包括太阳能、风能、水能等各种可再生能源的分布情况、潜力以及季节变化等因素，并将其与用户负荷需求进行匹配，确定适宜的可再生能源利用方式。

供电系统规模确定：根据用户负荷需求和可再生能源资源评估结果，确定供电系统的规模，包括发电设备容量、输电线路长度等参数，以满足用户需求并确保系统的经济性和可靠性。

供电系统布局设计：确定供电系统的布局方案，包括发电站点的选址、输电线路的走向、变电站的设置等，以最大限度地减少能源损耗和输电损耗，并提高系统的可靠性和灵活性。

设备选择与配置：根据供电系统规模和布局设计方案，选择合适的输电线路、变电站、发电设备等设备，并合理配置其容量和数量，以满足供电系统的需求，并兼顾经济性和可靠性。

（二）智能配电网技术

智能配电网技术是新能源供电系统设计与优化中的关键技术之一。它通过对供电系统进行智能化改造和优化，实现对电力负荷的精确监测、调度和控制，提高供电效率和可靠性。

负荷监测与管理：利用智能传感器、智能电表等设备对电力负荷进行监测和管理，实时获取负荷信息，分析负荷特征，为供电系统的运行和调度提供参考依据。

能量管理与优化：通过建立供电系统的能量管理系统，对供电系统进行动态调度和优化。根据负荷需求和可再生能源的出力情况，合理安排发电设备的运行模式和负荷的调度，以最大限度地提高能源利用效率。

多能互补与协同控制：将不同类型的能源系统（如太阳能、风能、储能系统等）进行互补和协同控制，实现能源之间的平衡和优化。通过智能控制算法和通信技术，实现不同能源的协同工作，提高供电系统的可靠性和灵活性。

负荷侧管理与响应：引入负荷侧管理技术，通过与用户侧设备的互联互通，实现对用户负荷的精确监测和响应。根据不同用户的需求和电网的状况，灵活调整用户负荷，优化供需平衡，提高供电系统的可靠性和效率。

（三）能源储备与调度

能源储备与调度是新能源供电系统设计与优化的重要环节，其主要目标是平衡供需之间的差异，提供稳定的电力供应。

储能装置选择与配置：根据供电系统的特点和需求，选择合适的储能装置，并合理配置其容量和数量。常用的储能技术包括电池储能、超级电容储能、抽水蓄能等，根据实际情况选择最适合的储能技术。

储能装置管理与控制：建立储能装置的管理系统，对储能装置进行监测、管理和控制。通过智能控制算法和通信技术，实现对储能装置的充放电控制，保证其在供需平衡中的稳定运行。

储能调度策略：根据供电系统的负荷特征和可再生能源的出力情况，制定合理的储能调度策略。通过优化储能装置的充放电模式和时间，实现对能源的合理调配和利用，提高供电系统的可靠性和效率。

（四）安全保护与备份供电

安全保护与备份供电是新能源供电系统设计与优化的重要保障措施，旨在应对突发故障和灾害事件，确保供电系统的安全可靠运行。

安全保护系统设计：根据供电系统的特点和风险分析，设计合理的安全保护系统。包括过流保护、过电压保护、短路保护等各种保护装置的选择和配置，以及相应的保护策略和控制逻辑设计。

备份供电系统设计：建立备份供电系统，以应对主供电系统发生故障时的紧急情况。备份供电系统可以采用多种形式，如备用发电机组、储能装置、与其他电网相互连接等，根据实际需求选择合适的备份供电方式。

应急响应与恢复：建立完善的应急响应机制和恢复方案，包括事故处理流程、应急演练和故障恢复策略等。及时对供电系统故障进行监测和诊断，采取相应的措施进行处理和修复，保证供电系统的快速恢复和运行。

通过以上几个方面的设计与优化，新能源供电系统可以实现高效、稳定、可靠地向用户提供电力，并充分利用可再生能源资源，减少对传统能源的依赖，推动可持续能源发展。

六、新能源发电与供电系统的运维和管理

新能源发电与供电系统的运维和管理包括以下几个方面。

（一）定期检修与维护

新能源发电与供电系统的定期检修与维护是确保系统正常运行和性能的关键环节。定期检修包括对发电设备、储能装置、输配电设备等进行检查、清洁和维护，以确保其性能稳定和安全可靠。具体工作内容如下。

（1）定期巡检：定期对发电设备和输配电设备进行巡检，检查设备运行情况、接线是否松动、设备是否有异常声音等，及时发现问题并采取措施修复。

（2）清洁维护：定期对发电设备、储能装置和输配电设备进行清洁工作，清除灰尘和污物，防止积尘影响设备散热效果，确保设备正常运行。

（3）零部件更换：根据设备使用寿命和维护计划，定期更换发电设备和输配电设备的易损零部件，延长设备使用寿命。

（4）润滑与保养：定期对发电设备和输配电设备的轴承、齿轮等运动部件进行润滑和保养，减少摩擦和磨损，确保设备正常运转。

（5）电气连接检查：定期对输配电设备的电气连接进行检查，确保接线牢固可靠，防止因电气问题引发故障和事故。

（二）运行监测与故障诊断

新能源发电与供电系统的运行监测与故障诊断是提高系统稳定性和可靠性的重要手段。通过先进的监测技术和故障诊断系统，实时监测系统运行状态，及时发现和处理故障，确保系统连续稳定运行。具体工作内容如下。

（1）实时数据采集：通过传感器等设备，对发电设备、储能装置和输配电设备的运

行数据进行实时采集,包括电压、电流、频率、温度等参数。

(2)运行状态监测:通过对采集到的数据进行分析和比较,监测系统的运行状态,发现异常情况,并采取相应措施进行处理。

(3)故障诊断与分析:利用故障诊断系统对系统的运行数据进行分析,判断故障原因和类型,准确定位故障点,并制定相应的维修方案。

(4)运行记录和报告:建立系统的运行记录,及时记录故障发生情况、维修过程和维修结果,生成运行报告,为今后的运行管理提供参考。

(三)周密的运行计划和调度

新能源发电与供电系统的周密运行计划和调度是保证电力供应稳定性和可靠性的关键。通过合理安排传统能源和新能源的供应比例,确保系统在不同负荷、天气等条件下的供电保障。具体工作内容包如下。

(1)负荷预测与调度:根据历史数据和预测模型,预测未来一段时间的电力负荷,并制定相应的供电计划和调度方案,保证能源供应的稳定性。

(2)新能源利用优化:根据新能源的产能和风电、光伏等资源的分布情况,合理调度新能源发电设备的运行,最大限度地利用可再生能源。

(3)传统能源与新能源协调:根据系统需求和供应情况,合理安排传统能源和新能源的供应比例,实现两者之间的协调和平衡,确保电力供应的稳定性。

(4)天气和气候因素考虑:考虑天气和气候因素对新能源发电的影响,合理调整供电计划,避免因不可控因素导致的供电不稳定。

(四)数据分析与优化

通过对系统运行数据的分析和优化,可以提高能源利用效率和运行管理水平,降低能源成本。具体工作内容如下。

(1)数据采集和存储:建立完善的数据采集系统,实时采集和存储系统运行数据,包括发电量、供电负荷、能源消耗等数据。

(2)数据分析与挖掘:利用数据分析工具和技术,对采集到的数据进行统计、分析和挖掘,探索系统运行的规律和潜在问题。

(3)能源利用优化:通过对数据的分析,发现能源利用中存在的问题和瓶颈,提出优化方案,改进能源利用效率和经济性。

(4)运行管理优化:通过数据分析,找出运行管理中存在的不足和问题,提出相应改进措施,提高系统管理水平和效率。

（五）安全与环保管理

新能源发电与供电系统的安全和环保管理是保证系统安全运行和可持续发展的重要保障。具体工作内容如下。

（1）安全管理体系建立：建立健全的安全管理体系，包括安全标准、操作规程和应急预案等，提高系统运行的安全性和可靠性。

（2）安全培训与教育：定期对系统运维人员进行安全培训和教育，增强他们的安全意识和应急处理能力，确保在发生事故时能够及时应对。

（3）环境保护措施：建立环境保护措施，包括噪音防治、废弃物处理等，减少对周围环境的污染和影响，实现新能源发电的可持续发展。

（4）节能减排优化：通过技术改造和运行管理的优化，减少能源消耗和排放，提高能源利用效率，降低对环境的负面影响。

参考文献

[1]周昊.基于BIM技术的机电工程施工风险预警平台[J].物联网技术,2023,13(11):100-102.

[2]穆建鹏.BIM技术在建筑机电安装工程施工质量控制中的应用[J].石材,2023(11):80-82.

[3]王宇.BIM技术在优化装配式建筑机电设计中的探索[J].石材,2023(11):83-85.

[4]李少志,林启刚.机电安装工程通风空调水系统安装施工技术[J].工程建设与设计,2023(20):150-152.

[5]邓昊明,胡友祥,贾木超,等.城市改造项目中的机电安装施工技术应用[J].安装,2023(10):45-47.

[6]文雯.免拆模板在水利工程增压泵房机电安装中的施工技术应用[J].四川水利,2023,44(5):133-135.

[7]李志远,黄俊,杨斌,等.建宁路长江隧道机电绿色设计技术研究与应用[J].交通节能与环保,2023,19(5):227-232.

[8]时广伟,王洋,兰荣盛,等.建筑机电工程设备安装技术的运用[J].中国设备工程,2023(19):216-218.

[9]许稳,刘一豪,王洋,等.机电安装工程暖通空调新技术及发展趋势分析[J].中国设备工程,2023(19):240-242.

[10]胡明智.机电工程技术应用及其自动化问题分析[J].科技创新与生产力,2023,44(10):20-22.

[11]吕振国.机电专业综合管线排布技术在建筑工程中的应用[J].价值工程,2023,42(28):115-117.

[12]顾洪平.高层建筑中机电工程智能化的应用研究[J].中国建筑装饰装修,2023(19):54-56.

[13]张超颖.机电一体化技术在工程机械中的运用与发展[J].内燃机与配件,2023(18):121-123.

[14]李汶芹.大型公共建筑工程中机电设备安装工程施工技术与管理创新研究——以

白云国际会议中心二期项目为例[J].工程技术研究,2023,8(18):216-218.

[15]常正坤.建筑机电安装工程综合管线布置技术[J].石材,2023(10):97-99.

[16]王新红.计算机技术在机电工程管理中的应用[J].电子技术,2023,52(9):94-95.

[17]周军.人工智能技术在机电工程中的应用[J].电子技术,2023,52(9):386-387.

[18]郭磊垒.机电一体化数控技术的应用现状及发展趋势[J].造纸装备及材料,2023,52(9):104-106.

[19]冯培燕,张少波.电工电子技术与单片机技术的融合应用[J].集成电路应用,2023,40(9):156-157.

[20]王刚全.建筑机电工程安装施工的关键技术研究[J].工程机械与维修,2023(5):166-168.

[21]袁甲,陈月婷.超高层建筑机电工程施工技术与管理的措施分析[J].中国设备工程,2023(17):234-236.

[22]夏嘉伟.新时期高速公路机电通信系统新技术的应用[J].交通科技与管理,2023,4(17):8-10.

[23]柴小博,叶里开西·米拉提汗.变频技术在现代煤矿机电工程中的实践探索[J].内蒙古煤炭经济,2023(16):145-147.

[24]汪晨,彭矗南,董桐存,等.机电安装工程中关键施工技术及质量控制措施研究[J].品牌与标准化,2023(5):112-114.

[25]刘龙秋.城市轨道交通工程中的机电系统安装技术[J].工程建设与设计,2023(16):170-172.

[26]肖耀宇.浅析机电一体化技术在机械工程中的应用与发展趋势[J].中国设备工程,2023(16):212-214.

[27]全国军.城市轨道交通机电系统工程临时通信技术研究[J].铁道建筑技术,2023(8):44-48.

[28]李小强.机电一体化技术在机械工程中的应用分析[J].电气技术与经济,2023(6):274-275,281.

[29]陈伟光.建筑机电工程中的施工质量控制技术分析[J].电子技术,2023,52(8):246-247.

[30]权涛.机电工程的自动化控制技术实现研究[J].产品可靠性报告,2023(8):122-124.

[31]李月芳,顾六平,周振华.高职专科机电一体化技术专业与应用型本科机械电子工程专业对接的研究[J].常州信息职业技术学院学报,2023,22(4):6-9.

[32]朱其义,韩秭婧.基于BIM技术的高速公路机电项目管理平台设计[J].企业科技与

发展,2023(8):25-28.

[33]万伟伟.高速公路机电工程施工原则及系统集成调试技术[J].交通世界,2023(22):186-188.

[34]钱文魁,秋凯,李志福,等.旧有建筑机电工程不停运提升改造施工综合技术[J].安装,2023(8):12-14.

[35]胡智升.建筑机电设备安装工程施工技术研究[J].中国住宅设施,2023(7):163-165.

[36]李友乾.机电一体化技术及其在机械工程中的具体应用分析[J].机电产品开发与创新,2023,36(4):198-200.

[37]吴鸿毅.基于区块链技术的建筑机电质量协同管理研究[J].工程建设与设计,2023(14):231-233.

[38]曾胜传.AR结合BIM的机电工程巡检系统设计[J].机电信息,2023(14):42-45.

[39]高宏云,张婷,李晓芳,等.虚拟仿真实训软件在机电排灌工程技术专业实训教学中的应用[J].黑龙江粮食,2023(7):79-81.

[40]姜新新,喻检军,殷海龙,等.机电系统的功能性调试技术探讨[J].中国建筑装饰装修,2023(14):71-73.

[41]翟文修.煤矿机电工程安装施工技术问题及措施[J].科学技术创新,2023(19):33-36.

[42]邵鹏.基于EPC模式的机电安装工程管理分析[J].电子技术,2023,52(7):198-199.

[43]韩春艳.建筑机电工程中的消防系统控制技术应用[J].电子技术,2023,52(7):210-211.

[44]徐明阳,吕东启.机电一体化数控技术在机械工程中的应用[J].电子技术,2023,52(7):224-225.

[45]虞永亮,吕海龙.建筑机电工程中暖通空调新技术的发展现状与趋势分析[J].城市建设理论研究(电子版),2023(20):135-137.

[46]周飞.建筑工程机电安装管理技术[J].建筑技术开发,2023,50(7):145-147.

[47]仝德刚,施辉雨.黄登水电站机电设备安装工程施工技术质量管理[J].水电站机电技术,2023,46(7):153-155.

[48]阮为平.机电一体化技术在工程机械中的应用[J].集成电路应用,2023,40(7):106-107.

[49]王锦涛.污水处理厂机电工程安装施工技术要点分析[J].四川水泥,2023(7):129-131.

[50]王锐.高速公路机电工程供配电施工技术及质量控制[J].工程机械与维修,2023(4):108-110.